南药文化

南药传承创新 系列丛书

主编·裴盛基　张　宇

上海科学技术出版社

图书在版编目（CIP）数据

南药文化 / 裴盛基，张宇主编. -- 上海 ： 上海科
学技术出版社，2020.5
（南药传承创新系列丛书 / 赵荣华，张荣平总主编）
ISBN 978-7-5478-4927-9

Ⅰ．①南… Ⅱ．①裴… ②张… Ⅲ．①药用植物—研
究 Ⅳ．①S567

中国版本图书馆CIP数据核字(2020)第082349号

南药文化

主编·裴盛基　张　宇

上海世纪出版(集团)有限公司
上海 科 学 技 术 出 版 社 出版、发行
（上海钦州南路 71 号　邮政编码 200235　www.sstp.cn）
上海雅昌艺术印刷有限公司印刷
开本 787×1092　1/16　印张 11
字数：250 千字
2020 年 5 月第 1 版　2020 年 5 月第 1 次印刷
ISBN 978 - 7 - 5478 - 4927 - 9/R·2093
定价：128.00 元

内容提要

南药的形成和发展汇集了中外南药原产地各国人民的传统医药知识和临床经验,是中外传统医药"一带一路"交流互鉴的重要历史见证,代表着不同医药文明交流的丰硕成果。本书共分为两部分,总论主要是对南药基原植物进行鉴定考证过程中涉及的相关文化,南药产地、分布、应用和医药文化的关系,以及跨地域南药传播的贸易纽带——丝绸之路的南药交流三个方面进行论述和讨论。各论主要是对荜茇、胡椒、蒌叶、肉豆蔻、肉桂等73种本土南药和进口南药分别从基原植物、分布与产地、传播路径与贸易状况、药用历史与文化纪事等方面进行论述和考证。本书内容丰富、生动、实用,借鉴和吸收了大量中外医药文化交流的相关案例以及著者实地考察获得的第一手资料,对于探寻南药文化跨学科研究的新方法、新思路具有参考和启发作用。

本书可供中医药学、植物学、文化人类学等领域的科研、教学、生产人员作参考。

"南药传承创新系列丛书"

序一

　　南药是指亚洲南部(南亚)和东南部(东南亚)、非洲、拉丁美洲热带、亚热带所产的药材及我国长江以南的热带、亚热带地区,大体以北纬25°为界的广东、广西、福建南部、台湾、云南所产的道地药材。南药是亚非拉各国人民和我国各民族应用传统药物防病治病的经验结晶,是中外传统药物交流应用的精华,也是我国与各国人民团结合作的历史见证。

　　南药有着悠久的历史,汉代非洲象牙、红海乳香已引入国内。盛唐时朝,中外文化交流十分频繁,各国贾商、文化使者涌入中国,医药文化的交流是重要组成部分。李珣的《海药本草》,全书共六卷,现存佚文中载药124种,其中大多数药物是从海外传入或从海外移植到中国南方,而且香药记载较多,对介绍国外输入的药物知识和补遗中国本草方面作出了贡献,如龙脑出波律国、没药出波斯国、降香出大秦国、肉豆蔻出昆仑国等。唐代海上丝绸之路途经90余个国家和地区,全程约1.4万千米,大批阿拉伯人主要经营香药贸易,乳香、没药、血竭、木香等阿拉伯药材随之传入中国。宋元时期进口大量"蕃药",《圣济总录》"诸风门"有乳香丸、没药散、安息香丸等,以"蕃药"为主的成药计28种。明代郑和七下西洋,为所到达的西洋各国居民防病治病,传授医学知识,以此作为和平外交的重要内容。通过朝贡贸易,从国外输入香药以及包括各种食用调料和药材,朝贡采购的药物有犀角、羚羊角、丁香、乳香、没药、木鳖子、燕窝等29种以上,船队也带出中国本土的麝香、大黄、茯苓、肉桂、姜等中药,作为与各国进行交换和赐赠的物品,既丰富了中药资源,又促进了中医药的发展,给传统医药国际合作与交流树立了典范。

　　当前,建设"一带一路"和构建人类命运共同体等倡议正不断深化,卫生与健康是人类共同体的重要组成部分,而南药作为海上丝绸之路沿线国家防病治病的手段又具有特殊的意义。云南中医药大学因势利导、精心组织出版的南药传承创新系列丛书,从历史古籍、文化传承、现代研究、中外交流等多方面进行系统研究，构建了南药完整的理论体系，通过传承精华、守正创新，将有利于加强中国与"一带一路"沿线亚非拉国家在传统医药中的合作，实现更大范围、更高水平、更深层次的大开放、大交流、大融合，实现以传统中医药来促进"一带一路"国家民心相通，"让中医药更好地走向世界、让世界更好地了解中医药"，共绘中医药增进人类健康福祉的美好愿景。

  有鉴于此，乐为之序。

中国工程院院士

中国医学科学院药用植物研究所名誉所长、教授

2020 年 4 月

"南药传承创新系列丛书"

序二

　　"南药"称谓有多种解释,有广义和狭义之分,有不同国度之分,也有南药与大南药之分。本书采用肖培根先生的定义,即泛指原产于亚洲、非洲、拉丁美洲热带、亚热带地区的药材,在我国主产区包括传统南药和广药生产区域。南药不仅蕴含我国南药产区数千年来中华民族应用植物药防治疾病的宝贵经验和智慧,而且汇集了热带、亚热带地区中、外南药原产地各国人民的传统医药知识和临床经验,是中外传统医药"一带一路"交流互鉴的重要历史见证。对南药进行传承创新研究,将为丰富我国中药资源,推动中医药的发展起到重要的作用。

　　南药的历史记载可以追溯到公元前 300 年左右的《南方草木状》,迄今已有 2 300 多年。随着环境变迁、人类进步、社会发展,南药被注入多样性的科学内涵。我国南药物种资源丰富、蕴藏量大,原产或主产于多民族聚集区域,不同民族或用同一种药物治疗不同的疾病或用不同的药物治疗同一种疾病,这种民族医药的多样性构成了南药应用的多样性。南药是中成药和临床配方的重要药材,除了槟榔、益智、砂仁、巴戟天四大著名南药外,许多道地药材如肉桂、血竭等,也是重要的传统南药,在我国有悠久的应用历史。很多南药来自海外,合理开发利用东南亚、南亚国家药用资源对我国医药工业可持续发展同样起到了促进作用。

　　云南地处我国西南边陲,西双版纳、德宏、普洱、瑞丽等地与缅甸、老挝、越南相连,边界线总长达 4 060 千米,有 15 个少数民族世居在边境一带,形成了水乳交融、特色突出的南药体系。边疆民族地区良好的生态环境为发展南药种植提供了良好的条件。近几年来,边境地区南药的发展在精准扶贫,实现边境稳定、民族团结中发挥了重要作用。

　　云南省政府近年来把生物医药"大健康"产业作为重大和支柱产业加以培育和发展,一直非常重视南药的发展。云南中医药大学在云南省政府的支持下,联合昆明医科大学、中国科学院昆明植物研究所、中国医学科学院药用植物研究所云南分所、广州中医药大学、云南白药集团等单位，于 2013 年成立了"南药研究协同创新中心"，通过联结学校、科研机构、企业，组成协同创新联盟，搭建面向国内外的南药研究协同创新平台，系统开展了南药文化、南药古籍文献整理、重要南药品种等研究，取得一系列重要的研究成果，逐步成为国内外南药学术研究、行业产业共性技术研发和区域创新发展的重要基地，在国家药物创新体系建设中发挥了重要作用。

云南中医药大学以"南药研究协同创新中心"为平台，邀请一批国内专家学者，编写了"南药传承创新系列丛书"，全面系统地总结了我国南药的历史和现状，为南药的进一步开发利用提供科学依据和研究思路。本书的初衷在于汇集、整理中国南药（South-drug in China）的历史记载、民间应用、科学研究之大成，试图赋予南药系统的、科学的表征。丛书的出版必将推动南药传承创新，扩大中药资源，丰富、发展中医药文化，促进我国与东南亚、南亚等国家在传统医药中的合作与交流，以及在实施国家"一带一路"倡议、构建南药民族经济发展带、推动云南"大健康"事业发展、实现边疆民族经济与社会的协调发展中发挥重要的作用。

中国科学院院士
中国科学院昆明植物研究所研究员
2020 年 4 月

序
Preface

　　南药是中华医药宝库中的重要组成部分，它不仅包含着我国南药产区几千年来各族人民应用植物防病治病所积累的宝贵经验和智慧，而且汇集了进口南药国外原产地各国人民的传统医药知识和医药文化经验，也是中外医药文化通过"一带一路"交流互鉴的重要历史见证。当前，我国中医药事业在继承、发展和创新的指导思想引领下，正在蓬勃发展和不断提高，为新时代社会主义建设和不断满足广大人民健康的需求做出越来越大的贡献。随着"一带一路"交流日益增长，我国与世界各国的医药文化交流必将进一步扩大，南药仍将是其中重要的交流平台和领域之一。

　　裴盛基研究员在云南长期从事植物学研究，是我国民族植物学研究的奠基人。他扎根于云南边疆从事民族植物学和南药资源植物研究多年，取得了多项开创性研究成果。张宇工程师是中国科学院昆明植物研究所年青一代的民族植物学者，他们历经 3 年多的时间，查阅了大量中外文献及古籍资料，进行了十多次国内外实地调查，共同合作撰写了《南药文化》一书。该书不仅很好地对南药文化的内涵进行了科学解读，而且记述了 73 种南药品种的药物性状、临床应用、药效化学成分、产地、分布、用药特点和交流贸易状况等，内容丰富，图文并茂。相信《南药文化》一书对于我国广大从事中医药和民族医药的研究、生产、教学、经营、质检、外贸等有关人员是一部不可多得的有较高参考价值的集成之作。

　　为此，特向各位读者推荐并乐于以此为序。

孙汉董

中国科学院院士

中国科学院昆明植物研究所研究员

2019 年 7 月

前言
Foreword

——◇◇◇——

中药材大多来源于植物，植物药材的地理分布受地域自然环境因素的限制和人类文化的影响，其产地有南北之分；中药材历来以道地药材品质为上等，同样是药材产地的概念。我国南方"五岭"以南广大地域，从华南、西南到湖南、江西一些地区出产的药材，有"岭南道地药材"之称，也是对南药起源的一种解读。随着秦汉以后，陆上丝绸之路的开通和明代海上丝绸之路的兴盛，带来了中外植物和中外医药文化的大交流，大批香料、药材由南亚、东南亚、中东乃至东非、南太平洋和美洲进入中国，逐渐融入中医药文化，成为中医药的重要组成部分。进口热带药材融入中医药进一步丰富和扩大了南药的内容和概念，在此基础上，大南药的概念渐渐形成。中华人民共和国成立以来，南药受到国家高度重视，为满足人民群众防病治病的需求，中药材进口不断发展提升，进而提出了对南药的产地、分布、基原植物的科学鉴定、国产南药资源的调查、不同医药文化体系中南药的临床应用以及进口南药品种的引种驯化等均成为我国南药科学研究的迫切而重要的课题。

中医药学是中华文明的瑰宝，是五千年中华各民族传统医药文化的积淀，也是中外医药文明交流互鉴的成果。2019年5月28日，世界卫生组织（WHO）在日内瓦召开的第72届世界卫生大会中，将中医病症纳入WHO国际分类体系，是中华传统医学走向国际化的重要里程碑。南药的形成和发展代表着不同医药文明交流的丰硕成果，因此，在研究南药植物的自然属性（基原植物分类、物种分布、药用部位、药用成分功能、用药方法、疗效评价等）的同时，必须研究南药的文化属性，全面认识和了解南药的科学与文化内涵，包括医药认知起源、传统医药知识、语言文化、用药方法、疗效评价、跨文化医药交流路径和方法等。对南药的自然属性和文化属性的同步研究，需要采用跨学科的研究方法和手段，本书采用近代民族植物学（Ethnobotany）和药用民族植物学（Medical Ethnobotany）的方法对南药文化进行研究，这是对南药文化研究的一种新探讨。本书的内容包括两大部分：第一部分是总论,对南药基原植物进行鉴定考证过程中的相关文化,南药产地、分布、应用和医药文化的关系,跨地域南药传播的贸易纽带——丝绸之路的南药交流三个方面进行论述和讨论;第二部分是各论,对荜茇、胡椒、蒌叶、肉豆蔻、肉桂等 73 种本土南药和进口南药分别进行论述和考证。本书编入的 73 种南药植物中,本土产南药和进口南药约各占半数,收编入本书的南药品种主要是传统进口的中药材和民族药材品种,其中大多是分布或出产于云南及云南周边国家(缅甸、老挝、泰国、印度等地)或经由云南边贸口岸进口的一些主要南药品种。"各论"中记载的 73 种南药,是按照其基原植物在 APG IV 分类系统中的位置进行排序,每种均记述了药材名、中文别名、民族名、外文名、基原考证、植物学名、植物形态描述、分布与产地、传播路径与贸易状况、药用历史与文化记事、古籍记载、功效主治、化学成分、药理和临床应用,并附有植物或药材图片以供读者阅读时参考。本书内容丰富、生动、实用,首次借鉴和吸收大量中外医药文化交流的相关案例和著者实地考察获得的第一手资料整理撰写,对于探寻南药文化跨学科研究的新方法、新思路具有参考和启发作用,既可供中医药学、植物学、文化人类学等领域的科研、教学、生产人员作参考,亦可供广大读者特别是中医药爱好者、"一带一路"文化交流人士参阅。

云南中医药大学南药研究协同创新中心在努力打造科技成果转化的同时,大力促进南药协同创新研究发展,为积极推动我国南药资源开发利用、产业发展,将《南药文化》专著列为该协同创新中心项目之一,给予了大力支持,在此表示衷心感谢!

本书在成书过程中得到中国科学院昆明植物研究所孙汉董院士,以及杨永平、王雨华、许建初、杨雪飞等教授和杨植惟工程师的支持和帮助,在此表示衷心感谢!此外,在本书编写过程中,还得到云南中医药大学赵荣华教授和中国医学科学院药用植物研究所肖培根院士、彭勇教授及云南分所李学兰教授、海南分所郑希龙博士等大力支持,以及江西中医药大学钟国跃教授、江苏省中国科学院植物研究所徐增莱研究员、成都中医药大学贾敏如教授提供文献支持，徐安顺、付瑶、施银仙、李建文等老师帮忙拍摄部分图片，在此表示衷心感谢！特别感谢孙汉董院士为本书作序！

　　书中不足和错误之处，敬请批评指正。

编者

2019 年 12 月

Introduction to the "Southern Medicine (Nan-Yao) Culture"

The concept of Southern Medicine (南药, Nan-Yao) is the medicine which grow in South area. Since ancient time, most medicine stated in *Nan-fang Tsao-Mu Zhuang* (南方草木状), A fourth century *Flora of Southeast Asia* by Ji Han (稽含) in 306 AD in Jin Dynasty and *Material Medica in the Sea* (海药本草) by Li Xun (李珣) in Tang Dynasty, to record on *Herb Gathering in South of the Five Ridges* (岭南采药录, Press copy in 1932) by Xiao Budan (萧步丹) as well as *Guide on Material Medica on Mountain* (山草药指南, Press copy in 1942) by Hu Zhen (胡真) in Minguo Period, are the medicinal material from the South China, especially from the South of Five Ridges (岭南, Lingnan), and some other medicinal material from overseas in the South, with these historical background to define the concept of Southern Medicine for further study of the South Medicine in China.

For China authentic medicinal herbs produced in the tropical and sub-tropical regions in the South of the Yangtze River, generally bounded by latitude 25°N, traditionally in provinces of Guangdong, Guangxi, Fujian, Yunnan and Taiwan, are the "Southern Medicine", such as Betel-leaf Areca, Cardamom, Areca Catechu, Cassia Cinnamon, Catechu Acacia, Aloe, Agarwood, Emblic, etc., used in Traditional Chinese Medicine that is considered by some scholars as "the narrow concept of South Medicine" (in the published book of "Southern and Pan-Southern Medicine" by Miao Jianhua (缪建华) et al, 2014, China Medical Science and Technology Press, Beijing). With the rapid development of the international exchange between China and other countries, trade in medicinal herbs increased year by year world-widely, a dynamic concept of "Pan-Southern Medicine" is proposed and developed jointly by Dr. Miao Jianhua (缪建华), Dr. Peng Yong (彭勇) and Academician, Prof. Xiao Peigen (肖培根), that is the "Pan-Southern

Medicine", which has extended its sourcing area of the Southern Medicine in vast world tropics countries, which include South and Southeast Asia, South America and Africa (Miao Jianhua et al, 2014). However, authors of this book attempt to explore and discuss the interactions of medicinal plants and peoples in human health care through history in the context of the Southern Medicine of Traditional Chinese Medicine, adopting medical Ethnobotany and following a dynamic concept of Southern Medicine. This book divided its content into two parts: general discussion and monograph. The general discussion includes discussions on Southern Medicine (Nan-Yao) history and definition; commentary of Southern Medicine (Nan-Yao) sourcing plants and related linguistic culture; relevant records in Chinese ancient classic biological literatures; relationships of Nan-Yao Plants and Buddhism medicine; Commentary Nan-Yao plants geographic distribution and related culture including native plants and exotic plants used in the Southern Medicine, as well as cross-regional Nan-Yao trade and exchange in ancient Silk Road and the Sea Route; The second part, Monograph presents 73 Southern-medicinal plants, including long pepper (*Piper longum* L.) and others totaling 73 Southern-medicinal plants, under each of medicinal plants in the monograph, presents plant name, drug name, textual research on plant origin, taxonomical description, geographic distribution, exchange and trading routs, Ethnomedical history and cultural notes, ancient literature records, medical uses, chemical compounds, as well as Pharmacology and clinic application etc. Finally the authors wish that this book would contribute some useful information and new perspectives and paths to readers for further study of Southern Medicine (Nan-Yao) in China.

By Pei Shengji & Zhang Yu

目录
Contents

第二部分·各论 Monograph

018

南药植物编目

索引
Index　146

参考文献

第一部分 · 总论
General Discussion

一、 南药形成的历史、定义及概述
Chapter 1　General Discussion on Nan-Yao History and Definition

南药泛指出产于我国南方"五岭"(大庾岭、骑园岭、都庞岭、萌诸岭、越城岭)以南广大地区包括现今广东、广西、海南、香港、澳门及湖南、江西、云南、四川、福建、台湾、西藏等地的热带、亚热带地区的本土传统中药材以及原产热带亚洲、非洲、拉丁美洲等地进口到我国的传统中药材。南药文化是我国传统医药文化的一个组成部分,其内容涉及我国各个传统医药体系应用南药防病治病的传统医药知识及其临床实践与经验的精密复合体,包括南药的语言名称、药用历史、产地分布、文化记事、传播路径及加工炮制、临床用药方法、疗效等。

一般认为,南药是原产于南方的药材,在中药道地药材产地类别中就有"岭南道地药材"又称"南药"之说。关于岭南医药,《神农草堂》(2015)有这样一段记述:岭南医药由来已久,秦代之前,在岭南已有应用中草药治病之经验,从魏晋到南北朝岭南医药有较大发展,出现过葛洪、支法存、仰一道人、稽含等一批名人。南药产地包括从我国南部热带、亚热带地区的云南、海南、广东、广西、福建、台湾、香港、澳门到南亚、东南亚、西亚乃至北非的广大地理区域。南药在我

国古籍文献中早有记载,公元306年晋代稽含所著《南方草木状》一书是世界上第一部区域性植物志和古代百越民族植物志。该书全文不及5000字,却记述了晋代广州和交州两个地区(即我国广东、广西及越南中北部地区)出产的一些植物或经由广州进入中国的植物及其产品共计80项,按植物习性用途分类为草、木、果、竹共四大类,其中半数以上是南药植物或进口热带药材,包括诃子、乳香、槟榔、海枣(无漏子)、巴戟天、橄榄、豆蔻、胡椒、益智、余甘子、石斛、榼藤子、枫香、肉豆蔻、降真香、蒌叶、牡荆、苏木、菖蒲、使君子等40余种药物和香料等,是我国最早记载南药植物种类较多的一部植物学著作。我国古籍本草书籍中记载南药最早可以追溯到先秦时期的《黄帝内经》,该书"金匮真言论"篇已有石斛、巴戟天的记载,由此表明,我国南药的历史至少已有2000年了。长期以来,"南药"这一名称大多局限于中药材行业内所使用、专门针对热带药材和由南路进口的药材总汇名称。

由于南药在中医药中有无法替代的特殊地位和巨大的经济利益与药用价值,一直是中药材研究中一个重要的领域。自20世纪70年代以来

国内一批中医药学、药用植物学和植物学研究机构及大学先后开展或建立了南药调查专项研究部门和专类收集保存工作的药园,从事南药资源调查、国产南药代用品研究、基原植物鉴定、引种驯化栽培、药材品质的提高研究等科学研究工作,取得了多方面成果和进展,为我国现代南药研究奠定了坚实的基础。南药作为中医药文化的重要组成部分,具有很高的学术研究价值和丰富的研究内容。

南药研究内容之一是南药基原植物的科学鉴定。由于南药品种名称、出产地、进口贸易路径和药用功效等均存在时间、空间和医药文化上的巨大差异,因而在南药基原植物的科学鉴定工作中,存在较多困难和不确定因素,影响到南药进口和药材品质与疗效。

南药品种的范围界定,是另一个南药研究的热门议题,经历了从"进口药材""热带药材"较小范围的品种界定到"大南药"的品种界定的动态发展过程,至今尚无定论,仍然为业内人士的热议之中。中国南方和国外广大热带地区包括亚洲、南美洲、非洲即亚非拉地区生长的药材,就是广义的"大南药"。依据产地论述划分的理论,一种说法认为岭南医学离不开岭南中草药即大南药,按此定义,凡是岭南地区出产的中药材均属"大南药"的范畴。缪建华、彭勇和肖培根等编著的《南药与大南药》(2014)一书中对南药的定义是:南药是指生长于南方的药材,从晋代稽含《南方草木状》(公元306年)、唐末五代李珣《海药本草》(公元9世纪末至10世纪初)至民国时期萧步丹《岭南采药录》(1932)、胡真《山草药指南》(1942)所述大多为中国南方的药材,特别是岭南草药,但亦涉及海外南方的一些药材,国内南方所产药材槟榔等是指狭义的南药。因此,"大南药"泛指国内外热带地区出产的中药材,而我国南方出产的中药材是指国产南药或狭义的南药药材。值得重视的一个南药品种范围界定的问题是我国民族医药中所使用的"进口"民族药材

品种理应包括在南药之中,2016年公布的《中国华人民共和国中医药法》则明文规定"中医药是指包括汉族和少数民族医药在内的我国各民族医药体系",明确规范了中医药包括中国各民族的传统医药即传统中医药和民族医药在内。因此,民族医药中产于热带传统进口的药材同样应被归纳入南药的范畴之中,本书首次应用这一原理,将我国民族药中的傣药、藏药、蒙药、维药、回药等传统使用的进口药材品种同时列入南药研究范畴之中。

传统医药学和现代医药学相比较,医药文化有明显的差异,传统医药是建立在人类数千年积累的传统医药知识和大量临床实践基础上的医药学。南药文化是我国各族人民经历了2 000年的长期实践积累和传承下来的医药文化,在现代南药研究中十分重要,具有不可替代的科学价值。传统医药知识是传统医药文化的载体,表达着人类医药文明发展与进步过程中所积累下来的对用于防病治病的药物的认知和临床实践经验。传统医药知识是民间创立和积累起来的知识,有别现代科学知识,科学知识是近代社会发展所产生的知识,无论是传统知识和科学知识,这两大知识体系都是人类社会创立和发展起来的人类文明宝贵财富。传统医药学知识作为人类医药文化表达的载体广泛存在于人类社会各个群体之中,应用于防病治病的行为实践之中。中医药是世界传统医药学的重要组成部分,中华本草典籍是人类医药文明的奇葩,蕴藏着极其丰富的医药文化内涵。1992年在巴西里约热内卢通过的《国际生物多样性公约》(Convention on Biological Diversity, CBD)正文第8条"就地保护"第(j)款明确规定:"依照国家立法,尊重、保存和维持土著和地方社区体现传统生活方式与生物多样性保护的持续利用的知识、创新和实践并促进其广泛应用。"这里所讲的"知识"就是"传统知识"。2002年世界科学家联合会(ICSU)在匈牙利布达佩斯召开的世界科学大会上,通过了

《科学为可持续发展服务》的宣言里，对传统知识作出的表述是："传统知识是认识、解意和表意的精密复合体，是一种文化的综合体，存在于语言、名称、分类系统和资源利用、实践和精神信念及世界观之中。""基于传统"是指"代代相传，属于特定的人群或地域，并不断随环境变化而发展的知识体系、创造、革新和文化表达"。世界知识产权组织（WIPO）在官方文件中明确规定："传统知识是指基于传统所产生的文学、艺术或科学作品、表演、发明、科学发现、外观设计、标志、名称及符号、未公开的信息，以及一切其他工业、科学、文学或艺术领域内的智力活动所产生的基于传统的革新和创造。"作为传统知识重要组成部分的传统医药学知识，就是人类社会传统防病治病的医学认知和临床实践所积累的知识，是传统医药学的文化表达。《中华人民共和国环境保护部》2014 年第 39 号《公告》官方公布《生物多样性相关传统知识分类、调查与编目技术规定（试行）》方案中，以附件形式对传统医药相关知识表述为："各族人民和地方社区在与自然和疾病作斗争的长期实践中以传统方式利用药用生物资源所创造、传承和积累的医药学知识、技术及创新。"主要包括以下七个方面：①传统药用生物资源引种、驯化、栽培和保育知识；②传统医药理论知识；③传统疗法；④药材加工炮制技术；⑤传统方剂；⑥传统养生保健和疾病预防知识；⑦其他传统医药知识。该规定中对传统医药知识的分类，主要是以保护生物多样性相关传统医药知识为目的，不仅适用于中医药和民族医药传统知识的保护、传承和实施国际生物多样性保护相关公约和《名古屋议定书》中关于使用药用生物遗传资源及相关传统知识的惠益分享，同时为传统医药的科学研究工作提供了重要的引领。

南药基原植物的考证、南药防病治病医学知识的跨文化交流共享和南药药材的跨区域、跨国境传播贸易等均包含着极其丰富的民族文化内容，从南药的语言文化、形态特征、产地生境、采收、加工、贮藏、运输、药材配方、临床治疗、疗效评估等各个环节与不同阶段，都拥有丰富的传统知识和实践经验，广泛流传于民间，以文字和口承的方式世代相传，浸透在上千年民族文化沉积之中，应用现代科学方法研究各民族传统医药知识及实践经验的现代科学方法之一，就是药用民族植物学（Medical Ethnobotany）。药用民族植物学是民族植物学（Ethnobotany）的一个分枝，诞生于 20 世纪 70 年代，随着西方工业社会草药热的兴起和回归自然的浪潮而发展起来。药用民族植物学是一门跨学科研究传统医药的学科，其定义是："研究传统医药中使用的药用植物，涉及植物的种类鉴定、传统分类、编目以及活性成分的分离提取（Cotton，1997）。"药用民族植物学的方法引入我国，对于长期致力于中草药和民族民间医药知识调查、挖掘、整理研究的有志之士十分重要。这一学科方法可以帮助从事民族民间医药知识研究工作者，从沿用传习了几千年的民间传统医药经验的古老方法基础上加以提高，将研究结果提升到一个科学的新高度——药用民族植物学的高度，同时有利于国际间传统医药学交流和发展。药用民族植物学研究的核心问题是民族民间的传统医药知识——承载传统医药文化的载体，应用药用民族植物学方法开展南药文化的研究，可以而且能够为南药基原植物的科学考证、南药产地和南药跨文化交流借鉴的解惑释密做出有价值的贡献。药用民族植物学研究方法在我国比较成熟，可参考《民族植物学》（裴盛基、淮虎银，2007）、《民族植物学研究常用方法》（王雨华等，2017）等著作。

中国是文明古国之一，几千年来积累的文化典籍浩如烟海，历代都有编纂类书的优良传统，2016 年出版的《中华大典·生物学典·植物分典》全书共四卷，由当代著名植物学家吴征镒主编，历时 10 年完成这部当代中国植物学古籍文献编纂巨著。该部典籍编纂继承了历代编纂类书的优良传统，精选精编，编纂 1910 年以前出版的中国古籍文献中的生物学记载描述文字长达10亿字,与历代编典不同的是《中华大典·生物学典·植物分典》对结合生物学在中国发展的历史特点,科学设置编典的经目,合理安排纬目,引证古籍文献中对生物物种特征的客观描述,考证其正确的物种学名,有利于国际学界交流,也有助于对这些物种的科学考证工作,不但为南药文化研究,而且对中医药、农、林、园艺各行业各业中涉及的植物物种的历史考证、名称考订、文化内涵等都具有指导和借鉴意义。在南药文化研究中对药材基原植物考证,除形态特征和分布产地外,药用历史与文化记事、传播路径等条目的设置和内容的引用都是受到《中华大典·生物学典·植物分典》的启发而选编入本书中的,其目的就是应用现代科学方法考证古籍传承千年文脉,以达到与时俱进、沟通古今的作用。

在南药研究工作中,南药产地与分布至关重要,关系到是否归类为"南药"范畴药材的问题,而产地、分布是植物地理分布的特征,既有国内产地分布和国外产地分布的区分,也就是"国产南药"和"进口南药"的区别。"国产南药"和"进口南药"的含义不仅仅是南药植物的地理分布问题,而且与南药文化的交流互鉴和传统医药文化密切相关。有些南药品种因药用价值较高由原产地传入我国南方热带地区引种栽培,植物及其相关药用文化也随之引入,如槟榔、儿茶、腊肠豆、苏木、广藿香、肾茶等,由于传入我国年代久远,这些植物已成为本地归化植物,相关药用文化早已融入中医药民族医药文化之中,成为国产南药的组成部分。还有一些南药是原产本土植物,但其医药文化或部分医药文化是通过跨文化交流传播引入中医药,进一步丰富了中医药的内容,例如萝芙木、龙血竭、马钱子、诃子、余甘子等,在我国境内虽有野生分布或有同科同属不同种或变种的近缘物种的分布,由于这些品种国内分布区域有限或用药部位、方法、药用功能不同,随着这些南药品种大量从国外进口,这些国产南药植物的医药文化进一步得到丰富。中外南药交流的历史表明,不同文明的医药文化因交流而丰富,因借鉴而得到发展,是"一带一路"不同文明之间因贸易交流而得到发展的重要例证。因此,深入研究中外南药交流的文明史,不仅对探讨南药文化的源流和发展过程有重要意义,而且将对"一带一路"促进文明发展起到有力的支持作用。

关于南药药材的炮制加工,本书未能给予专门的讨论。由于南药药材大多来源于国外,一些药材的详细加工过程和相关技术方法缺乏深入的产地实地调研,而文献记载又相对缺乏。一些药材,如血竭、龙血竭、藤黄、苏合香、乳香等对其在原产地的生产加工情况不够了解,尚未能掌握充分的信息。而另一些南药药材本身就是植物的种子、果实、花、叶等,经采收去杂干燥后就直接入药,本书已在各论相应的基原考证部分加以说明。因此,南药药材的饮片及加工如何定义和描述仍然是一个值得深入探索的课题。

根据缪建华、彭勇和肖培根等提出的"大南药"概念,中药材中源于我国南方的和热带、亚热带的药材品种较多。本书研究涉及的南药品种范围主要是云南及其周边地区的南药产区,编入本书的南药品种总计73种,对相关南药文化的探讨虽不局限于入编本书的种类,但在讨论南药文化的相关内容时则基于本书论及的南药品种。下面主要针对南药基原植物考证的文化因素、国产南药和进口南药的跨文化医学知识交流,以及"一带一路"与南药文化发展三个议题进一步展开讨论南药文化相关内容。

二、 南药基原植物考证的相关文化

Chapter 2　Commentary of Nan-Yao Sourcing Plants and Related Culture

（一） 语言文化

Section 2.1　Linguistic Culture

语言是人类文化的符号，是所有药材基原植物或动物鉴定的出发点。在民族植物学研究中，民间植物分类知识是一个重要内容。康克林（H. C. Cooklin）在美国耶鲁大学的博士论文研究的过程中，发现菲律宾棉兰老岛上居住的哈努诺人（Hanunoo）的民间植物分类系统不仅有与现代植物分类系统相对应的"属"和"种"的概念，而且对植物的分类命名更为深入细致，在哈努诺人传统植物分类系统中，把当地植物分类为 1 600个种，而现代分类学只能将这些植物分为 1 200个种。在我国西双版纳傣族民间把红椿划分为两个种，即红椿（傣名：埋永）和滇红椿（傣名：埋永留）两种，而现代分类学只分为一个种——红椿（Toona ciliata Roem.）。民族植物学调查研究十分重视当地人对植物的命名语言名称及其涵义，并设定为植物调查的必须记载内容：民族名或当地名（Vernacular name，意为土著名）是民族植物学调查编目表（Inventory）中的重要内容。因此，语言名称对南药植物考证十分重要，以紫色姜为例：傣药紫色姜（野姜）傣名为"锅补累（Ko-pu-loi）"，是傣药成药"双姜胃痛丸"的主要成分，该植物广泛分布应用于东南亚地区，特别是越南、泰国、老挝、缅甸、柬埔寨等国家，药用用途相似，产地名称语言类似于傣语"补累"，它的基原植物学名为 Zingiber cassumunar Roxb.，最早在《西双版纳植物名录》中使用的学名"紫色姜 Zingiber purpureum Rosc."应为异名。其植物形态、药用部位（根茎）的色、形、气味及生境均与国外产紫色姜一致，因此，紫色姜应属于本土南药，但植物来源及药用功效相同于周边多个邻国

使用的同种姜科植物。相似的例子还有南药大风子，我国仅产于西双版纳，傣名为"麻补罗勐泰（Maak-pu-lo-mueang-thai）"，经比较泰国产的大枫子和西双版纳栽培的大风子植物形态和药用部位特征完全一致，傣名的意思解读为"泰国大风子果"，表明是同一种植物，傣名隐喻是由泰国引入西双版纳（Meuang-thai，勐泰意为"泰国"），药材基原植物的科学鉴定，主要采用植物分类学手段和药材学鉴定方法，语言学考证有助于鉴定的准确性和时效性。

我国外来植物中文名常冠以"洋""胡""番""海"等，也是语言文化的体现，表明这些植物是外来而非本土原产。南药植物中，许多冠以"洋"或"海"的，如西洋参、洋地黄、洋苏木、洋槐、海枣、海巴戟等，表明这些植物是漂洋过海传入中国的；另一些冠以"胡"的，如胡椒、胡麻、胡瓜、胡桃等，表明这些植物是由西域传入中国；而冠以"番"的，如番红花、番泻叶、番石榴、番荔枝等，则是由"番邦"之地传入中国，以"番"字和我国原产类似植物命名以示区别。这些语言文化应用于药材名称的表达，有助于外来药材在我国的应用。

（二） 中国生物学古籍中的南药文化

Section 2.2　Nan-Yao Plants Culture in Chinese Classic Biological Literatures

生物学古籍涵盖生物分类、命名、形态特征、生长和生活习性、生长环境、地理分布、种质保护、有益生物利用和有害生物防控、生物资源可持续利用以及生物学典籍、人物等诸方面古籍，是我国重要的文化遗产。中国医药是中国传统文化中最有特色的一个领域，也是自然科学中最受重视的古籍部分，对于南药基原植物的研究考证尤其重要。历代本草古籍是世界传统医药学

中为中国独有的奇葩，贯穿着从古至今 2 000 多年的中医药文化精髓。本草学是我国古代的药物学，传承有 800 多部本草著作，内容涉及药学的各个方面。《中国本草全书》（鲁军，2000）收录了中国古代至民国年间本草专著 800 余种，相关本草文献 3 000 余种共 400 卷 410 册。全书最大的特色是收书范围很广，涵盖面很大，不仅收集了《神农本草经》《证类本草》《本草纲目》等经典的本草著作，还收录了佛教、道教的本草，地方志中的及国外的药物资料，国内少数民族的本草典籍。

"本草"一词首见于《汉书·郊祀字》，经考证，命名之说早已失传。从本草古籍考证中药材的源流，一直是近代药物学家和植物学家共同努力的一个研究考证领域。早在 19 世纪末叶，日本学者就用植物分类学的研究方法来探讨中国的本草学，1974 年中国学者那琦编著了首部《本草学》，认为"中国本草是中国 5 000 年中华文化之累积，2 000 年来一贯有文献记述，未曾间断"，是"活的科学"。2005 年陈重明、黄胜白共同编著出版《本草学》，是采用近代科学方法研究本草渊源的重要著作，涵盖中国历代本草的源流简述和中药材本草学考证选例，包括人参等共计 63 种重要中药药材的考证研究，其中包括多种南药，如番红花的历史考证及肉桂、丁香、罗望子（酸角）、蒟酱的本草考证等，从历史、产地、语言文字、文献记载、命名、植物分类学、生态学以及有关药材的传说、习俗、道地产区等多方面应用现代科学方法进行考证，为中药材基原植物的科学考证提供了一个良好的范例。

古籍考证最常见的问题仍然是药物的名称及其衍生的其他问题，包括用途和医药文化方面的问题。本书编写的南药品种中有四种棕榈科植物，即槟榔、血竭、糖棕和无漏子，有关这四种植物的古籍考证工作是在编纂《中华大典·生物学典·植物分典》的过程中完成，历时 3 年之久，入编和参阅古籍文献上百种之多。槟榔名称的

变化由从汉代最早记载于司马相如的《上林赋》中的"仁频"，到晋代李当之《药对对》中的"宾门"，唐代孙思邈《千金要方》中的"大腹"，宋代唐慎徽《证类本草》中的"猪槟榔""蒳子"，明代李时珍《本草纲目》中的"仁频""槟榔子""猪槟榔""洗瘴丹""蒳子""大腹子""鸡心""槟榔""橄榄子""山槟榔""宾门"，清代（雍正）金銌等纂修《广西通志》中的"马槟榔"及稽璜等编纂《续通志》中的"螺果""仁频"等共计 16 个不同名称，包括对槟榔种仁入药和槟榔果壳入药的不同命名。血竭的最早名称为"麒麟竭"，见于《唐本草》，而唐代段成式在《酉阳杂俎》中名为"紫钘树"，宋代《本草衍义》中为"紫钘"，直到明代李时珍《本草纲目》中才有"血竭"为药名。在《酉阳杂俎》卷一八"广动植之三"（专门记载动植物卷册）中说，紫钘产真腊国，叶似桔，枝条出"紫钘"，显然是把血竭和紫钘相混淆了。而到了宋代《证类本草》中就加以澄清了，称麒麟竭、紫铆（紫钘）二物同条，功效全别，麒麟竭色黄而赤，味甘、碱平、无毒，主五脏邪气，带下，止痛，破积血，全疮生肉，心腹卒痛。经考证，麒麟竭是出自棕榈科黄藤属的龙血藤 *Daemonorops draco* Bl. 的果实中，是果实的自然分泌物，产地在马来半岛、苏门答腊、婆罗洲等地，英文名为 Dragon blood palm，意为"龙血棕榈"，在我国中药药典中，此种血竭为进口血竭正品，另一种商品血竭来源是出自东非加拉利群岛（Canary Islands）天门冬科 Asparagaceae 龙血树属 的 龙 血 树 *Dracaena draco* L.，英文名为 Dragon blood tree（龙血树）。考证表明，血竭和龙血竭从古代进口药材就已区分为不同来源的药品（商品名为皇冠牌和手牌），它们都是重要南药品种。为了区分植物来源的不同，本书各论中把两种完全不同植物来源的血竭的名称分别记述为：血竭（棕榈科龙血藤 *Daemonorops draco* Bl.）和龙血竭（天门冬科 Asparagaceae 龙血树属国产柬埔寨龙血树 *Dracaena cambodiana* Pierre ex Gagnep.）。棕榈科的另一种南药无漏子，原植

物名为海枣树(*Phoenix dactylifera* L.),自晋代以来,古籍文献中有十余个不同名称:海秦树、万岁枣、海棕、窟莽树、波斯枣、番枣、海椶、千年枣、苦鲁麻枣、藏枣等,在中药、蒙药、藏药、维药、回药药方中均入药,海枣不仅是重要的南药药材和食品,而且也用于染色,是欧洲传统植物靛蓝印染纺织品的原料之一。

(三) 南药与佛教医药文化
Section 2.3 Nan-Yao Plants and Buddhism Medicine

佛教起源于南亚,民间传说佛祖释迦牟尼诞生于"无忧树"下,成道于"菩提树"下,涅槃于"娑罗树"下,表明佛教始祖与森林里的植物建立了多个层面的联系,包括医药文化和生态文化的联系,也是中外文化交流历史重要内容之一。中药、傣药、藏药和蒙药的发展,都不同程度受到佛教医药的影响,特别是西双版纳的傣医药,从医学理论、古典药方、诊疗技术、药物来源、养生保健实践等多方面都受到佛教医学思想的深刻影响。西双版纳许多药用植物的引种传入也与佛教有关,如铁力木、缅茄、苏木、紫铆、腊肠树、毗黎勒、三叶桔木、鸡蛋花、红花丹、白花丹、糖棕、椰子、儿茶、肾茶、槟榔、芦荟、石栗、红木、贝叶棕、东京龙脑香、鹊肾树、柚木、绣球果、牛心果、番石榴、罗望子、广藿香、罗勒、黑种草、文珠兰、三叶牡荆、千张纸、石莲子、大枫子等。

南药受佛教文化影响最显著的是方剂用药。如著名的长寿方"三果煎(梵语:Triphala)",由使君子科的诃黎勒[Black myrobalan,即诃子(*Terminalia chebula*)]、毗黎勒[Bellerica,即毛诃子(*Terminalia bellarica*)]和庵摩勒[Emblica,即叶下珠科的余甘子(*Phyllanthus emblica*)]的果实组成。佛教认为诃子能治百病,古代航海家常随身带诃子。藏医药古文献,被誉为藏医学"黄帝内经"的《医学四续》首页上就印有"药师琉璃光王"佛像,佛像左手持琉璃药罐,右手持一结满

果实的枝条,就是传说中能治一切病的"尊胜诃黎勒"(藏本草七种诃子中的第一种),诃子被誉为"藏药之王"。诃黎勒因佛教传入中国,可追溯到 2 000 年前的汉代。广州的重点佛教寺院光孝寺有"诃林",就因诃子而著称。据说光孝寺的诃子是 1750 年前由印度高僧引入。现今光孝寺大雄宝殿前有一株 250 年前种植的清代古诃子树,据说就是以前的诃子古树所结的种子培育出的。现在光孝寺内还有多株诃子树,树龄为 5～7 年,株高 8～12 m。诃子是印度重要药物和制革鞣料与纺织染料,直到现代我国还从印度进口诃子做纺织染料。在印度传统医药中诃子用作滋补和强壮药,云南南部有成片诃子野生分布,是 20 世纪 70 年代初发现并定名为绒毛诃子(*Terminalia chebula* var. *tomentosa*),当地民间传统药中亦使用,已收载入《中华人民共和国药典》1990 年版。由于这三种佛教药名中均有一个"勒"字的发音,诃黎勒(诃子)、毗黎勒(毛诃子)和庵摩勒(余甘子),因而该三果组成的煎剂药方又名"三勒浆"[唐代李肇《国史补》卷下酒条记:"又有三勒浆,类酒,出波斯,三勒者谓'庵摩勒、毗黎勒、诃黎勒'。"(《古今笔记小说大观》广陵刊印社)]。李时珍曾引《千金方》语用"三果浆",类同于"三果煎"作强壮药剂。

缅甸是佛教国家,传统医药历史可追溯到公元 6 世纪。佛教由缅甸传入我国云南,西双版纳和德宏的傣医药受到佛教医学思想影响很大。傣医药是我国四大民族医药之一。佛教的传入推动了傣医药的发展,傣族创造了以巴利文为基础的傣文,用文字记录了傣医药的理论、药物和治疗疾病的方法。关于傣医药的佛教起源,西双版纳傣族群众中流传着这样一个传说:傣医始祖龚麻腊别赴西天求道,获得佛陀传授医药,临别时佛陀送给他一袋草药。后来佛陀病重,龚麻腊别派遣神猴阿蒙去取药送给佛陀,然而阿蒙因为路上贪玩延误了时间,等赶到时佛陀已经涅槃。龚麻腊别得知后十分生气,便把草药撒在山坡

上，从此这些草药便在西双版纳的山野里生根发芽，生生不息。在云南傣族地区，几乎每个傣族村寨都有一座佛寺，寺院内按佛教仪轨种植 40～60 种植物，其中 20 多种是药用植物，如贝叶棕、糖棕、文珠兰、铁刀木、接骨丹、雄黄豆、鹊肾树、三叶桔木、铁力木、红花丹、白花丹、肾茶、紫铆等。这些寺院植物大多原产于南亚、东南亚佛教文化区，早年随佛教传入西双版纳、德宏等地，表明佛教对植物多样性传播和保护的历史贡献。我国著名佛学大师赵朴初先生说过：佛教是宗教的哲学。佛教文化传播中包含医药文化和药用植物。有许多南药的原产地是南传佛教地区，传统医药至今仍然是通过佛教寺院传播和传承，包括语言文字、医药典籍、药用植物的应用和保护知识等。例如佛教寺院种植的药用植物对信徒开放的方式不是用货币购买，也不是立牌警示"游人不得随意在寺院内采摘植物"之类的公告，而是在园林中建立一座小小的佛龛，傣语名"竜"，信徒因治病求药草可带上供奉佛祖的物品

水果、鲜花等首先向佛龛敬献求药，然后可自行前往园中适量采摘所需的药草。一般情况下，人们不会多摘乱采，这是传统的"草药文化公约"，在佛教文化区世代传承，共同遵守，是一种传统的生态文明美德，值得当下社会学习借鉴。位于曼德勒市郊的缅甸传统医药大学成立于 2003 年，是东南亚地区成立最早的传统医药大学，该校有药用植物园一座，占地 11.5 英亩（约合 70 亩），收集栽培有缅甸药用植物 350 种，主要用于治疗六大类疾病，园中有一座独特的"佛教药物亭"，亭内种植有 8 类佛教特别功效的药用植物。依照佛教医学分别按药效功能冠名为"不老药""无痛药""长寿药""永生药""防瘟病药""滋补药"和"延寿药"等，其中有著名的缅甸植物铁力木、鹊肾树、辣木、白花酸藤子等南药品种。传统医药文化中有许多至今仍然未被现代科学所解释"破译"的"医学密码"，随着科学的发展和创新思维的突破，佛教医药中的这些隐秘信息将会被揭晓，更加广泛地应用于人类健康福祉。

三、 南药产地、分布和医药文化
Chapter 3   Commentary of Nan-Yao Plants Geographic Distribution and Related Culture

南药植物产地和分布是南药起源研究的重要议题。南药植物通过植物引种栽培而扩大；南药医药文化随南药药物交流而发展。在南药产地分布方面可划分为"国产南药"和"进口南药"两大类。在国产南药中又包括原产地植物和原产地不详植物或植物传入年代久远（传入数百年乃至千年）已经被自然归化的物种（如同本地南药品种的种类）及南药国产新资源植物（南药代用品）等若干不同产地和分布类型的植物。

（一） 国产南药植物及医药文化研究
Section 3.1   Native Chinese Nan-Yao Plants

南药的热带、亚热带分布和起源属性表明，许多药用植物在热带、亚热带地区有较大的地理

范围分布和用药文化产生的基础。国产南药是指原产于我国或者自然归化了的物种，本书论述的 73 种南药种类中有 37 种是国产南药。虽然绝大多数栽培的植物的原产地和栽培起源地是可以确定的，但个别植物如椰子、芭蕉等原产地被认为是起源于热带亚洲地区，而无法确定某一个具体地区或岛屿。某些植物被引入异地长期栽培，能够自然繁殖生长，逐步发展成为本地植物区系中的成分之一，称为自然归化物种。这种自然归化现象在热带岛屿地区特别明显，如夏威夷群岛。此类南药如槟榔、芦荟、石莲子、苏木、儿茶、腊肠树、肾茶、姜黄等，以及原产于我国的南药品种如荜茇、蒌叶、荜澄茄、紫色姜、沉香、千年健、金刚刺、钩藤、石斛、肉桂、龙血竭（柬埔寨龙

血树）、草果、胡黄连、缩砂密、山奈、益智、安息香、亚呼奴、鸦胆子、木棉花、阳春砂、降香、榼藤子、马钱子、余甘子、萝芙木等。

药用植物的原产地是该植物的药用文化初始形成地，某些植物在引种传播的同时就引入了该植物的药用知识，同时在长期应用的过程中逐渐融入本土南药文化。南药国产新资源植物的发现，为替代进口南药寻找国产植物原料做出了贡献，这些国产南药新资源植物经过长期临床医药应用实践证明可以代替进口南药原植物产品，如国产龙血竭，就是发现国产柬埔寨龙血树与东非龙血树为同科同属植物，含有同样的药用化学物质，并在产地傣医药中作为传统药物使用。同类型的南药国产代用品新资源植物还有马钱子、荜茇、西藏胡黄连、东京安息香、云南萝芙木、绒毛诃子、千年健、缩砂密、大叶龙角等。这些国产新资源南药在我国产区民族民间都有悠久的药用历史和不同民族间传统医药知识的交流与传播，是国产南药新资源科学研究工作的重要发现。

国产南药新资源的研究工作起始于 20 世纪 70 年代初期，其目的是为进口南药寻找国产新资源，从而代替或部分代替进口南药，为国家节省大量进口南药所需的外汇支出。开展国产南药新资源研究是以我国南部热带、亚热带植物区系研究的成果为科学依据，以第一次全国中草药资源普查结果所编纂的大量地方性药用植物志书和中草药手册等为医药研究的实证，开展国产南药新资源和代用品研究工作。曾经承担此项研究任务的中国科学院西双版纳热带植物园开展南药国产资源调查研究的方法主要是依据吴征镒提出的理论"植物体内有用化学物质的形成积累与系统发育的相关性"论点，也就是说植物体内药用化学活性物质的形成积累与植物分类系统中的亲缘关系密切相关。举例来说，士的宁（strychnine）是马钱科马钱子（Strychnos nux-vomical）的主要药用化学活性成分，在马钱子同

属不同种的某些近缘种中可能含有同样的化学成分士的宁和马钱子碱（brucine），根据该所在云南热带地区从事植物调查和分类研究多年积累，已经发现云南热带地区有长籽马钱（Strychnos wallichiana）、滇南马钱（S. nitida）、腋花马钱（S. axillaris）和牛目椒（S. cathayensis）四种野生马钱属近缘植物和新近引种栽培的马钱子，就有可能从中发现马钱子国产新资源植物，该研究进一步证明拥有国产分布南药近缘种植物就有新资源发现的可能性。另一个例子是钟花科 Achariaceae 的大叶龙角（Hydnocarpus annamensis）野生分布在广西和云南西双版纳，是大风子属在我国有分布记录的唯一物种，当地傣名叫麻布罗（Maak-pu-lo），经云南热带植物研究所研究团队调查结果表明，其种子油的化学成分基本相同于进口大枫子油，可以作为大枫子油国产新资源利用。云南热带植物研究所是我国最早从事民族药研究的植物学研究机构之一，自 20 世纪 60 年代初开始就同西双版纳傣族自治州药品检验所合作，开创了我国傣药研究的先河，于 1979～1981 年间相继编写出版了《西双版纳傣药志》一、二、三卷和《西双版纳古傣医药验方注释》。在记载的 300 种傣药植物中有缩砂密、千年健等进口南药植物。民族药研究的成果为寻找国产南药新资源提供了可靠的科学依据。由于当时国内南药基原植物的分类学鉴定基础条件比较薄弱，特别是热带科属的植物分类鉴定缺乏标本和文献支持，为植物分类鉴定带来很大困难。随着《中国植物志》编写工作深入开展，姜科、胡椒科、棕榈科、藤黄科、龙脑香科等热带典型植物科的编写工作均由中国科学院原云南热带植物研究所承担，《中国植物志》相关热带科的编写工作，本身就是基于植物分布调查、采集标本、分类学鉴定工作和志书编写科研工作，该项科研工作的进展为这些科中的南药新资源植物的植物分类学鉴定打下了基础。例如胡椒科胡椒属荜茇标本鉴定就是依据该所科研人员在毗邻缅甸的盈

江县野外采到,并经过蔡希陶先生等查阅国外文献后鉴定为荜茇(*Piper longum*)。姜科砂仁属是一个较大的属,仅西双版纳记录有 20 多个种,包括绿壳砂仁、红壳砂仁、九翅砂仁、阳春砂仁等,经过《中国植物志》编写工作小组反复比较研究,才将绿壳砂仁鉴定为缩砂密(*Amomum xanthoides*),而明显区别于阳春砂仁(*A. villosum*)。《中国植物志》棕榈科的编写工作更是经历了从野外采集标本到移植幼苗种植在植物园内观察研究形态的全过程,历时 18 年整,对于鉴定该科中的槟榔、糖棕、无漏子、贝叶棕和龙血藤(我国不产)等南药品种提供了不可缺少的科学支持。

(二) 进口南药促进不同医药文化的交流
Section 3.2 China Imported Nan-Yao Plants

从国外进口南药材及其产品在我国历史悠久,远自汉唐时期我国就通过丝绸之路进口丁香、檀香、豆蔻、胡椒、安息香、乳香、没药等香药类药材,仅本书中记载的 73 种南药中就有 36 种是进口南药,包括肉豆蔻、番红花、血竭、糖棕、无漏子、白豆蔻、爪哇豆蔻、胡椒、黑种草、苏合香、缅茄、紫铆、香泻叶、藤黄、铁力木、大枫子、诃黎勒、丁香、乳香、没药、三叶桔木、胖大海、安息香、檀香、吐根、金鸡纳、蛇根木、胡黄连、角胡麻、迷迭香、阿米芹、西洋参、东革阿里、育亨宾等,除最后两种是新兴进口品种外,大多是传统进口中药和民族药材,表明中外医药文化交流历史悠久,源远流长。

进口南药是商品贸易互惠,同时也是不同医药文明之间的相互交流的过程。每一种进口南药的原产地都拥有丰富的医药文化知识,历史上是通过宫廷、宗教、通商贸易、民间交流等渠道交流和借鉴,并逐步发展扩大中外医药文明的交流。中外医药文化交流 3 000 年来从未间断过,促进了我国中医药和民族医药的发展,进口南药是中药材传统交流的重要内容,因而是相关领域研究的重要组成部分,由于药材贸易研究涉及古

代贸易史、医药文化交流史、民族迁徙史、农业和生物学交流史等,每一种南药的文化交流历史、方式、内容和特点,以及从吸收、消化、融合到发展为中医药用药品种的经历过程等都值得深入研究。由于芳香类南药种类较多,古代香料、药物交流盛行;有"众香之王"称号的沉香,《五代史》中记载:"沉香木者……土人研断,积以岁年,朽烂而心节独在,置水中则沉,故名沉香。"在《沉香谱》有记述:"沉香,学名琼脂,琼是海南省的简称,中国最好的沉香产自海南。"早在春秋时代,我国香文化已开始形成,形成熏香、品香、献香、祭祀等,到了现代,陆上丝路和海上丝路形成中外交流,檀香、沉香等香料盛行。从烧香到香料入药治病,由珍贵香料仅用于宫廷和王公贵族的专属品到百姓治病用香药经历了一个发展的过程,由于需求的不断增长,许多香料药材生产不断扩大,造成大量森林砍伐;由于国产香料供应短缺,进而转向从国外进口药材,此后进口沉香成为主要供货来源。夏威夷檀香木〔*Santalum freycinatianum* Gaud.(= *S. insulare* Bert)〕原本是美国夏威夷群岛中瓦胡岛热带雨林的主要树种,19 世纪大量砍伐取檀香木销往世界各地,各地华商纷纷从位于瓦胡岛上的夏威夷州首府火奴鲁鲁市(Honolulu)大量采购檀香。因为盛产檀香,火奴鲁鲁市就被华人称为"檀香山"。太平洋热带岛屿很多,从夏威夷群岛到大溪地(Tahiti)盛产海巴戟(*Morinda citrifolia* L.),在当地波利尼西亚语中名叫诺丽果(Noni),是一种人工栽培的药用植物,19 世纪 90 年代初夏威夷大学民族植物学研究团队发现诺丽果内含人体必需的赛洛宁原(proxeronine),具有止痛、增强免疫力和抗癌活性,被广泛用于保健,开发海巴戟果实提取物生产一种食物补充剂名叫"Noni"的饮料行销美国各地。然而,据调查海巴戟并不是太平洋岛屿原产植物,其原产地应在我国海南省到东南亚热带沿海地区,现在我国海南三沙市的热带海岛上还有野生种群分布。海巴戟早年

由华人从亚洲热带传入太平洋热带岛屿种植,成为当地一种民间盛行的民间药广泛应用。诺丽果的传播,再一次说明药用植物的交流和医药文化的交流是人类文明互鉴的历史十分悠久。

四、 跨地域南药贸易的纽带——丝绸之路
Chapter 4　Cross-reginal Nan-Yao Trade and Exchange Belts:the Silk Road

我国古代丝绸之路形成于汉代(公元前 202 年—公元前 138 年),是以输出丝绸、瓷器、茶叶等,输入香料、药材、农产品等为主要目的的贸易大通道。历史上称丝绸之路的发展与丝绸、香料、药材和其他经济植物产品密切相关,为东西方文明的交流构建了历史大通道,发展至今成为"一带一路"的国际交流大通道,其历史和现实意义足以影响到人类文明的进程,意义十分重大。值得我们特别关注的是,历代南药药材贸易对中外医药文化的交流发展曾做出的贡献,正是通过中外贸易的历史纽带——"一带一路"来完成的。

(一) 南方丝绸之路为中外医药文明交流搭起桥梁
Section 4.1　the South Silk Road

公元前 139 年张骞出使西域,便见证了从四川通往今印度(身毒)和今阿富汗(大夏)的贸易交往,表明 2 000 多年前,古老的西南丝路连接沟通着东方两大文明发源地——中国和印度。南亚次大陆包括印度、巴基斯坦、阿富汗、尼泊尔、孟加拉国、不丹、斯里兰卡和马尔代夫,印度热带药用植物种类丰富,已知 4 500 种,印度是世界三大传统医学的诞生地,现今印度将传统医药统称为 AYUSH,包括阿育吠陀(Ayurveda)、瑜伽(Yoga)、尤纳尼(Unani)、悉达(Siddha)和顺势疗法(Homoeopathy)等传统医药在内,AYUSH 由这五种传统医药的第一个字母组成。我国藏医药、蒙医药、维医药和傣医药等在其形成发展的历史过程中,随着佛教和伊斯兰教的传入受到很大影响,它们都是祖国传统医药学体系的重要组成部分。印度及南亚地区药用植物如诃黎勒、毗

黎勒、缅茄、人面子、胡椒、檀香、姜黄、小豆蔻、锡兰肉桂、木香、胡黄连、马蹄香、番红花、睡茄、蛇根木、肉豆蔻、乳香等,都是历来我国从西南丝路进口的南药药材。这些药材进口的同时,一些印度传统医药的组方和治疗方法也同时引入中国传统医药之中,如前面论及的"三勒浆"汤[诃黎勒(诃子)、毗黎勒(毛诃子)、庵摩勒(余甘子)];檀香、乳香、肉豆蔻入药治疗胃肠疾病;番红花入药补血益气;蛇根木(印度萝芙木)提取利血平降血压等。我国傣族人口约 120 万,长期生活在云南西双版纳热带雨林地区。傣族先民很早就利用热带雨林中的植物治疗各种热带疾病,积累了丰富的热带雨林传统医药知识。12 世纪时,佛教传入西双版纳,傣族群众在本土医学的基础上,吸收了佛教医学理论,创立了独特的傣医药理论体系和诊疗技术,并代代传承至今。傣医药是我国五大传统医药体系(中医、藏医、维医、蒙医、傣医)之一,具有显著的雨林医药文化特征,使用的药用植物大多生长在热带雨林中。傣医药是建立在自然治疗医学思想基础上的传统医药学,源于天人相应的整体医学观,认为世上万物和人都是由"土、水、风、火(四塔)"组成,四塔与人类生存的环境物质相关联,傣语称之为"塔都档细";塔是佛教文化之标志。公元 12 世纪佛教传入西双版纳后,傣医药受到佛教医学的深刻影响,创立了以巴利文为基础的傣文文字,记载"档哈雅"等傣医药经典,传承傣医药的理论方法和组方用药,与毗邻亚洲热带大陆地区泰国、老挝、缅甸、柬埔寨等周边国家的传统医药文脉相通相似。

关于中国和印度医药文化交流的历史,中国当代著名国学大师季羡林主编的《华林博士文

库》中有专门论述,在印度梵文医典《医理精华》研究一书中,专门论及中国和印度医学文化交流,其中列举出许多药方和药名,都与南药有关。如"苦药方"、治咳嗽方、治小儿方、大蒜的妙用、美味药(Sarasvata)、"善妙酥"(Katyanaka)、仙人方(Cyavana)以及"大妙酥"(Mahaka-lyanaka)等药方中有多种南药;还有"三果"、香根、胡黄连、止泻木、腊肠树、姜黄、糖胶树、鸭嘴花、五灵脂、龙胆、印楝、白花丹等上百种动植物,值得深入比较研究,进一步挖掘我国相关中医药方剂的文化源头。

(二) 海上丝绸之路促进了中国与东南亚海洋国家医药文化交流
Section 4.2　the Sea Route of Silk Road

海上丝绸之路有东海起航和南海起航两条主要路线,据记载,公元前就有了这两条海上航线。秦汉时期《后汉书·马援列传》记载,"初,援在交趾,常饵薏苡实",表明当时就已将薏苡传入中国,后来薏苡成为补益类药食两用的药材和食材。《魏书·西域传》记载:梁武帝天监十七年(公元 518 年),由波斯(今伊朗)运来药材多种,如陆熏、郁金、苏合、青木、胡椒、荜茇、石蜜、千年枣、香附子、诃黎勒、没食子、盐绿、雌黄等。《本草经注集》收载有苏合香、沉香、熏陆香、鸡舌香、詹糖香、木香等西域香料及槟榔等南药。《南方草木状》记载了从东南亚传入我国的药材如豆蔻花、蒟酱、益智仁、槟榔、鸡骨香、沉香、鸡舌香、苏木、橄榄、人面子等东南亚地区所产药材,都是我国传统进口的南药。

隋唐时期,中国医药交流频繁,很多越南产药材输入中国,据《唐本草》(659)和《本草拾遗》(713—741)记载,当时从越南输入中国的药材有白花藤、庵摩勒、丁香、詹糖香、苏木、白茅香等。东南亚地区盛产热带雨林药材,如血竭仅产于马来半岛、婆罗洲和苏门答腊等岛屿,果实鳞片下分泌出天然血竭脂,有抑菌、消炎、止血、镇痛作用;安息香和安息香树脂入药,有抑菌、抗血栓、止血功效;白木香(沉香)有安神、镇静、抗炎抗菌、止咳作用;豆蔻果实入药,有抗炎抗癌、平喘、止吐作用;肾茶枝叶入药,有保肾、抑菌、降压、利尿作用;胖大海种子入药,有抗炎、减肥、泻下、降压等作用;槟榔种仁入药,能驱虫,有抗病原微生物和抗癌作用等。这些药材都是历代进口输入到我国的重要南药药材。

公元 1405—1433 年,郑和率庞大船队七次下西洋,访问了 30 多个国家地区,带回的大量商品中有多种香料药材,如龙涎香、胡椒、肉豆蔻、白豆蔻、降真香、安息香、檀香、乌香、丁香、蔷薇水、芦荟、没药、苏合油、紫胶、硫黄、龙脑、冰片、乌木、黄藤、大枫子、阿魏及犀牛角等。其中带回的苏木是大宗商品,根与木材炮制后作解毒剂,解热、清血、收敛、祛痰,在东南亚产地多用于战场疗伤。苏木中含巴西苏木素,可作红色染料,亦用于丝绸染色、香云纱面料褪色处理等。苏木引入促进了明代丝绸贸易的发展,后来苏木由佛教寺院引入种植,成为药用和染制寺庙僧人服饰和经幡等的植物染料,至今仍然沿用。

东南亚盛产兰科植物,特别是附生兰类型植物,例如泰国石斛属植物有 100 余种(中国 80 多种),与中国石斛属植物相同种的共有 20 多种,但至今尚未发现药用记录的石斛。近年来,由于中国药用石斛传入泰国,并在北部地区人工种植石斛,开始探索石斛的药用用途。泰国人工培植的观赏石斛和鲜切花石斛,产量和出口量均居世界之首,但缺乏药用石斛的传统医药文化,这种文化现象值得学者进行比较药用民族植物学研究,同时亦为中泰文化相互交流提供了内容。类似情况还有兰科植物中的另一种药用植物滇南金线兰(Anoectochilus roxburghii),在我国云南傣族民间用作保肝药,现在福建已发展成为重要的植物药产业,说明从我国南部热带地区的民族药中开发南药具有很大潜力。

（三） 我国与中亚和中东地区的医药文化交流历史悠久

Section 4.3 the Silk Road in Central Asia and Middle East

中亚是亚欧大陆腹地，中东是联接欧、亚、非三大洲的中心地带，是古埃及文明、阿拉伯文明的发祥地。中亚、中东是陆上丝绸之路西段，是亚非欧陆上商贸与文化交流的重要桥梁和纽带，在东西方医药文明交流中起着重要作用。两汉时期，张骞出使西域，带回了红蓝（红花）种子，可入药、做染料、制胭脂。西域盛产香药，如阿拉伯国家的乳香、没药、迷迭香、芫荽、无漏子、亚米芹、阿魏、茴香、糖棕、苏合香、大蒜、芦荟、番泻叶、龙血竭、葡萄、胡麻、石榴、蚕豆、棉花、核桃、油橄榄、巴旦杏、无花果，以及东非的丁香、紫檀等药材和其他有药用功能的植物。

在中亚和中东地区形成发展起来的传统医药尤纳尼（Unani），是一个古老的传统医学体系，伴随着陆上丝绸之路传入我国西部地区，对我国维医药、回医药、哈萨克医药等的发展均有重要影响，是中国医药学和阿拉伯医药学交流的历史性成果，许多原产于中亚、中东、北非的药材及其医药文化随之传入中国，成为我国传统进口南药的重要组成部分。据统计，由丝绸之路输入中国的药材中，有植物药木香、豆蔻等 58 种，动物药羚羊角、龙涎香等 18 种；矿物药石硫黄、密陀僧等 18 种，总计输入药材 92 种，其中许多是阿拉伯地区传统特色药物，传入我国后被中医药吸收入药。从唐代以来，回医药中应用香料药增多，用香料预防和治疗疾病、熏洗衣服、化妆美容、调味食品、却邪防腐等，如《回回药方》残卷常用药 259 种，明显源于海药，注有中文名和阿拉伯药名共 61 种。维吾尔医药学与中医药学以及古埃及、古希腊、古罗马、阿拉伯、印度等传统医学的密切联系，是通过丝绸之路不断交流而发展起来的。维吾尔药物中有许多进口南药，如苏合香、安息香、没药、龙血竭、乳香、油橄榄、没食子、马钱子、沉香、海葱、茄参、海狸香、龙涎香、浆果红豆杉、破布木果、洋菝葜、铁力木花、番泻叶、药喇叭根、檀香、欧细辛、西青果、沙龙子、欧当归、印度当药、西黄芪胶、非洲醉茄、亚麻等 150 余种，占维吾尔常用药材的 30%。《维吾尔药志》（1999）收载的 328 种药材中，进口药材就有 66 种，可见我国民族药中南药应用的广泛性和悠久的历史。

自唐宋时期以来，中国和阿拉伯医药交流密切，这时期输入我国的植物药材有乳香、没药、木香、芦荟、琥珀、乌墨、补骨脂、苏合香等，以及产于波斯、非洲的胡桐泪。阿魏原产波斯和黑海东岸；葫芦巴原产波斯、叙利亚沙漠地带。阿拉伯香料的种类甚多，主要有苏合香、乳香、没药、木香、安息香、补骨脂、肉豆蔻、藏红花、降真香、紫檀香、阿魏、沉香、丁香、血竭、小茴香、龙涎香、芦荟、荜澄茄、荜茇、缩砂密、诃黎勒、香木鳖、栀子花、蔷薇水、没食子等。阿拉伯香药在医药和生活家居中应用广泛，用于活血化瘀，消肿止痛，止泻，防毒，预防瘟疫，消毒，杀虫等；亦用于美肤化妆、调味、防腐、熏香及宗教祭祀等活动中。唐代通行的官方药典中有若干特效药材种类是以大食国药品为主药，如乳香，外科用于止痛、生肌；檀香，理气和胃；胡椒，温中，下气，清痰，解毒；沉香，降气，温中，暖胃纳气；降真香，理气，止血，定痛，利水；槟榔，杀虫，破邪，下气，行水等。这些常用南药品种均在中医药药方和临床中被广泛应用，经过吸收消化又组成了许多新的中药方，如乳香没药片、槟榔丸、檀香汤、胡椒汤等。历史上这些医药文化交流表明阿拉伯香药输入我国后，进一步增加和丰富了中国药物种类，丰富了中医药基础理论和临床应用及方剂学内容，促进了中医药的进步和发展。

五、 南药贸易流通窗口——缅甸曼德勒药材市场调查记
Chapter 5   Zay Cho Market：the Nan-Yao Trade Center in Mandalay，Myanmar

①

②

③

①②③为2015年笔者于缅甸曼德勒药材市场调研时所拍摄

1994年秋，笔者曾经以国际山地综合发展中心（ICIMOD）"东喜马拉雅跨边界生物多样性保护"项目负责人的身份，由尼泊尔加德满都前往缅甸考察，目的是选择项目点和建立缅甸——中国云南自然保护区跨边境保护合作点。在缅甸林业部自然保护部吴武嘎（U Gha）处长的陪同下，笔者前往缅中和缅北考察，其间顺访曼德勒市中心市场（Bazaar，即"巴扎"，"大综合市场"之意）的药材交易区，当即获得一个惊人的发现：该市场面积达上万平方米，内有400多个药材商铺，整齐并列成两排，坐落在"巴扎"中。每家商铺拥有200～400个不同药柜，装满各种药材和香料，诸如胡椒、肉桂、沉香、檀香、丁香、豆蔻、诃子、毛诃子、荜茇、胖大海等数百种热带药材，分明就是缅甸药用植物和我国进口南药的一个贸易展览窗口，令人兴奋不已。

从民族植物学的观点来看，集市药材是一个地区药用植物资源的集中展现，曼德勒药材市场出售的药材大多为缅甸出产，也有不少来自泰国、马来西亚、印度、巴基斯坦、中国、非洲和中东各国，是一处区域性热带药材交易的集散地。自古以来，位于缅甸中部的曼德勒就是丝绸之路上中国与南亚之间茶马古道上的药材交易集散地，中国药材人参、三七、当归、黄芪、党参、枸杞、丹参等经由该通道运至缅甸曼德勒；而南亚、东南亚、非洲药材由海路运入缅甸，使曼德勒成为丝路药材交易的汇合点和集散地之一。中医药中的"南药"是由南方丝绸之路进入中国云南，融入中医药文化中的很多热带药用植物，能够在曼德勒这个"巴扎"内找到，很多中药材品种中国并不出产，如藤血竭、诃子、丁香、诃黎勒、藤黄、胖大海等，它们也可以在曼德勒的"巴扎"内被发现，药材集散地拥有药用民族植物学研究丰富的信

息和实物样品,是开展医药文化和药用民族植物学研究的重要场所。

2015 年,笔者专程到曼德勒调查药材集市的药用植物。在缅甸传统医药大学植物学系主任宁宁(Hnin Hnin)女士、教师及及欧(Kyi Kyi Oo)女士和教师辛玛汶(Zin Mar Win)女士的陪同下,曾在曼德勒最大的批发市场——"泽桥"(Zay Cho)的药材交易区进行了 3 日的调查。该市场就是 11 年前访问过的同一"巴扎"。此处已在原址新建一幢五层的大型综合商业楼,一层、二层是食品和百货等,三层、四层是药材市场,规模比过去更大,商铺也更多,经营有上千种各类药材、辛香料、食材等,主营药材零售兼批发。我们发现该市场内我们传统进口南药有上百个品种,据商家介绍,很多药材销往中国,由曼德勒经陆路运往我国云南瑞丽和腾冲等口岸,其中销量较大的有肉桂、砂仁、豆蔻、千张纸、胖大海、榼藤子、诃子、毛诃子、荜茇、铁力木花等。铁力木是重要的佛教文化植物,在我国云南热带地区寺庙零星栽培,而铁力木花是我国民族药中的重要药材,特别是维吾尔药中用量较大,据了解,仅这一处药材市场每月发货到中国的铁力木干花就达 1.5 吨之多。铁力木是藤黄科乔木,花白色,晒干后入药,在缅甸是重要的传统药物,特别是用于妇科疾病治疗。

有一种缅语叫"当纳卡(Thanaka)"的香药材取自白黎檬科 Limoniaceae 的灌木 Limonia *acidissima* 枝干的树皮部位,用水研磨成粉糊状涂抹在妇女面部、颈部,有防晒、清凉和防蚊的功能,是缅甸最常见的传统护肤植物。还有一种缅语叫"西格里玛(Say-ga-la-ma)"的白色透明胶状树脂,来自于梧桐科小乔木"南亚苹婆"(*Sterculia urens*),在缅甸各地药材市场常见,是应用于利尿通便、妇女催生顺产的传统药物。在调查访问植物胶在当地民间的用法和在饮料店亲自品尝到用这种植物胶制作的冷饮后,笔者按照当地民间调制方法服用了这种天然植物胶药物 1 周,发现利尿通便效果明显。当地市场上还有多种以热带树木的木材为原料制作的植物药,如缅甸红木、沉香、檀香木、钝叶桂(缅语名:Na-lin-gyaw)等都是缅甸传统药用植物中常见的木质类药品。印棟(Neem tree)(缅语名 Tama,植物学名 *Azadirachta indica*)广泛分布于缅甸中部干热河谷地区,印棟果实和枝叶含印棟素,可以驱虫杀虫,是植物农药印棟素的生产原料。曼德勒附近有一家工厂专门生产该产品,并出口到中国。此次调查对于了解我国南药进口品种中很多种类的来源、产地、销售和出口情况都有很大帮助,也让我们进一步认识体会到南方陆上丝绸之路上的药材交流对于医药文化交流和药材贸易流通的重要性。曼德勒药材市场作为"一带一路"陆上药材贸易的重要集散地,值得深入研究。

现将曼德勒药材市场调查的南药品种进行初步整理后编入本书中,以供参考(见下表)。

表 缅甸曼德勒药材市场南药药材品名编目

Appendix:Inventory of Nan-Yao Plants of Zay Cho Market in Mandalay, Myanmar

(共计 42 种)

序号	拉丁学名	中文名	缅甸当地名	产地
1	*Acacia catechu*(L. f.)Willd.	儿茶	Sha	缅甸中部
2	*Aegle marmelos*(L.)Corrêa	木苹果	Ouhip (fruit)	缅甸中部
3	*Afzelia xylocarpa*(Kurz.)Craib.	缅茄	Pyin padauk (Padauk nat)	缅甸
4	*Aloe vera* Linn.	芦荟	Sha zaung let put	马圭、实皆、曼德勒、仰光

序号	拉丁学名	中文名	缅甸当地名	产地
5	*Aquilaria agallocha* Roxb.	沉香（密香树）	A kyaw（Tbit mywe）	缅甸中部
6	*Areca catechu* Linn.	槟榔	Kun thee pin	下缅甸
7	*Brucea javanica*（Linn.）Merr.	鸦胆子	Yar dan seed	缅甸
8	*Butea monosperma*（Lam.）Ktze.	紫铆	Pauk（flower）	缅甸中部
9	*Nelumbo nucifera* Gaertn.	石莲子	Padon-ma-kya	缅甸
10	*Caesalpinia sappan* Linn.	苏仿木	Tain nyet	缅甸
11	*Cassia angustifolia* Vohl.	番泻叶	Pywe kyaing	缅甸中部，勃固
12	*Cassia fistula* Linn.	腊肠树	Nu	缅甸中部
13	*Cinnamomum cassia* Presl.	肉桂	Thit-kya-poe	缅甸中部和南部
14	*Cinnamomum zeylanicum* Bl.	锡兰肉桂	Thit gya bo	仰光
15	*Crocus sativus* L.	番红花（藏红花）	Gon-gu-man（Mala-ki-kyu）	曼德勒药材市场
16	*Cuminum cyminum* L.	孜然芹	Zi-yar-phyu	印度、巴基斯坦
17	*Dalbergia sissoo* Roxb.	降香（紫藤香）	Kalar-padauk	尼泊尔、巴基斯坦
18	*Dracaena draco* Linn.	龙血竭	Zaw-gyi-taung-whai	东非
19	*Entada scandens* Benth	榼藤子	Gon uyin doo	缅甸
20	*Homalomena occulta*（Lour.）Schott	千年健	Oo-mon-kya（Sit-ton-nyi）	缅甸德林达依、掸邦
21	*Hydnocarpus alpina* Wight	印度大风子	Ka-law	缅甸
22	*Hydnocarpus anthelminthica* Pierr. ex Gagnep.	泰国大风子	Kalaw wa	缅甸
23	*Martynia annua* L.	角胡麻	Hsay galon	缅甸中部
24	*Mesua ferrea* Linn.	铁力木	Gangaw	缅甸
25	*Myristica fragrans* Houtt	肉豆蔻	Zar dcik pho pin（fruit）	缅甸
26	*Nigella glandulifera* Freyn et Sint.	黑种草	Samon（Black）	缅甸中部
27	*Ocimum basilicum* Linn.	罗勒	Pin sein	缅甸
28	*Phyllanthus emblica* Linn.	余甘子	Zibyu	缅甸
29	*Picrorhiza kurroa* Royle ex Benth	胡黄连	Song-may-dar	曼德勒药材市场
30	*Piper betle* Linn.	芦子	Kun（leaf）	缅甸
31	*Piper longum* Linn.	荜茇	Peik chin	缅甸中部
32	*Piper nigrum* Linn.	胡椒	Nga yoke kaung	缅甸中部、勃固
33	*Quisqualis indica* Linn.	使君子	Hta wai mying	掸邦
34	*Santalum album* L.	檀香	Uan tha phyu	马圭、曼德勒
35	*Spondias pinnata*（L.）Kurz.	槟榔青	Gway-thee-pin	缅甸

续表

序号	拉丁学名	中文名	缅甸当地名	产地
36	*Strychnos nux-vomica* Linn.（wood） *Strychnos potoforum*（seed）	马钱子	Kha-paung-ye-kyi	缅甸掸邦
37	*Styrax benzoin* Dryand. *Styrax tonkinensis*（Pierre）Craib ex Hartw.	安息香	Kha-ku-ka-myin	曼德勒
38	*Syzygium aromaticum* （Linn.）Merr et Perry	丁香	Lay hnin	仰光种植，新加坡进口
39	*Terminalia arjuna*（Roxb. ex DC.）Wight & Arn.	阿江榄（柳叶榄仁）	Kya su	印度、不丹
40	*Terminalia bellirica* （Gaertn.）Roxb.	毛诃子	Thit seint	缅甸中部、马圭
41	*Terminalia chebula* Retz.	诃子	Phan khar	缅甸
42	*Thymus serpyllum* Linn.	百里香	Sa mon phyu(wild)	缅甸

第二部分 · 各论
Monograph

荜茇
biba / PIPERIS LONGI FRUCTUS

荜茇原植物

- **别名**

  荜拨、荜茇梨(梵书)、毕毕林(藏语)、里逼(西双版纳傣语)、麻匹版(德宏傣语)、皮里皮力(维语)、布力颜-额莫(蒙语)。

- **外文名**

  Long pepper(英语)、Pipali(梵语)、Piplamul

(印地语、孟加拉语)、Pilipil(乌尔都语)、Thippili(泰米尔语)、Tiêu lôt(越南语)、Nga-yok-kaung(缅语)。

- **基原考证**

  为胡椒科植物荜茇的干燥果穗。

- **原植物**

  胡椒科植物荜茇 *Piper longum* L.

  攀援藤本,长达8 m,幼时被极细的粉状短柔毛,枝具纵棱和沟槽,有稍膨大的节。叶厚纸质,具细腺点,下部的卵圆形,向上渐为卵状长圆形,先端短渐尖至渐尖,基部阔心形,有相等的两耳,两面沿脉上被极细的粉状短柔毛,背面尤显,叶脉7条,基部发出,最内1对向上几达叶片之顶。花单性,雌雄异株,穗状花序生于顶部,与叶对生。浆果球形,下部嵌生于花序轴内,顶端有脐状凸起,无毛,直径约2 mm。(《中国植物志》)

- **分布与产地**

  荜茇为本土南药。产于海拔580～700 m的疏林、常绿林内。广西、广东、福建有栽培。尼泊尔、不丹、印度、斯里兰卡、越南、马来西亚、印度尼西亚(爪哇、苏门答腊)及菲律宾也有。云南西南部盈江县和南部勐腊县有野生居群,产于热带沟谷雨林林下。

- **传播路径与贸易状况**

  荜茇在我国史籍和本草中都为进口药材,直到20世纪70年代,在云南省勐腊县和盈江县发现了荜茇的分布,在当地农贸市场有少量售卖。大宗用药依然依靠进口。荜茇是我国新疆维吾尔药最重要药食两用香料之一,在维吾尔传统茶和特色菜品中不可或缺,属于生活必需品。在新疆边贸中心喀什大量交易。

· **药用历史与文化记事**

荜茇入药可以开胃消食,也作为调味香料用于烹饪。《唐本草》记载:"荜拨,生波斯。丛生,茎叶似蒟酱,其子紧细。味辛烈于蒟酱,胡人将来入食味用也。"据宋代《太平广记》记载,"贞观中,太宗苦于气痢,众医不效。诏问殿廷左右,有能治其疾者,当重赏之。有术士进以乳汁煎荜茇,服之立瘥",记录了唐太宗得海外药方"乳汁煎荜茇"而治好气痢的故事,唐太宗为了嘉奖献药人而赐其五品官职,后复发,服用次方好转,又赐三品官职。

· **古籍记载**

《酉阳杂俎》:"荜拨,出摩伽陁国,呼为荜拨梨,拂林国呼为阿梨诃咃。苗长三四尺,茎细如箸,叶似戢叶,子似桑椹,八月采。"

《海药本草》:"按徐表《南州记》,荜拨本出南海,长一指,赤褐色为上。复有荜拨短小黑,味不堪。与阿魏和合良,亦滋食味。得诃子、人参、桂心、干姜,治虚。"

· **功效主治**

南药荜茇,温中散寒,下气止痛。主脘腹冷痛,呕吐,泄泻,头痛,牙痛,鼻渊,冠心病、心绞痛。

藏药"毕毕林",壮胃阳,逐寒、祛痰、平喘。主治培根、龙合并症,滋补体力,并能分离恶血和良血。

傣药"里逼",味麻、辣,气香,性热。入风、火塔。祛风除湿,活血止痛,通利水血。主治"拢栽线栽歪"(心慌心悸),"拢梅兰申,先哈嘎兰"(风寒湿痹证,肢体关节酸痛,屈伸不利,肢体麻木),"纳勒冒沙么"(月经失调,痛经,经闭)。

维药"皮里皮力",生干生热,补胃消食,通气除胀,填精壮阳,通尿通经,止咳化痰,散寒止痛。主治湿寒性或黏液质性疾病,胃虚纳差,腹胀腹痛,精少阳痿,小便不通,月经不调,咳嗽痰多,大小关节疼痛,牙痛。

蒙药"布力颜-额莫",调理胃火,祛"巴达干·赫依",调节体素,滋补强壮,平喘,祛痰,止痛。主治胃火衰败、不思饮食、消化不良等寒性疾病,恶心,气喘,气管炎,肺痨,肾寒,尿浊,阳痿及身体衰弱,腰腿痛,关节痛,失眠,寒性腹泻。

· **化学成分**

荜茇果实含胡椒碱(piperine)、棕榈酸(palmitic acid)、四氢胡椒酸(tetcmlibahydropiperic acid)、十一碳-1-烯-3,4-甲撑二氧苯(1-undecylenyl-3,4-methylene-dioxybenzene)、哌啶(piperine)、挥发油、N-异丁基癸二烯-反2-反4-酰胺(N-isobutyldeca-TCMLIBans-2-TCMLIBans-4-dienamide)、芝麻素(sesamin)、荜茇壬二烯哌啶(pipernonaline)、荜茇十一碳三烯哌啶(piperundecalidine)、荜茇明宁碱(piperlonguminine)、二氢荜茇明宁碱(di-hydropiperlonguminine)、胡椒酰胺(pipercide)、几内亚胡椒酰胺(guineensine)、荜茇壬三烯哌啶(dehydropipernonaline)等。茎含荜茇明碱(piplartine,piperlongumine)。种子中含长柄胡椒碱(sylvatine)、双异桉脂素(diaeudesmin)。

· **药理和临床应用**

从荜茇中提出的精油对白色及金黄色葡萄球菌和枯草杆菌、蜡样芽胞杆菌、大肠埃希菌、痢疾志贺菌等均有抑制作用。胡椒碱对家蝇的神经及肌肉组织均有破坏作用,但不及除虫菊。大鼠腹腔注射胡椒碱可明显降低直肠温度(主要由于皮肤血管扩张),但重复注射后即不敏感,该动物并丧失在高温环境下及疼痛刺激时调节体温的能力。此作用系不可逆性,并与其辛辣刺激有关。

附注:本土荜茇由中国科学院西双版纳热带

植物园的专家发现于 20 世纪 70 年代,目前已经在我国西南和华南热带区域引种成功,应大力发展荜茇的标准林下种植,以供市场需求。

目前药材市场上的荜茇药材来源十分复杂,除了正品外,尚有假荜茇 *Piper retrofractum* 等;实地调查发现我国西藏雅鲁藏布大峡谷热带区域出产的短柄胡椒 *Piper stipitiforme* 和缘毛胡椒 *Piper semiimmersum* 的干燥果穗也作为藏药"毕毕林"被药商收购。这些来源植物是否可作为荜茇药材来源,还需要做进一步研究。

胡　椒
hujiao / PIPERIS FRUCTUS

胡椒原植物

胡椒药材

· **别名**

白胡椒、黑胡椒、昧履支(梵书)、浮椒、匹囡(西双版纳傣语)、木其(维语)、那力夏目(藏语)、胡珠(蒙语)。

· **外文名**

Black pepper(英语)、Marichan(梵语)、Kalimirch(印地语、乌尔都语、旁遮普语)、Kalimirch(孟加拉语)、Milagu(泰米尔语)、Pfeffer(德语)、Poivrier noir(法语)、Phrik-thay(泰语)、Lada(印尼语)、Hồ TiÊU(越南语)。

· **基原考证**

为胡椒科植物胡椒的干燥近成熟或成熟果实。秋末至次春果实呈暗绿色时采收,晒干,为黑胡椒;果实变红时采收,用水浸渍数日,擦去果肉,晒干,为白胡椒。

作为香料和调料,胡椒根据成熟程度和保鲜度,分为绿、黑、白、红四种,风味各异。绿胡椒为新鲜的未成熟胡椒,黑胡椒为绿胡椒的干制品,白胡椒为成熟胡椒的干制品,红胡椒为新鲜的老熟胡椒。

· **原植物**

胡椒科植物胡椒 *Piper nigrum* L.

木质攀援藤本;茎、枝无毛,节显著膨大,常生小根。叶厚,近革质,阔卵形至卵状长圆形,稀有近圆形,顶端短尖,基部圆,常稍偏斜,两面均无毛;叶脉 5～7 条,稀有 9 条,最上 1 对互生,离基 1.5～3.5 cm 从中脉发出,余者均自基出,最外 1 对极柔弱,网状脉明显;叶柄无毛;叶鞘延长,长常为叶柄之半。花杂性,通常雌雄同株;花序与叶对生,短于叶或与叶等长;总花梗与叶柄近等长,无毛;苞片匙状长圆形,顶端阔而圆,与花序轴分离,呈浅杯状,狭长处与花序轴合生,仅边缘分离。浆果球形,无柄,直径 3～4 mm,成熟时红色,未成熟时干后变黑色。花期 6～10 月。(《中国植物志》)

· **分布与产地**

胡椒原为进口南药,我国很早就引种栽培于华南地区,现主要为国产。我国台湾、福建、广东、广西及云南等地均有栽培。原产于东南亚,现广植于热带地区。

· 传播路径与贸易状况

胡椒原为进口南药,原产于印度,通过丝绸之路和海上贸易进入我国。20世纪60年代后在海南岛和云南南部等地种植成功,海南岛是我国最大的胡椒产地。

· 药用历史与文化记事

胡椒被称为"香料之王"。宋代《证类本草》记载:"胡椒生南海诸国。去胃口气虚冷,宿食不消,霍乱气逆,心腹卒痛,冷气上冲。和气,不宜多服,损肺。一云向阴者澄茄,向阳者胡椒也。雷公云:凡使,只用内无皱壳者,用力大。"这里的"澄茄"即"毕澄茄",又名"山胡椒",为樟科植物木姜子的果实(见本书"毕澄茄"条)。

胡椒在古代非常昂贵。唐代时,胡椒与燕窝、高丽人参同价。在以古代朝鲜王国为背景的韩国电视剧《大长今》中有一个桥段,查抄崔氏权臣府邸的官员从崔府中查出大量胡椒,从而坐实了崔氏一族贪污腐败、中饱私囊的罪行,由此可见古代胡椒的价值高昂。古代西方人不惜花费大量金钱从东方收购胡椒,印度的梵文古籍中就有"罗马商人来时带着黄金,走时带着胡椒"的记载。在古代东南亚贸易中,胡椒昂贵堪比黄金。古代缅甸有一个传奇故事,说的是白古国(今缅甸中南部)有一个穷小子得到一袋胡椒,卖给在德贡城(今仰光,一说八都马城,今毛淡棉)做买卖的外国人,立刻就成了阔绰的富翁。由此可见当时胡椒价值昂贵。胡椒在真腊国,即古代柬埔寨,是重要的贸易上品,周达观《真腊风土记》记载:"胡椒间亦有之,缠藤而生,累累如绿草子,其生而青者更辣。"位于加里曼丹岛的马来西亚沙捞越州是当今世界上最大的胡椒产地,出产的胡椒被认为是世界上最好的胡椒。其中有一种"鸟啄胡椒",据说是鸟类啄食新鲜胡椒果实后,从鸟粪中收集到的胡椒,类似"麝香猫咖啡"的生产。这种胡椒具有更高的价格,在沙捞越州的胡椒种植园有专门的工人收集鸟粪并从中分离出胡椒供加工出售。

17世纪后,南亚和东南亚逐渐沦为西方列强的殖民地,列强之间为了争夺胡椒贸易主控权,常常发生冲突。古代我国胡椒极其昂贵,是达官贵人才能用得起的名贵调料。近代由于胡椒在海南岛等地引种成功,价格大幅下降。

· 古籍记载

《酉阳杂俎》:"胡椒,出摩伽陀国,呼为昧履支。其苗蔓生,茎极柔弱,长寸半。有细条与叶齐,条上结子,两两相对。其叶晨开暮合,合则裹其子于叶中。形似汉椒,至辛辣,六月采,今作胡盘肉食,皆用之也。"

· 功效主治

南药胡椒,温中散寒,下气,消痰。用于胃寒呕吐,腹痛泄泻,食欲不振,癫痫痰多。

藏药"那力夏目",益阳补胃,助消化,用于培根症。

傣药"匹囡",味辣,气香,性热。火火、土塔。补土健胃,降逆止呕,散寒止痛。主治"接崩"(胃脘痛),"拢旧短、谢短"(腹扭痛,刺痛),"接短鲁短、列哈"(腹痛腹泻,呕吐),"拢沙龙接喉"(牙痛)。

维药"木其",生干生热,消食开胃,通气除胀,止咳化痰,补脑止痛。主治湿寒性或黏液质性疾病,如胃寒纳差,消化不良,脘腹气胀,咳嗽多痰,脑虚头痛,牙齿疼痛。

蒙药"胡珠",味极辛,性热。效轻、燥、糙、锐、浮。调理胃火,消食,祛巴达干寒。主治呕吐,泄泻,宿食不消,胃腹胀痛,全身瘙痒,疥癣。

· 化学成分

胡椒果实含多种酰胺类化合物,如胡椒碱(piperine)、胡椒酰胺(pipercide)、次胡椒酰胺(piperylin)、胡椒亭碱(piperettine)、胡椒油碱(piperolein)B、几内亚胡椒酰胺(guineesine)等。

· 药理和临床应用

(1)抗惊厥作用:本品所含的胡椒碱,在小于半数致死量剂量下,对大鼠和小鼠惊厥均有不同程度的对抗作用,并能降低动物的死亡率。此外,还有镇静作用和加强其他中枢神经系统制药的中枢抑制作用。

（2）杀虫作用：胡椒果实中含的酰胺类化合物具有杀犬弓蛔虫的作用。胡椒果中含的胡椒醛、胡椒碱和胡椒油碱 B 对果蝇幼虫发育有抑制作用。

（3）利胆作用：大鼠灌胃黑胡椒可使大鼠胆汁中固体物质增加。

（4）升压作用：正常人将胡椒 0.1 g 含于口内而不咽下，测定用药前后的血压及脉搏表明用药后能引起血压上升。

附注：《中国药典》规定，本品按干燥品计算，含胡椒碱（$C_{17}H_{19}NO_3$）不得少于 3.3%。

蒌 叶

louye / PIPERIS FOLIUM

蒌叶原植物

· 别名

蒟酱、大芦子、蒌叶胡椒、槟榔叶、香叶、青蒟、槟榔蒟、扶留藤、槟榔篓、野芦子、黑摆（西双版纳傣语）、芦色（德宏傣语）。

· 外文名

Betel（英语）、Tambulavalli（梵语）、Pan（印地语、孟加拉语）、Ilaikkodi（泰米尔语）、Sirih（印尼语）、Trầu Không（越南语）、Kun-ywe（缅语）。

· 基原考证

为胡椒科植物蒌叶的新鲜或干燥叶片（蒌叶），其果穗（蒟酱）亦可入药。

傣药"黑摆"，为蒌叶的藤茎。

· 原植物

胡椒科植物蒌叶 *Piper betle* L.

攀援藤本；枝稍带木质，节上生根。叶纸质至近革质，背面及嫩叶脉上有密细腺点，阔卵形至卵状长圆形，上部的有时为椭圆形，顶端渐尖，基部心形、浅心形或上部的有时钝圆，两侧相等至稍不等，腹面无毛，背面沿脉上被极细的粉状短柔毛；叶脉 7 条，最上 1 对通常对生，少有互生，离基 0.7～2 cm 从中脉发出，余者均基出，网状脉明显。花单性，雌雄异株，聚集成与叶对生的穗状花序。雄花序开花时几与叶片等长；雌花序于果期延长。浆果顶端稍凸，有绒毛，下部与花序轴合生成一柱状、肉质、带红色的果穗。花期 5～7 月。（《中国植物志》）

· 分布与产地

蒌叶为本土南药。我国东起台湾，经东南至西南部各地均有栽培。分布于印度、斯里兰卡、缅甸、泰国、越南、马来西亚、印度尼西亚、菲律宾及马达加斯加。

· 传播路径与贸易状况

蒌叶产南亚和东南亚，广泛栽培用作槟榔叶，各地常见销售。我国南方热带区域有栽培，多用作烹饪调料。市场上有少量销售，都是自产自销，没有大规模生产。

· 药用历史与文化记事

蒌叶在我国史籍中的记载可以追溯至《汉书》。"武帝使唐蒙封南越。南越食蒟酱，似榖叶如桑其长三寸，蜀用作酱也"。当时在宴会上已有品尝蒟酱，这里的蒟酱可能是用蒌叶的果穗制作的蜜制或腌制食品。刘渊林注《蜀都赋》云："蒟酱缘木而生，其子如桑椹，熟时正青，长二三寸，以蜜藏而食之，辛香，温调五脏。今云蔓生。"蒌叶还用作酒曲，据《本草纲目》记载，"今蜀人惟取蒌叶作酒曲，云'香美'"。蒌叶入药有温中、下气、散结、消痰之功能。

蒌叶最广泛的用途还是用作槟榔叶，包裹槟榔及辅料咀嚼。东南亚和南亚地区不少民族喜以叶包石灰与槟榔作咀嚼嗜好品。在南亚和东南亚的印度、孟加拉国、缅甸、马来西亚等国，人们嗜好槟榔，当地有大量蒌叶栽培。在缅甸的古城曼德勒，每天有数十吨新鲜蒌叶供应各个市场销售。蒌叶在东南亚传统文化中有重要地位，马来西亚和印尼传统诗歌《班顿》中就有"请给一张蒌叶加配料，求得主人青睐"以及"要是遇上对方人品好，哪有不端蒌叶来款待"的诗句。在马来西亚和新加坡，嚼槟榔和玩纸牌游戏还是土生华人妇女（娘惹）的传统娱乐项目。

在我国云南，傣族等少数民族老人尤其喜爱用蒌叶卷槟榔。傣族利用蒌叶的历史相当久远，清代道光年间修订的《元江州志》记载，"芦子生山谷，蔓而丛生，夏华秋实，土人采之，曝干，收货"，就描述了元江一带傣族应用蒌叶的情形。蒌叶还是云南西双版纳的特色食材，当地小吃"香叶包肉"就是用蒌叶包裹五花肉和香料蒸熟或油炸制成。

· **古籍记载**

《本草纲目拾遗》："蒌，即蒟也。岭南人取其叶，和槟榔食，今天名蒌叶，用其叶封固，晒半载收贮待用，可留数十年。非独疏积滞，消瘴疠治病亦可。"

· **功效主治**

南药蒌叶，祛风散寒，行气化痰，消肿止痒。用于风寒咳嗽，支气管哮喘，风湿骨痛，胃寒痛，妊娠水肿；外用治皮肤湿疹，脚癣。

南药蒟酱，温中下气，消痰散结，止痛。主脘腹冷痛，呕吐泄泻，虫积腹痛，咳逆上气，牙痛。

西双版纳傣药"黑摆"，以蒌叶的叶、果穗和藤茎入药，味麻、辣，气清香，性热。入火、风塔。调平四塔，通气血，止痛，杀虫止痒。主治"贺接"（头痛）、"拢栽线栽歪"（心慌心悸）、"兵洞烘洞飞暖"（皮肤瘙痒，斑疹，疥癣，湿疹）、"拢沙龙接喉，喉免"（牙痛，龋齿）、"贺办答来"（头昏目眩）。

缅甸国传统药"Kun-ywe"，为蒌叶的干燥叶片，用于治疗感冒咳嗽、消化不良、嗳气。

· **化学成分**

含胡椒酚、蒌叶酚、烯丙基焦性儿茶酚、香荆芥酚、丁香油酚、对一聚伞花素、1,8-桉叶素、丁香油酚甲醚、石竹烯、荜澄茄烯、未定倍半萜等，以及多种游离氨基酸、抗坏血酸、苹果酸、草酸、葡萄糖、果糖、麦芽糖、葡萄糖醛酸等。

· **药理和临床应用**

（1）抗菌作用：叶的水提取物及乙醇浸膏水提取物在试管内对金黄色葡萄球菌、白色葡萄球菌、大肠埃希菌、变形杆菌、伤寒沙门菌、枯草杆菌及某些真菌有明显抑菌作用，其所含挥发油亦有较弱的抗菌作用。抗菌有效成分可能是其中所含的蒌叶酚。

（2）杀虫活性：挥发油在试管内对原虫有杀灭作用，对蚯蚓的杀死作用与同剂量土荆芥油相当。

肉豆蔻

roudoukou / MYRISTICAE SEMEN

肉豆蔻原植物

肉豆蔻药材

- **别名**

  玉果、香果、迦拘勒、麻尖(傣语)、扎得(藏语)、朱由孜(维语)、匝迪(蒙语)。

- **外文名**

  Nutmeg(英语)、Jouza(阿拉伯语)、Jate(梵语)、Jaiphal(印地语)、Sadikka(僧伽罗语)、Muscadier(法语)、Nhục Đậu Khấu(越南语)、Natsumegu(日语)、Can-thee(泰语)、Pala(马来语、印尼语)。

- **基原考证**

  为肉豆蔻科植物肉豆蔻的种仁。

- **原植物**

  肉豆蔻科植物肉豆蔻 *Myristica fragrans* Houtt.

  小乔木;幼枝细长。叶近革质,椭圆形或椭圆状披针形,先端短渐尖,基部宽楔形或近圆形,两面无毛;侧脉 8～10 对。雄花序长 1～3 cm,无毛,着花 3～20,稀 1～2。果通常单生,具短柄,有时具残存的花被片;假种皮红色,至基部撕裂;种子卵珠形;子叶短、蜷曲,基部连合。(《中国植物志》)

- **分布与产地**

  肉豆蔻为进口南药。原产印尼马鲁古群岛,热带地区广泛栽培。我国台湾、广东、云南等地已引种试种。

- **传播路径与贸易状况**

  古代本草中记载肉豆蔻出"秦国""昆仑""胡国"等地。古代本草中对"豆蔻"类的记载十分混乱,所以尚不能明确,但可以肯定的是肉豆蔻是由丝绸之路或海上贸易传入我国的。现代肉豆蔻多由东南亚进口,如缅甸、泰国、印度尼西亚等地。

  维药"朱由孜",为巴基斯坦进口药材,其医药知识可能来源于阿拉伯医学,维语"朱由孜"显然是来自阿拉伯语"Jouza"。而藏药"扎得",则源自阿育吠陀药,藏语"扎得"来自于梵语"Jate"。蒙古族医学受藏医学影响,沿用了这一名称,仅发音有细微差别。

  缅甸曼德勒等大城市的药材市场有大量肉豆蔻销往我国,经由木姐-姐告口岸进入云南,再收购至成都、亳州等药材集散中心后分销至各地。实地调查发现,云南地方药材市场,如大理三月街有一种名为"假广子"的肉豆蔻代用品出售,为同科植物假广子 *Knema erratica* (Hook. f. & Thomson) J. Sinclair 的种仁,产自云南西双版纳。

- **药用历史与文化记事**

  公元 12 世纪中叶,肉豆蔻由阿拉伯人传至地中海地区,作为香料使用,后又传至北欧。16 世纪印度航路打通,肉豆蔻作为流通商品被贩卖至西欧。荷兰人曾一度垄断肉豆蔻贸易。肉豆蔻在欧洲用于治疗腹泻。杰克·特纳在《香料传奇》一书中对原产地的肉豆蔻进行了详细的描述:"这种树上长有一种像杏一样的球根状橘黄色果实。收货时用长杆打落,收集于筐中。果实在干时爆开,露出其中小而带香味的核仁,亮棕色的肉豆蔻仁被包在朱红色的肉豆蔻皮网中。在太阳下晒干后,肉豆蔻皮与仁剥离,颜色由深红变为棕红。与此同时,里边的带香味的仁变硬,颜色从鲜亮的巧克力色变为灰棕色,像一个坚硬的木头弹子。"

  肉豆蔻传入中国已有 1 200 年历史,用于治疗虚寒久泻,食欲不振。印度阿育吠陀医学用于治疗湿疹和腹泻,也作为食品香料。据《海药本草》记载，肉豆蔻"生秦国及昆仑，味辛，温，无毒"。古代医书对海外南药产地的记载多为"秦国（古罗马）和昆仑（下缅甸地区）"，大概是因为古代这些药材多来自于海上贸易，据记载古代罗马人和中南半岛一带的"昆仑人"擅长海上贸易，常把包括药材在内的外国产品贩卖至广州和泉州等地。《证类本草》记载："味辛，温，无毒。主鬼气，温中治积冷，心腹胀痛，霍乱中恶，冷疰，呕沫冷气，消食止泄，小儿乳霍。其形圆小，皮紫紧薄，中肉辛辣。生胡国，胡名迦拘勒。""迦拘勒"一词来源于波斯语或阿拉伯语"Qaqulah"，《证类本草》记载的肉豆蔻可能是波斯商人由海上贸易或丝绸之路带来。但"Qaqulah"一词意为"豆蔻"，和梵语豆蔻"Gagula"有明显的对应关系，阿育吠陀药"Gagula"为姜科植物，包括草豆蔻、白豆蔻、小豆蔻等品种。藏药"嘎高拉（Ga-go-la）"为姜科植物香豆蔻或草果。因此"迦拘勒"究竟是肉豆蔻还是姜科植物"豆蔻"还需深入考证。晋代《南方草木状》记载交州（今越南北部）进贡"豆蔻"，"豆蔻花，其苗如芦，其叶似姜，其花作穗，嫩叶卷之而生。花微红，穗头深色，叶渐舒，花渐出。旧说此花食之破气消痰，进酒增倍。泰康二年，交州贡一筐，上试之有验，以赐近臣"。显然是姜科植物草豆蔻一类，又记载"益智子，如笔毫，长七八分，二月花，色若莲，着实五六月熟。味辛，杂五味，中芬芳，亦可盐曝。出交趾、合浦"。对照《中国植物志》益智的描述"花唇瓣倒卵形，长约 2 cm，粉白色而具红色脉纹，先端边缘皱波状；蒴果鲜时球形，干时纺锤形，长 1.5～2 cm，宽约 1 cm，果皮上有隆起的维管束线条，顶端有花萼管的残迹，花期 3～5 月；果期 4～9 月"等描述及植物，尤其是益智干燥果实，确实形如笔毫（见本书"益智"条及附图）。应为姜科植物益智无疑。有些研究《南方草木状》的专著将"如笔毫"一词附会为肉豆蔻的假种皮，造成混淆，需要加以考证并进一步讨论。《南方草木状》还记载了一种似肉豆蔻的"千岁子"，"干者，壳肉相离，撼之有声，似肉豆蔻"，经考证为豆科植物落花生（*Arachis hypogaea*）。

· **古籍记载**

《本草图经》："肉豆蔻今惟岭南人家种之。春生苗，花实似豆蔻而圆小，皮紫紧薄，中肉辛辣。六月、七月采。"

《本草纲目》："肉豆蔻，花结实，状虽似草豆蔻，而皮肉之颗则不同类，外有皱纹，而肉有斑缬，纹如槟榔纹，最易生蛀，惟烘干密封，则稍可留。"

· **功效主治**

南药肉豆蔻，温中涩肠，行气消食。主虚泻，冷痢，脘腹胀痛，食少呕吐，宿食不消。

傣药"麻尖"，味微苦，气香，性温。入土塔。补土健胃，消食化积，镇心安神，通气止痛。主治"接短短嘎"（脘腹胀痛），"斤毫冒兰"（消化不良），"拢沙呃"（呃逆不止），"拢儿赴栽接，短混列哈"（心悸胸闷，胸痛，恶心呕吐），"拢栽线栽歪，冒米想"（心慌心悸，乏力）。

藏药"扎得"，味辛，性热、重、润。镇风，生胃火，消食积。治心病、龙病等。

蒙药"匝迪"，味辛，性温。效腻、重、柔。抑赫依，调胃火，消食，开胃。主治心赫依，心刺痛，谵语，昏厥，心慌，司命赫依病，消化不良等症。

维药"朱由孜"，生干生热，健胃开胃，增强消化，祛寒止痛，填精壮阳，强筋健肌，收敛消炎，利尿止泻。

· **化学成分**

种仁含脂肪油 25%～46%，挥发油 8%～15%，内含有毒物肉豆蔻醚（myristicin）约 4%。挥发油主含香桧烯（sabinene）、α-及 β-蒎烯（pinene）、松油-4-烯醇（terpinen-4ol）、γ-松油烯（γ-terpinene）、柠檬烯（limonene）、冰片烯（bornylene）、β-水芹烯（β-phellandrene）等。脂肪油中主含三肉豆蔻酸甘油酯（trimyristin）和少量的三油酸甘油酯（triolein）等。种子还含木脂素，如 1-(3,4-亚甲二氧基苯基)-2-(4-烯

丙基-2,6-二甲氧基苯氧基)-1-丙醇〔1-(3,4-methylenedioxyphenyl)-2-(4-allyl-2,6-dimethoxyphenoxy)-propan-1-ol〕等。

· 药理和临床应用

肉豆蔻油除有芳香性外,尚具有显著的麻醉功能。对低等动物可引起瞳孔扩大,步态不稳,随之以睡眠,呼吸变慢,剂量再大则反射消失。对猫引起麻醉之剂量,常同时招致肝脂肪变性而死亡。人服 7.5 g 肉豆蔻粉可引起眩晕乃至谵妄与昏睡,曾有服大量而致死的病例报告;猫服 1.9 g/kg 体重可引起半昏睡状态并于 24 h 内死亡,肝有脂肪变性。肉豆蔻油的毒性成分为肉豆蔻醚,二者中毒症状相似,肉豆蔻醚对猫的致死量为 0.5~1.0 ml/kg(在胃肠道的吸收不完全),如皮下注射 0.12 ml 即可引起广泛的肝脏变性。肉豆蔻油 0.03~0.2 ml 可用作芳香剂或驱风剂及肠胃道的局部刺激剂。

肉豆蔻醚、榄香脂素对正常人有致幻作用,而另一芳香性成分洋檫木醚则无此作用。肉豆蔻醚对人的大脑有中度兴奋作用,但与肉豆蔻不完全相同;后者可引起血管状态不稳定、心率变快、体温降低、无唾液、瞳孔缩小、情感易冲动、孤独感、不能进行智力活动等。肉豆蔻及肉豆蔻醚能增强色胺的作用,体内及体外试验均对单胺氧化酶有中度的抑制作用。其萜类成分有抗菌作用。

附注:肉豆蔻的假种皮也入药,中药名"肉豆蔻衣",有芳香健胃、和中的功效。主治脘腹胀满,不思饮食,吐泻。肉豆蔻衣也是新疆维药,维语名"白斯巴色"(来自阿拉伯语 Basbasa),有燥湿祛寒,补脑,补心,补肝,增强消化,祛寒止泻,燥湿愈伤,增强摄固力,热身填精等功效。

在中医本草典籍中,大叶风吹楠 *Horsfieldia kingii* 的果实也作为肉豆蔻入药。云南地方药材市场有假广子 *Knema erratica* 出售,为代用品。

肉 桂
rougui / CINNAMOMI CORTEX

肉桂原植物

肉桂药材

· 别名

桂、玉桂、桂木、牡桂、桂树、郭些囊(西双版纳傣语)、达尔钦其尼(维语)、薪擦(藏语)、罗巴桑薪(墨脱门巴语)。

· 外文名

Camphor、Chinese cinnamon(英语)、Hobchey-gin(泰语)、Quế Đơn(越南语)、Zimtkassie(德语)、Cannelier de çhine(法语)。

基原考证

为樟科植物肉桂的干燥树皮。

肉桂根据产地、加工方式和药材品相等,又分为官桂、企边桂、油筒桂、南玉桂、清化桂等品类,品类之间成色、味道、香气、品质等有较大差异。

西双版纳傣语"郭些囊"意为"有名的树皮药材",是一种"埋宗"(樟树)的树皮。"埋宗"有很多种,如"埋宗英龙"(大叶桂或钝叶桂)、"埋宗尖"(阴香)等,但"郭些囊"特指肉桂。因此其他樟属桂组植物的树皮都可认为是"郭些囊"的混伪品。

维药"达尔钦其尼"意思是"中国的树皮",为肉桂的树皮。维药也以肉桂果实入药,维语称"达尔钦古丽"或"达尔钦欧如合",意思是"肉桂花"或"肉桂子"。

藏药"薪擦"为肉桂,西藏墨脱县热带区域产的大叶桂 Cinnamomum iners 树皮为其地方代用品。

墨脱门巴族药"罗巴桑薪"为墨脱本土产大叶桂的树皮。

原植物

樟科植物肉桂 Cinnamomum cassia (L.) C. Presl.

中等大乔木;树皮灰褐色,老树皮厚达 13 mm。一年生枝条圆柱形,黑褐色,有纵向细条纹,略被短柔毛,当年生枝条多少四棱形,黄褐色,具纵向细条纹,密被灰黄色短绒毛。叶互生或近对生,长椭圆形至近披针形,先端稍急尖,基部急尖,革质,边缘软骨质,内卷,上面绿色,有光泽,无毛,下面淡绿色,晦暗,疏被黄色短绒毛;离基三出脉,侧脉近对生,自叶基 5～10 mm 处生出,稍弯向上伸至叶端之下方渐消失,与中脉在上面明显凹陷,下面十分凸起,向叶缘一侧有多数支脉,支脉在叶缘之内拱形连结,横脉波状,近平行,上面

不明显,下面凸起,其间由小脉连接,小脉在下面明显可见。圆锥花序腋生或近顶生。花白色。果椭圆形,成熟时黑紫色,无毛;果托浅杯状。花期 6～8 月,果期 10～12 月。(《中国植物志》)

分布与产地

肉桂为著名的本土南药,原产于我国。现广东、广西、福建、台湾、云南等地的热带及亚热带地区广为栽培,其中尤以广西栽培为多。印度、老挝、越南至印度尼西亚等地也有,但大多为人工栽培。

传播路径与贸易状况

肉桂主产于广西南部、西南部。云南、广东、福建、海南也有种植,国外主产于越南。我国广西和越南清化产肉桂品质最佳。肉桂是常用香料及中药材,在农贸市场、超市、药市有售。进口肉桂来源尚有锡兰肉桂 Cinnamomum zeylanicum,我国引种于云南、广西、广东、海南等地。钝叶桂 C. bejolghota、大叶桂 C. iners、柴桂 C. wilsonii 等也常出现于地方市场,为地方代用品。此外,阴香 C. burmami、天竺桂 C. japonicum、香桂 C. micranthum、银叶桂 C. mairei 等常常混杂于市场,为肉桂的伪品,需加以鉴别。

维药"达尔钦",按照产地来源有"达尔钦其尼"(国产肉桂)、"达尔钦印地"(印度肉桂)、"达尔钦斯拉尼"(锡兰肉桂)等之分。

药用历史与文化记事

肉桂入药的历史可以追溯至先秦时代。相传西施吟唱时,忽感咽喉疼痛,饮漱难下,用大量清热泻火之药后症状缓和,但药停即发。后另请一名医,见其四肢不温,小便清长,六脉沉细,乃处方肉桂一斤。西施先嚼一小块肉桂,感觉香甜可口,嚼完半斤,疼痛消失,进食无碍,大喜。药店老板闻讯,专程求教名医。名医答曰:"西施之患,乃虚寒阴火之喉疾,非用引火归元之法不能治也。"

汉代东方朔《海内十洲记》记载,凤麟洲派

遣使者入汉,武帝"赐以牡桂干姜等物,是西方国之所无者"。表明汉代时,牡桂就作为上品供用了。

晋代稽含著《南方草木状》记载:"桂出合浦,生必以高山之颠,冬夏常青,其类自成为林,间无杂树。"《唐木草》也有"牡桂乃尔雅所云木桂也,叶长尺许,大小枝皮俱名牡桂,出邕州"的记载。广西为南药肉桂的道地产地,当地产肉桂油层厚,成色好,药用价值和香料价值大,被称为"玉桂"。桂林历史上一直是广西的政治经济中心,因出产和经销玉桂而得名,"桂林"一名系"桂树成林"之意。桂林的"桂"应为玉桂,而非当下旅游宣传之木樨科植物桂花。肉桂经济价值较大,因此晚清时期在广东、广西等地区出现了专门从事肉桂生产的经营者。著名的生产经营者梁廷栋结合自己的实践经验,写出了专著《种桂》一书,反映了晚清时期肉桂生产的技术水平和生产状况。

· **古籍记载**

《唐本草》:"箇者,竹名,古方用筒桂者是,故云三重者良。其筒桂亦有二三重卷者,叶中三道文,肌理紧薄如竹,大枝小枝皮俱是箇桂,然大枝皮不能重卷,味极淡薄,不入药用。"

· **功效主治**

南药肉桂,补火助阳,引火归原,散寒止痛,活血通经。补元阳,暖脾胃,除积冷,通血脉。治命门火衰,肢冷脉微,亡阳虚脱,腹痛泄泻,寒疝奔豚,腰膝冷痛,经闭癥瘕,阴疽,流注,及虚阳浮越,上热下寒。

傣药"郭些囊",治胃腹冷痛,虚寒泄泻,肢冷脉微,肾阳不足,腰膝冷痛,肺寒喘咳;嫩枝用于风寒感冒,肩臂肢节酸痛,咳喘痰饮,妇女经闭腹痛。

藏药"薪擦",用于治疗感冒风寒、虚寒性腹泻、风湿痛、肝胆病、胃寒症、寒泻等寒性"培根"病。

墨脱门巴族药"罗巴桑薪",用于治疗风寒感冒。

维药"达尔钦其尼",二级干热。生干生热,去寒温中,燥湿开胃,除胀止泻,温补肝脏,增强消化,补心除悸,温肾壮阳。主治胃寒偏盛,湿重纳差,腹胀,腹泻,肝脏虚弱,消化不良,心虚心痒,肾寒阳痿。维药"达尔钦古丽",干热,气芳香,味微辛甘。生干生热,祛寒补心,芳香开窍,温中开胃,增强消化。主治湿寒性或黏液质性心脏和肠胃疾病,如寒性心虚、心悸、心慌、胃纳不佳、消化不良等。

· **化学成分**

桂皮含挥发油 1.98%～2.06%,其主要成分为桂皮醛（cinnamaldehyde）,占 52.92%～61.20%,还有乙酸桂皮酯（cinnamyl acetate）、桂皮酸乙酯（ethylcinnamate）、苯甲酸苄酯（benzyl benzoate）、苯甲醛（benzaldehyde）、香豆精（coumarin）、β-荜澄茄烯（β-cadinene）、菖蒲烯（calamenene）、β-榄香烯（β-elemane）、原儿茶酸（protocatechuic acid）、反式桂皮酸（trans-cinnamic acid）等。

· **药理和临床应用**

肉桂中含有的桂皮醛对小鼠有明显的镇静作用,表现为自发活动减少。可对抗甲基苯丙胺所产生的过多活动、转棒试验产生的运动失调以及延长环己巴比妥钠的麻醉时间等。应用小鼠压尾刺激或腹腔注射醋酸观察扭体运动的方法证明它有镇痛作用。对小鼠正常体温以及用伤寒、副伤寒混合疫苗引起的人工发热均有降温作用。对温刺引起发热的家兔,桂皮醛及肉桂酸钠都有解热作用。可延迟士的宁引起的强直性惊厥及死亡的时间,可减少烟碱引起的强直性惊厥及死亡的发生率。对戊四唑引起者则无效。桂皮油有强大杀菌作用,对革兰染色阳性菌的效果比阴性者好,因有刺激性,很少用作抗菌药物,但外敷可治疗胃痛、胃肠胀气、绞痛等。内服可作健胃和驱风剂。还有明显的杀真菌作用,曾应用含 1.5%桂皮油及 0.5%麝香草酚的混合物治疗头癣。桂皮醛及肉桂酸钠可引起蛙足蹼膜血管扩张及家兔白细胞增加。

附注：肉桂是历史悠久的南药,有药用、香料、食用等多种用途,资源量大,值得深入研究并进一步开发应用。

荜澄茄

bichengqie / LITSEAE FRUCTUS

荜澄茄原植物

·别名

木姜子、山鸡椒、山苍子、木浆子、山胡椒、味辣子、橙茄子、上苍子、术姜子、满山香、椒花、沙海腾(西双版纳傣语)、麻层(德宏傣语)、马告(高山族泰雅语)

·外文名

Fragrant litsea、Cubeba oil tree、Mountain-pepper(英语)、Màng Tang(越南语)、Sambal(马来语、印尼语)。

·基原考证

为樟科植物山苍子的果实。

·原植物

樟科植物山苍子 *Litsea cubeba* (Lour.) Pers. 落叶灌木或小乔木,高达8~10 m;幼树树皮黄绿色,光滑,老树树皮灰褐色。小枝细长,绿色,无毛,枝、叶具芳香味。顶芽圆锥形,外面具柔毛。叶互生,披针形或长圆形,先端渐尖,基部楔形,纸质,上面深绿色,下面粉绿色,两面均无毛,羽状脉,侧脉每边6~10条,纤细,中脉、侧脉在两面均突起。伞形花序单生或簇生,每一花序有花4~6朵,先叶开放或与叶同时开放,花被裂片6,宽卵形。果近球形,无毛,幼时绿色,成熟时黑色。花期2~3月,果期7~8月。

·分布与产地

荜澄茄为本土南药,产于我国南部至东南亚,中国从西南至华南至华东一带均产。

·传播路径与贸易状况

荜澄茄为国产南药品种,在满足药用的同时,用以制造精油等畅销海内外市场。

·药用历史与文化记事

荜澄茄的果实作为药物在中国已经有上千年的历史,具有祛风散寒、暖胃止痛的功效。荜澄茄为樟科植物山苍子的果实,因形似胡椒而又得名"山胡椒"。傣药"戈沙海腾",为山苍子的树皮和根。"沙海"傣语意为"驱散消除病邪",使身体健康之意,沙海因其所治之病疗效显著故而得名。山苍子又名山鸡椒,在西南地区用来作为调料食用,云南、贵州、重庆一带有著名的"山鸡椒油",是该地区特色菜的调味品之一。云南普洱名菜"拉祜鸡",就是山苍子煮鸡,风味独特。

·古籍记载

《海药本草》："谨按《广志》云,(荜澄茄)生诸海,嫩胡椒也。青时就树采摘造之,有柄粗而蒂圆是也。古方偏用染发,不用治病也。"

《滇南本草》："山胡椒,气味辛,大温。无毒。主治下气,温中,去瘀,除脏腑中风冷,去胃口虚冷气,亦除寒湿,霍乱、吐泻、转筋,服之最良。"

《证类本草》："味辛,大热,无毒。主心腹痛,中冷,破滞。所在有之。似胡椒,颗粒大如黑豆,其色黑,俗用有效。"

·功效主治

南药木姜子,温中散寒,行气止痛。用于胃

寒呕逆,脘腹冷痛,寒疝腹痛,寒湿郁滞,小便浑浊。

傣药"沙海腾",味辣、微苦、涩,气香,性热。入风、土塔。健胃消食,祛风散寒止痛。主治"兵哇嘎,唉,贺接"(风寒感冒,咳嗽,头痛)、"短嘎,接短,冒开亚毫"(腹胀,腹痛,不思饮食)、"短混害哈"(恶心欲呕)。

· **化学成分**

荜澄茄果实含挥发油和多种木脂素,如荜澄茄脂素(cubebin)、荜澄茄酸(cubebic acid)、荜澄茄内酯(cubebinolide)、荜澄茄脑(cubeben camphor)、荜澄茄烯(cadinene)、双环倍半水芹烯(bicyclosesquiphellandrene)、左旋的扁柏内酯(hinokinin)、左旋的克氏胡椒脂素(clusin)、左旋的二氢荜澄茄脂素(dihydrocubebin)、左旋的荜澄茄脂素灵(cubebinin)、左旋的荜澄茄脂酮(cubebinone)、左旋的亚太因(yatein)、左旋的异亚太因(isoystein)、左旋的荜澄茄脂素灵内酯(cubebininolide)、柳叶玉兰脂素(magnosalin)、高雄细辛脂素(heterotropan)、5″-甲氧基扁柏内酯(5″-methoxyhinokinin)、二氢荜澄茄脂素-4-乙酸酯(hemiariensin)、胡椒环己烯酸(piperenol)A及B、长穗巴豆环氧素(crotepoxide)、锡兰紫玉盘环己烯醇(zeylenol)等。

· **药理和临床应用**

抗菌作用、抗心律失常作用、抗过敏作用。

抗血栓及对微循环的影响:兔静注山鸡椒根注射液能显著抑制血栓形成。临床治疗脑血栓患者,能扩张血管,增加脑血流量,改善微循环,并能降低血小板表面活性,对高聚集性血小板有解聚作用。

附注:山苍子是"全身皆宝"的植物,枝叶、花果和根入药;从山苍子果实提取的精油可用于调制香精香料、制造香皂等,民间还用以防虫、抗虫等。山苍子种子发芽率高,幼苗成活率高,生长迅速,易于造林。

千 年 健

qiannianjian / HOMALOMENAE RHIZOMA

千年健原植物

· **别名**

一包针、千颗针、千年见、丝棱线、香芋、团芋(云南思茅)、湾洪(西双版纳傣语)。

· **外文名**

Homalomena(英语)、Thiên Niên Kiện(越南语)。

· **基原考证**

为天南星科植物千年健的根茎。

· **原植物**

天南星科植物千年健 *Homalomena occulta* (Lour.) Schott

多年生草本。根茎匍匐,粗 1.5 cm,肉质根圆柱形,密被淡褐色短绒毛,须根稀少,纤维状。常具高 30～50 cm 的直立的地上茎。鳞叶线状披针形,向上渐狭,锐尖;叶片膜质至纸质,箭状心形至心形,先端骤狭渐尖;Ⅰ级侧脉 7 对,其中

3～4对基出,向后裂片下倾而后弧曲上升,上部的斜伸,Ⅱ、Ⅲ级侧脉极多数,近平行,细弱。花序1～3,生鳞叶之腋,序柄短于叶柄。佛焰苞绿白色,长圆形至椭圆形,花前席卷成纺锤形,盛花时上部略展开成短舟状。肉穗花序具短梗或否。种子褐色,长圆形。花期7～9月。(《中国植物志》)

· 分布与产地

千年健为本土南药,分布于我国华南至东南亚。产于云南南部、广西、广东,海拔80～1070 m,生长于山谷溪旁、密林下湿润处。向南分布于缅甸东部、泰国北部、老挝、柬埔寨、越南北部。2017年在苏门答腊岛北部也记录了千年健分布。

· 传播路径与贸易状况

千年健为我国本土植物,但由于分布地区位于边疆地区,生物多样性科学考察欠缺,历史上多为进口药材,近代用于生产"伤湿止痛膏"。20世纪70年代,中国科学院西双版纳热带植物园的植物学家在广西、云南等地发现千年健野生种群,并且是当地傣族、壮族群众的习用药材。傣药"湾洪"与当时从越南等地进口的千年健为相同药材。在西双版纳、红河、文山等地边民互市贸易市场上常见销售。目前已经实现人工种植,不再依赖进口。

· 药用历史与文化记事

千年健在中药中用于跌打损伤和风湿肿痛的治疗。傣药"湾洪"意为"香芋",用于治疗风湿和止痛。著名老傣医康朗仑用千年健配伍红甘蔗根、马齿苋制成"雅载线"散,治疗心慌、心跳、心悸疗效确切,目前已被云南地方制药企业开发成治疗冠心病系列药品。

· 古籍记载

《本草正义》:"千年健,今恒用之于宣通经络,祛风逐痹,颇有应验。盖气味皆厚,亦辛温走窜之作用也。"

· 功效主治

南药千年健,祛风湿,壮筋骨,止痛,消肿。治风湿痹痛,肢节酸痛,筋骨痿软,胃痛,痈疽疮肿,腰膝冷痛,下肢拘挛麻木。本品能祛风湿,强盘骨,与钻地风、虎骨、牛膝、枸杞子等浸酒服。

傣药"湾洪",味苦,微麻,气香,性温。入水、土塔。调补水血,除风止痛,续筋接骨。主治"拢栽线栽歪,贺接贺办"(心慌心悸,头痛头昏),"阻伤,路哈"(跌打损伤,骨折),"拢梅兰申"(风寒湿痹证,肢体关节酸痛,屈伸不利)。

· 化学成分

千年健含约0.69%的挥发油,被鉴定的成分有α-蒎烯(α-pinene)、β-蒎烯(β-pinene)、柠檬烯(limonene)、芳樟醇(linalool)、α-松油醇(α-terpineol)、橙花醇(nerol)、香叶醇(geraniol)、丁香油酚(eugenol)、香叶醛(geranial)、β-松油醇(β-terpineol)、异龙脑(isoborneol)、松油烯-4-醇(terpinen-4-ol)、文藿香醇(patchouli alcohol)。

· 药理和临床应用

抑菌作用:用滤纸片平板法试验表明千年健挥发油具有显著抑制布鲁氏菌(牛544、羊16、猪1330型)在平板上生长。

附注:作为进口南药代用品,经中国科学院西双版纳热带植物园研究发现,千年健适宜种植于热带林下,可大力推广林下种植。据记载,同属植物大千年健 Homalomena gigantea Engl. 也供药用。

《中国药典》2015版规定,本品照醇溶性浸出物测定法(通则2201)项下的热浸法测定,用稀乙醇作溶剂,不得少于15.0%。本品按干燥品计算,含芳樟醇($C_{10}H_{18}O$)不得少于0.20%。

金 刚 刺

jingangci / SMILACIS CHINAE RHIZOMA

· 别名

中国菝葜、菝葜、金刚根、铁菱角、王瓜草、龙骨节、红萆薢、勤羊刚(瑶语)、确比其尼(维语)。

金刚刺原植物

金刚刺药材

• 外文名

China root、Chinese smilax（英语）、Gadung cina（印尼语）、Kim Cang Trung Hoa（越南语）、Sein-nabaw（缅语）。

• 基原考证

为拔葜科植物中国拔葜的根茎。

• 原植物

拔葜科植物拔葜 *Smilax china* L.

攀援灌木；根状茎粗厚，坚硬，为不规则的块状，粗 2～3 cm。茎长 1～3 m，少数可达 5 m，疏生刺。叶薄革质或坚纸质，干后通常红褐色

或近古铜色，圆形、卵形或其他形状，下面通常淡绿色，较少苍白色，几乎都有卷须，少有例外，脱落点位于靠近卷须处。伞形花序生于叶尚幼嫩的小枝上，具十几朵或更多的花，常呈球形；花序托稍膨大，近球形，较少稍延长，具小苞片；花绿黄色。浆果熟时红色，有粉霜。花期 2～5 月，果期 9～11 月。（《中国植物志》）

• 分布与产地

金刚刺为本土南药。产于山东（山东半岛）、江苏、浙江、福建、台湾、江西、安徽（南部）、河南、湖北、四川（中部至东部）、云南（南部）、贵州、湖南、广西和广东。生于海拔 2 000 m 以下的林下、灌丛中、路旁、河谷或山坡上。缅甸、越南、泰国、菲律宾也有分布。

• 传播路径与贸易状况

金刚刺为本土国产南药。金刚刺产于我国华南、西南及东南亚和日本南部等地。金刚刺是东南亚常用药材，在柬埔寨金边常有出售。缅甸传统药用植物书中也有记载，掸邦南部药材商常有收购。云南滇西北民族民间常用金刚刺做药酒治疗风湿等。我国新疆维吾尔传统药茶中也有，在新疆各地茶店有出售。

• 药用历史与文化记事

清代《植物名实图考》载："张耒有《拔葜诗》云，江乡有奇蔬，本草寄拔葜。驱风利顽痹，解疫补体节。春深土膏肥，紫笋进土裂。烹之芼姜橘，尽取无可掇。"拔葜是药食两用植物，根部入药，嫩茎叶作蔬菜食用。

金刚刺道地药材产于两广和西南诸地，尤其以广西、云南产为佳。岭南名方"三金方"，由金刚刺、金樱根、金沙藤为主加减，具有益肾利湿、利尿通淋的作用。云南西部民间以金刚刺泡酒缓解风湿骨痛，疗效确切。

金刚刺是东南亚民间常用药材，在缅甸传统药中用于治疗关节炎、净化血液等；在柬埔寨传统药中用于治疗关节炎、利尿等。

·**古籍记载**

《名医别录》："菝葜,生山野,二月、八月采根,暴干。"

·**功效主治**

南药金刚刺,祛风湿,利小便,消肿毒。治关节疼痛,肌肉麻木,泄泻,痢疾,水肿,淋病,疔疮,肿毒,瘰疬,痔疮。

瑶药"勤羊刚",治风湿骨痛,肠炎腹泻,感冒发热,肾炎,白沙,痈疮肿毒,外伤出血。

维药"确比其尼",滋补脑、心、肝等支配器官,调理肠胃,开通阻滞,强筋健肌,祛寒止痛,利尿通经,纯化血液,祛风止痒。主治脑虚,心虚,肝虚,肠胃虚弱,脉道生阻,瘫痪,肌肉抽紧,头痛、偏头痛,抑郁症,失眠,闭尿闭经,关节疼痛及各种皮肤疾病和性病等。

云南西北部民间药"龙骨节",为菝葜的根,泡酒制成药酒,有活血化瘀、祛风除湿的作用。

·**化学成分**

根含菝葜素(smilaxin)、异内杞苷(isoengeletin)、齐墩果酸(oleanolic acid)、山奈素(kaempferide)、二氢山奈素(dihydrokaempferide)、β-谷甾醇(β-sitosterol)、β-谷甾醇葡萄糖苷(β-sitosteroylglucoside)、薯蓣皂苷的原皂苷元 A(prosapogenin A of dioscin)、薯蓣皂苷(dioscin)、纤细薯蓣皂苷(gracillin)、甲基原纤细薯蓣皂苷(methylprotogracillin)、甲基原薯蓣皂苷(methylprotodioscin)等。

·**药理和临床应用**

具有抗菌、抗氧化、利尿解毒、抗寄生虫作用。

附注:金刚刺在我国传统医药中普遍应用,在中医、民族医药和地方医药中都有使用。《中国药典》规定,本品照醇溶性浸出物测定法(通则2201)项下的热浸法测定,用60%乙醇作溶剂,不得少于15.0%。金刚刺根含有薯蓣皂苷元,薯蓣皂苷元是合成多种甾体类药物的前体,具有极大的开发潜力。同属植物土茯苓 *Smilax glabra* Roxb 与本品类似,在我国南方民族民间药中应用广泛。

石 斛
shihu / *DENDROBII CAULIS*

石斛原植物（铁皮石斛）

石斛原植物（金钗石斛）

·**别名**

铁皮石斛、铁皮枫斗、枫斗石斛、万丈须、林兰、禁生、杜兰、石蓫、悬竹、千年竹、千年润、黄草、吊兰花、竹节兰、喃该(西双版纳傣语)、莫罕板(德宏傣语)、布协孜(藏语)、协日-海其-额在苏(蒙语)、铜元咪(瑶语)。

·**外文名**

Officinal dendrobe(英语)、Daung-myi-thit-kwa(缅语)。

·**基原考证**

为兰科植物铁皮石斛 *Dendrobium catenatum*

（＝*Dendrobium officinale*）的茎。

兰科石斛属多种植物都作药用，本书重点介绍铁皮石斛。

《中国植物志》1999 年版把"铁皮石斛"的学名记为 *Dendrobium officinale* Kimura & Migo，并把铁皮石斛药材的原植物分为多个种，除铁皮石斛外，还有霍山石斛 *Dendrobium huoshanense*、黄花石斛 *Dendrobium tosaense* 等。近年来，植物分类学研究发现，这些都是同一物种的不同地理或栽培类型。因此，在新的兰科植物分类系统中，这些种都归并入铁皮石斛 *Dendrobium catenatum*，其他名称作为异名处理。新版的《中国植物志》2009 年版已作更新。

目前主流的权威世界植物名录系统及数据库，如"GBIF""the plant list""species 2000"中已经不承认 *Dendrobium officinale* Kimura & Migo 这一名称为接受名。但考虑到铁皮石斛作为经典的、历史悠久的药用植物，历史典籍和研究资料众多，大多数药用植物研究资料采用 *Dendrobium officinale* Kimura & Migo 为铁皮石斛拉丁名。为了保持前后研究的延续性并避免产生名称混乱，本书中依然收录这一名称。

《中国药典》规定石斛基原植物为"兰科植物金钗石斛、鼓槌石斛或流苏石斛的栽培品及其同属植物近似种"。铁皮石斛单列"铁皮石斛"条目，作为另一种药材。

西双版纳傣药"嗨该"按照形态大小和药用部位分为"嗨该罕（黄石斛）""罗嗨该（石斛花）""嗨该龙（大石斛）""嗨该囡（小石斛）"等，为石斛属多种植物。

藏药"布协孜"为石斛属多种植物的茎。

石斛属植物尚有以下植物也作药用：石斛（金钗石斛）*Dendrobium nobile* Lindley、叠鞘石斛 *Dendrobium denneanum* Kerr、细茎石斛（铜皮石斛）*Dendrobium moniliforme*（L.）Sw.、环草石斛 *Dendrobium loddigesii* Rolfe.、流苏石斛 *Dendrobium fimbriatum* Hook. 及其变种马鞭石斛 *Dendrobium fimbriatum* var. *oculatum* Hook.、黄草石斛 *Dendrobium chrysanthum* Wall.、鼓槌石斛 *Dendrobium chrysotoxum* Lindl.、钩状石斛 *Dendrobium aduncum* Wall. ex Lindl.、报春石斛 *Dendrobium primulinum* Lindl.、兜唇石斛 *Dendrobium aphyllum*（Roxb.）C. E. Fisch.。

· **原植物**

兰科植物铁皮石斛 *Dendrobium catenatum* Lindley（＝*Dendrobium officinale* Kimura & Migo）

铁皮石斛为附生草本。茎直立，圆柱形，不分枝，具多节，常在中部以上互生 3～5 枚叶；叶二列，纸质，长圆状披针形，先端钝并且多少钩转，基部下延为抱茎的鞘，边缘和中肋常带淡紫色；叶鞘常具紫斑，老时其上缘与茎松离而张开，并且与节留下 1 个环状铁青的间隙。总状花序常从落了叶的老茎上部发出，具 2～3 朵花；萼片和花瓣黄绿色，近相似，长圆状披针形，先端锐尖，具 5 条脉；侧萼片基部较宽阔；萼囊圆锥形，末端圆形；唇瓣白色，基部具 1 个绿色或黄色的胼胝体，卵状披针形，比萼片稍短，中部反折，先端急尖，不裂或不明显 3 裂，中部以下两侧具紫红色条纹，边缘多少波状；唇盘密布细乳突状的毛，并且在中部以上具 1 个紫红色斑块；蕊柱黄绿色，先端两侧各具 1 个紫点；蕊柱足黄绿色带紫红色条纹，疏生毛；药帽白色，长卵状三角形，顶端近锐尖并且 2 裂。花期 3～6 月。（《中国植物志》）

· **分布与产地**

石斛为本土南药，产于华南、西南及华中等区域的热带、亚热带气候区。其中铁皮石斛产于安徽西南部、浙江东部、福建西部、广西、四川、云南、西藏东南部。生于热带、亚热带山地常绿阔叶林下半阴湿的岩石上。海拔分布可达 1 600 m（西藏东南部可达 2 000 m）。模式标本采自中国。印度、缅甸、泰国、越南、老挝等国也有。目前铁皮石斛多为栽培，以云南南部和西南部（普洱、临沧）、安徽南部（霍山、六安）、浙江东部（台州)等地产量大,品质高,供加工枫斗等制品或鲜用。

·传播路径与贸易状况

石斛主产于我国南部和西南部,以及东南亚等地。铁皮石斛为著名南药"枫斗"的来源。自20世纪80年代开始,由于"养身"文化需求以及对铁皮石斛过度吹捧,导致铁皮石斛的需求量急速上升,市场供不应求。为了满足需要,野生铁皮石斛遭到了毁灭性采集,同时,其他石斛属植物也被疯狂采集充作铁皮石斛。目前国内多种石斛属植物的野生种群几近绝迹,又转向周边国家和地区大量收购,逐渐威胁到这些地区石斛种群。包括铁皮石斛在内的野生石斛属植物属于我国立法保护的重点保护植物和世界濒危红色名录植物,同时,自2000年起,全部兰科植物都被国际贸易公约(CITIS)列为禁止贸易植物,因此无论是本土采集还是从境外收购野生石斛均为违法行为。目前石斛已经在云南、安徽、浙江、贵州、四川、福建等产区广泛栽培。石斛的繁育栽培技术已经逐渐成熟,形成规模化道地药材仿生种植基地。目前已经有如"霍山米斛""云南铁皮""赤水金钗""夹江叠鞘"等规模化地标性道地石斛药材种植品牌产业。应加大栽培规模,尤其是仿生种植,以保证药材道地性。同时增加宣传力度,严禁野生石斛的采集和收购,重点打击非法盗采野生植物和贸易。

·药用历史与文化记事

石斛属是兰科大属,种类繁多,被用作药用植物、观赏植物和文化植物的历史悠久且多样。《南方草木状》称为"吉利草"。《本草纲目》云:"按嵇含《南方草木状》云,此草生交广,茎如金钗股,形类石斛,根类芍药。吴黄武中,江夏李俣徙合浦遇毒,其奴吉利偶得此草与服,遂解,而吉利即遁去。俣以此济人,不知其数也。又高凉郡产良耀草,枝叶如麻黄,花白似牛李,秋结子如小粟,煨食解毒,功亚于吉利草。始因梁耀得之,因以为名,转梁为良耳。"

近年来,随着"养生"经济的兴起,石斛被媒体广告过度吹捧,一些保健产品广告声称石斛具有各种"神奇功效",是"包治百病""延年益寿"的"仙草"。目前,市面上流传的石斛保健功能方面的信息大多为坊间传闻,与传统及现代医药记载有很大差异,需要注意甄别。植物化学研究发现石斛含有石斛碱及石斛多糖等活性成分,但针对石斛碱和石斛多糖等的药理学研究目前多处于活性测试及动物实验阶段。

·古籍记载

《神农本草经》:"味甘,平。主伤中,除痹,下气,补五脏虚劳,羸瘦,强阴。久服厚肠胃,轻身延年。一名林兰(《御览》引云,一名禁生,观本作黑字),生山谷。《吴普》曰:石斛,神农甘平,扁鹊酸,李氏寒(《御览》)。《名医》曰:一名禁生,一名杜兰,一名石蓫,生六安水傍石上,七月、八月,采茎,阴干。案:《范子计然》云,石斛,出六安。"

《唐本草》:"石斛,今荆、襄及汉中、江左又有二种,一者似大麦累累相连,头生一叶而性冷(名麦斛)。一种大如雀髀,名雀髀斛,生酒渍服,乃言胜干者,亦如麦斛,叶在茎端。其余斛如竹,节间生叶也。"

《本草衍义》:"细若小草,长三四寸,柔韧,折之,如肉而实。今人多以木斛浑行,医工亦不能明辨。世又谓之金钗石斛,盖后人取象而言之。然甚不经,将木斛折之,中虚,如禾草,长尺余,但色深黄光泽而已。真石斛治胃中虚热有功。"

·功效主治

南药铁皮石斛,益胃生津,滋阴清热。用于阴伤津亏,口干烦渴,食少干呕,病后虚热,目暗不明。

蒙药"协日-海其-额在苏",味苦,性凉。效钝、稀、柔。祛巴达干热,止吐。主治恶心,呕吐,包如病增盛期及胃痛。

藏药"布协孜",生津益胃,滋阴清热,润肺益肾,明目强腰。

傣药"喃该",味微苦,性凉。入水塔。主治"菲埋喃皇罗"(水火烫伤),"唉,说想令旱,拢沙龙接火"(咳嗽,口干舌燥,咽喉肿痛),"崩皇崩接,说烘说想"(胃中灼热疼痛,口干口苦),"拢牛"(小便热涩疼痛),"儿赶,暖冒拉"(心胸胀闷,失眠)。

瑶药"铜元咪",治热病伤津、口干烦渴、病后虚热。

· 化学成分

铁皮石斛茎含生物碱,如石斛碱(dendrobine)、石斛酮碱(nobilonine)、6-羟基石斛碱［6-hydroxydendrobine,又名石斛胺(dendramine)］、石斛醚碱(dendroxine)、6-羟基石斛醚碱(6-hydroxydendroxine)、4-羟基石斛醚碱(4-hydroxydendroxine)、石斛酯碱(dendrine)、3-羟基-2-氧-石斛碱(3-hydroxy-2-oxydendrobine)等。铁皮石斛含多糖类物质,如石斛多糖,为一类甘露聚糖。还含有 β-谷甾醇(β-sitosterol)、胡萝卜苷(daucosterol)等。

· 药理和临床应用

石斛碱有升高血糖、降低血压、减弱心脏收缩压的作用。石斛碱有一定的止痛退热作用,与非那西汀相似,但相对作用较弱。石斛碱有抑制呼吸的作用,大剂量可致惊厥,安密妥钠可以对抗解毒;而对离体豚鼠子宫可使之收缩。模式动物实验发现石斛多糖能通过调节胰岛 α、β 细胞分泌的激素水平发挥降血糖作用,并具有胰内和胰外降血糖的作用机制。

附注:《中国药典》规定,石斛按干燥品计算,含石斛碱($C_{16}H_{25}NO_2$)不得少于 0.40%。

铁皮石斛按干燥品计算,含甘露糖($C_6H_{12}O_6$)应为 13.0%~38.0%。

近年来,在针对皮肤护理领域的研究发现,石斛提取物具有抗氧化、抗皱、美白等活性,可用于护肤品开发。

番红花
fanhonghua / CROCI STIGMA

番红花原植物

· 别名

藏红花、喀吉苦空(藏语)、再法尔(维语)、萨法郎花、泊夫兰花、郁金香、番栀子、荼矩摩香。

· 外文名

Saffron、Crocus、Safran(英语),Kukurma(梵语)。

· 基原考证

为鸢尾科植物番红花的花柱,番红花即藏红花。

· 原植物

鸢尾科植物番红花 *Crocus sativus* L.

多年生草本。球茎扁圆球形,直径约 3 cm,外有黄褐色的膜质包被。叶基生,9~15 枚,条形,灰绿色,边缘反卷;叶丛基部包有 4~5 片膜质的鞘状叶。花茎甚短,不伸出地面;花 1~2 朵,淡蓝色、红紫色或白色,有香味;花被裂片 6,2 轮排列,内、外轮花被裂片皆为倒卵形,顶端钝;花柱橙红色,长约 4 cm,上部 3 分枝,分枝弯曲而下垂,柱头略扁,顶端楔形,有浅齿。蒴果椭圆形。(《中国植物志》)

· 分布与产地

番红花为进口南药,分布于南欧各国及伊朗

等地。我国有少量栽培。

· 传播路径与贸易状况

番红花为进口南药。番红花传入中国的历史可追溯至西汉时期，张骞出使西域时带回的"红蓝花"。番红花即佛经中的"茶矩摩香"，随佛教传入中国。"茶矩摩"为梵语"kukurma"的古汉语音译。番红花传入中国的另一条路径是由克什米尔和印度传入西藏，再传入内地，故称为"藏红花"。现代的番红花生产贸易中心是土耳其和伊朗。国内引种于江苏、浙江、上海等地，目前在上海崇明岛等地已经形成产业。

· 药用历史与文化记事

《本草纲目》把番红花列入隰草类。但李时珍限于当时条件，未能对番红花作比较深入的观察，仅云："番红花出西番回回国及天方国，即彼地红蓝花也。元时以入食馔用……按张华《博物志》言，张骞得红蓝花种于西域，则此即一种，或方域地气稍有异耳。"在清代以前，本种不称"藏红花"或者"番红花"，而称作"郁金香"或"番栀子"。宋代《太平御览》载："太宗时，罽宾国献郁金香，似麦门冬，九月花开，状似芙蓉，其色紫碧，香闻数十步。花而不实，欲种者取根。"罽宾国就是现在的克什米尔，藏语称为"喀吉"，"苦空"来自于梵语，意思是"金色"，因此藏语称藏红花为"喀吉苦空"。藏族传说中认为藏红花源自夏岗山，故又称"夏岗玛"。在拉萨的一些藏药店里出售的藏红花药材所标识的藏文名字音译过来就是"喀吉夏岗玛"。

藏红花"喀吉苦空"是重要的传统藏药材。《晶珠本草》中说，藏红花是乳海甘露宝瓶中的甘露洒落化成。藏医认为：藏红花是众药之本。藏族先民用藏红花水浴佛祈福。传说中，最早的藏红花是尊者班玛巴从神界善法堂的红花园中采摘种子，种植在哲徐见若神山。接着，神医塔噶及的两个儿子受佛祖的命令从哲徐见若神山采集藏红花种子，种在喀吉（克什米尔）地区的夏岗山。此时，除了夏岗山，世界的许多地方

还是大海，有一位藏族尊者名叫尼玛贡巴，向龙王获取土地，龙王缩小了大海，许多土地露出了大海。接着，尊者从夏岗山上采集藏红花的种子，种在了这块土地上，在龙王的帮助下，藏红花发芽生长开花，越来越茂盛。土地上于是逐渐有了人居住。据说，班禅大师那绕巴也从夏岗山采集了藏红花种子，种在了布卡吧哈若神山。接着，喜马拉雅山也生长了藏红花，再往后，西藏的花园里也盛开着藏红花。由于藏红花种子源于喀吉的夏岗山，因此又称为"喀吉夏岗玛"。

欧洲番红花主产土耳其安纳托利亚高原。高原小镇萨夫兰博卢因盛产番红花而得名"番红花城"。17世纪时，该地是连接亚欧的番红花贸易中心。伊斯坦布尔著名的"香料街"有大量番红花交易，不过番红花价格昂贵，常有假冒品混入市场，价格低廉。除了安纳托利亚高原，伊朗高原也是现代番红花的主产区之一，我国的进口番红花多来自伊朗。番红花在欧洲饮食中广泛用于染色和香料，如著名的"西班牙海鲜饭"，就是用番红花调色。传统欧洲草药中，番红花被用于解郁安神，认为其"功效直达心脏，令人欢欣"。

· 古籍记载

《本草正义》："西藏红花，降逆顺气，开结消瘀，仍与川红花相近，而力量雄峻过之。今人仅以为活血行滞之用，殊未足尽其功用。按濒湖《纲目》，已有番红花，称其主心气忧郁，结闷不散，能活血治惊悸，则散结行血，功力亦同。又引《医林集要》治伤寒发狂，惊悸恍惚，亦仍是消痰泄滞之意。但加以清热通导一层，功力亦尚相近，惟称其气味甘平，则与藏红花之腻涩浓厚者不类。"

· 功效主治

活血化瘀，散郁开结。治忧思郁结，胸膈痞闷，吐血，伤寒发狂，惊怖恍惚，妇女经闭，产后瘀血腹痛，跌扑肿痛。

· **化学成分**

番红花主要成分是苦藏花素（$C_{16}H_{26}O_7$）。着色物质为藏花素（$C_{44}H_{64}O_{26} \cdot H_2O$）。除此之外，还含有番红花苷-1,2,3,4（crocin-1～4）、番红花苦苷（picrocrocin）、番红花酸二甲酯（crocetin dimethyl ester）、α-番红花酸（α-crocetin）番红花醛（safranal）、挥发油等。番红花柱头含多种胡萝卜素类化合物，如分离得番红花苷（crocin）-1、番红花苷-2、番红花苷-3、番红花苷-4、反式和顺式番红花二甲酯（trans-, cis-crocetin dimethyl ester）、α-及β-胡萝卜素、α-番红花酸（α-crocetin）、玉米黄质、番茄红素、番红花苦苷（picrocrocin）等。番红花含挥发油，主要为番红花醛（safranal），以及桉油精、蒎烯等；此外还含异鼠李素、山奈素及维生素B_1和维生素B_2。

· **药理和临床应用**

番红花煎剂对小鼠、豚鼠、兔、犬及猫的离体子宫及在位子宫均有兴奋作用，小剂量可使子宫发生紧张性或节律性收缩，大剂量能增高子宫紧张性与兴奋性，自动收缩率增强，甚至达到痉挛程度，已孕子宫更为敏感。因此，孕妇应当谨慎食用番红花及其制品。

番红花煎剂可使麻醉狗、猫血压降低，并能维持较长时间；对呼吸还有兴奋作用。降压时肾容积缩小，显示肾血管收缩；对蟾蜍血管亦呈收缩作用。

附注：《中国药典》2015版规定，番红花含西红花苷Ⅰ和西红花苷Ⅱ不少于10%。《欧洲药典》2002版和《日本药典》第14版均收录番红花。

芦 荟
luhui / ALOE

· **别名**

库拉索芦荟、奴会、讷会、象胆、芦祎、雅郎（西双版纳傣语）。

芦荟原植物（库拉索芦荟）

芦荟原植物

· **外文名**

Aloe（英语）、Alva（波斯语）、Lidah buaya（印尼语）、Lô Hội（越南语）、Ekigaji ddagala（非洲卢甘达语）。

· **基原考证**

为阿福花科科植物芦荟或好望角芦荟的汁液干燥浓缩而成的浸膏。傣药"Yak-nang"（雅郎）为芦荟的新鲜叶片和汁液。

芦荟属（Aloe）的数种植物都入药，以本书介绍的两种为主要入药品种。早期的植物分类系统把芦荟属置于广义百合科（Liliaceae）下，后又独立为芦荟科（*Aloeaceae*），后又置于假叶树科（*Ruscaceae*）下。新版 APG IV 分类系统根据分子生物学证据，把芦荟属置于阿福花科（*Asphodelaceae*）下，又名日光兰科或独尾草科。

- **原植物**

阿福花科植物芦荟 *Aloe vera*（L.）Burm. f.

茎较短。叶近簇生或稍二列（幼小植株），肥厚多汁，条状披针形，粉绿色，长 15～35 cm，基部宽 4～5 cm，顶端有几个小齿，边缘疏生刺状小齿。花葶高 60～90 cm，不分枝或有时稍分枝；总状花序具几十朵花；苞片近披针形，先端锐尖；花点垂，稀疏排列，淡黄色而有红斑；花被长约 2.5 cm，裂片先端稍外弯；雄蕊与花被近等长或略长，花柱明显伸出花被外。（《中国植物志》）

好望角芦荟 *Aloe ferox* Mill.

茎直立。高 3～6 m，叶 30～50 片，簇生于茎顶；叶片披针形，长达 60～80 cm，宽 12 cm，具刺，深绿色至蓝绿色，被白粉。圆锥状花序长 60 cm 左右；花梗长约 3 cm；花被 6，呈管状，基部连合，上部分离，微外卷，淡红色至黄绿色，带绿色条纹；雄蕊 6，花药与花柱外露。蒴果。（《中华本草》）

- **分布与产地**

芦荟为本土南药。我国分布于云南元江干热河谷区域，原产于地中海干热地区，目前商业生产广泛栽培的品种为"翠叶芦荟"，又名巴巴多斯芦荟，原产于西印度群岛。好望角芦荟原产非洲南部，现广泛栽培于世界各地。

- **传播路径与贸易状况**

中医传统上使用的芦荟多为进口，按不同来源分为两种，来自库拉索芦荟的称为"老芦荟"，来自好望角芦荟的称为"新芦荟"。芦荟原产于非洲，目前国内有较大规模种植。

- **药用历史与文化记事**

Aloe 一词来源于阿拉伯语 Allcoh，意为"苦而有光泽"。芦荟的药用可追溯至 3500 年前古

埃及莎草书记载，用于治疗腹泻和眼疾。公元 1 世纪传入欧洲，罗马草药书中称之为"万能药"。芦荟由波斯商人传入我国，可能自海上传入华南一带，"芦荟"是波斯语 Alva 一词的音译。《本草纲目》记载其"色黑，树脂状"，为芦荟汁液干燥加工品。

中医使用的芦荟最早来自于海上贸易，主要来源地是波斯国。《海药本草》载："芦荟出波斯国，状如黑炀。"芦荟一名"象胆"，因味苦如胆而得名。宋代称为"奴会子"，出西国狄戎。大小如苦药子，味苦、平、无毒。主治小儿舌疳、虚渴、脱肛、骨瘦、脾胃不和。

古代文献记载芦荟对皮肤疾病有奇效，尤其是皮肤癣。唐代大文豪刘禹锡曾得过皮肤癣，用芦荟治疗痊愈。他记录道："少年曾患癣，初在颈项间，后延上左耳，遂成湿疮。用斑蝥、狗胆、桃根等诸药，徒令以蜇，其疮转盛。偶于楚州，卖药人教用荟一两研，炙甘草半两末，相和令匀，先以温浆水洗癣，乃用旧干帛子拭干，便以二味合和敷之，立干，便瘥，神奇。"

- **古籍记载**

《证类本草》："（芦）荟，出波斯国，今唯广州有来者。其木生山野中，滴脂泪而成。采之不拘时月。"

《本草备要》："芦荟，大苦大寒。功专清热杀虫，凉肝明目，镇心除烦。治小儿惊痫五疳，敷匿齿湿癣（甘草末和敷），吹鼻杀脑疳，除鼻痒。小儿脾胃虚寒作泻者勿服。出波斯国。木脂也，味苦、色绿者真。"

- **功效主治**

清肝热，通便，杀虫。主热结便秘，肝火头痛，小儿疳积，目赤惊风，虫积腹痛，疥癣，痔瘘，解巴豆毒。

- **化学成分**

库拉索芦荟叶含蒽类化合物，如芦荟大黄素苷（aloin，aloin A，barbaloin）21.78%、异芦荟大黄素苷（isobarbaloin，aloin B）、7-羟基芦

荟大黄素苷(7-hydroxyaloin)、5 -羟基芦荟大黄素苷 A(5-hydroxyaloin A)以及对香豆酸、α -葡萄糖、戊醛糖、蛋白质及草酸钙等。

好望角芦荟叶的新鲜汁液含芦荟大黄苷及异芦荟大黄素苷。又含芦荟树脂(aloeresin)A、B、C、D,其中芦荟树脂 B 就是芦荟甘素。还含异芦荟树脂(isoaloeresin)A、芦荟松(aloesone)、好望角芦荟苷元(feroxidin)、好望角芦荟苷(feroxin)A 及 B,呋喃芦荟松(furoaloesone)、好望角芦荟内酯(feralolide)、5 -羟基芦荟大黄素苷 A。

· **药理和临床应用**

泻下作用:在所有大黄苷类泻药中,芦荟的刺激性最强,其作用伴有显著腹痛和盆腔充血,严重时可引起肾炎。此外,芦荟提取物尚有对化学性肝损伤的保护作用、醒酒作用、抗肿瘤作用、愈创作用、抗菌抗病毒作用等。

新鲜芦荟通过加工去除大黄苷类等刺激性成分后,可开发为食品和护肤护发品,有护发、美发、护肤、防晒等用途。

附注:芦荟鲜品和加工炮制品之间功效有差异,需要进一步研究。

龙血竭

longxuejie / DRACAENAE SANGUIS

龙血竭原植物(海南龙血树)

龙血竭原植物(柬埔寨龙血树)

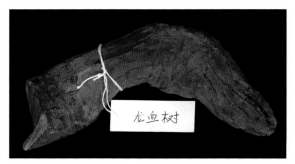

龙血竭药材

· **别名**

龙血树、海南龙血树、郭金帕(西双版纳傣语)、埋嘎筛(孟连傣语)、奇诺(维语)、山铁树。

· **外文名**

Dragon dracaena、Dragon tree(英语),Cinnabaris(拉丁语),Jernang(印尼语),Drachenblut(德语),Sangre de drago(西班牙语),竜血(日语)。

· **基原考证**

南药龙血竭和维药"奇诺"为天门冬科植物柬埔寨龙血树的树脂。

傣药"郭金帕"为柬埔寨龙血树的茎和叶。

· **原植物**

天门冬科植物柬埔寨龙血树 *Dracaena cambodiana* Pierre ex Gagnep.

棕榈状乔木,高在 3～4 m 以上。茎多分枝,树皮带灰褐色,幼枝有密环状叶痕,叶聚生于茎枝顶端,几乎互相套迭,剑形,薄革质,长达 70 cm,

宽 1.5～3 cm,向基部略变窄而后扩大,抱茎,无柄。圆锥花序长在 30 cm 以上;花每 3～7 朵簇生,绿白色或淡黄色。浆果直径约 1 cm。花期 7 月。(《中国植物志》)

· **分布与产地**

从 GBIF 数据库的世界标本采集数据看,柬埔寨龙血树产于我国云南南部和广西南部,至中南半岛和苏门答腊岛。分布于越南、老挝、泰国、缅甸、马来西亚和印度尼西亚。

· **传播路径与贸易状况**

进口商品血竭的植物来源较多,《中国药典》规定正品基原植物为非洲龙血树 Dracaena draco L. 和本种柬埔寨龙血树 Dracaena cambodiana Pierre。除此之外尚有以下几种:龙血树属植物龙血树 Dracaena ombet Kotschy(东非洲)、豆科紫檀属植物龙血紫檀 Pterocarpus draco L.(美洲)、大戟科巴豆属植物龙血巴豆 Croton draco Schlecht.(墨西哥)、同属木槿叶巴豆 Croton hibiscifolius Kunth(西班牙新格拉纳达产)及流脂巴豆 Croton gossypiifolius Vahl〔C. sanguifluus H. B. et K. Nov.〕(新安达拉西亚产)等。柬埔寨龙血树为龙血竭的国产资源。20 世纪 70 年代我国著名植物学家蔡希陶教授率领科研团队在云南孟连傣族拉祜族佤族自治县境内发现成片柬埔寨龙血树纯林,并建成我国唯一的龙血树林自然保护区。

· **药用历史与文化记事**

据考证,我国古代用的血竭不是棕榈科植物龙血藤果实的分泌物,应该是龙血树属植物分泌的树脂,可能为非洲龙血树 Dracaena draco。棕榈科植物麒麟竭果实的分泌物在我国作为血竭使用可能起源于明朝永乐年间,与郑和下西洋有关。明清开始,东南亚盛产的棕榈科黄藤属植物果实的树脂逐渐替代来源以龙血树属植物为原料的西域血竭,成为我国传统中药进口血竭的主流品种,并作为血竭的唯一来源收入《中国药典》,成为中药"血竭"的正品。

维药"奇诺",又名"混斯药山",维医经典《药物之园》载:"奇诺,是一种树渗出的树脂;红色、偏紫色。"根据描述和维药样品实物,判断"奇诺"就是龙血树的树脂。

龙血竭对血瘀证和出血证具有"双向调节"的作用,被誉为"活血圣药"。

· **古籍记载**

维药《注医典》:"奇诺,是一种树渗出的红色干化树汁。"

· **功效主治**

南药龙血竭,活血散瘀,定痛之血,敛疮生肌。龙血竭常用于跌打损伤,瘀血作痛,妇女气血凝滞,外伤出血,脓疮久不收口,以及慢性结肠炎所致的腹痛、腹泻等症。

维药"奇诺",生干生寒,凉血止血,清热退热,敛疮生肌,滋补肠胃,燥湿止泻,降逆止呕。

傣药"郭金帕",为龙血树茎和叶,通气血、止痛,续筋接骨。主治"割鲁了多温多约"(产后体弱多病),"接崩"(胃脘痛),"拢栽线栽歪"(心慌心悸),"匹亨"(葶中毒),"把办哦勒"(外伤出血),"阻伤,路哈"(跌打损伤,骨折),"拢梅兰申"(风寒湿痹证,肢体关节肿痛,屈伸不利),"拢达儿,农杆农暖"(腮腺、颌下淋巴结肿痛,乳痈)。

· **化学成分**

龙血竭中含有十分复杂的化学成分,其中具有多种结构类型的黄酮类化合物,主要包括查尔酮类、二氢查耳酮类、黄酮和二氢黄酮类、黄烷类、聚合黄酮类、色原酮类等。另外,龙血竭中已分离到甾体、三萜类物质 20 余种。从龙血竭中除分离到上述化合物外,还分离到了其他结构类型的化合物,包括以挥发油成分为主的烷烃、酸类、酯类、芳香性化合物等 40 多种。

· **药理和临床应用**

黄酮类化合物是龙血竭的主要活性成分。黄酮类化合物具有抗心律失常、软化血管、降血糖、降血脂、抗氧化,抗菌消炎、消除体内自由基、延缓衰老、增加机体免疫力等多种生理活性。

龙血能够改善机体的微循环,调节人体内分泌。活血化瘀的同时增加人体内的凝血因子,对出血患者有很显著的止血作用,在治疗高脂血症方面,具有双向的调节作用。

实验研究发现,用广西血竭给小鼠灌胃,可拮抗二甲苯引起的小鼠耳炎。血竭混悬剂涂布可加速家兔烫伤所致炎症结痂。血竭静注或皮下注射,对家兔有显著抗血栓作用。血竭可抑制二磷酸腺苷诱导的血小板聚集,增加红细胞和血小板稳定性。大鼠灌服血竭,能增加血浆中cAMP含量,降低cGMP水平,这与β受体兴奋有关。

附注:龙血竭药材来自龙血树树干砍伐或受伤后流出的树脂,产量有限,种植难度大,周期长(需10~20年或以上)。目前柬埔寨龙血树剑叶龙血树都被列入国家二级保护植物,因此在血竭资源上应优先考虑棕榈科植物麒麟竭的人工种植,利用果实提取血竭。

槟 榔
binglang / ARECAE SEMEN

槟榔原植物

· 别名

桃子、大腹皮、槟门、白槟榔、洗瘴丹、蒳子、榔玉、宾门、青仔、国马、槟楠、尖槟、鸡心槟榔、锅麻(西双版纳傣语)、麻郎(壮语)。

· 外文名

Betel nut(英语)、Pugha(梵语)、Supari(印地语)、Kun-thee(缅语)、Pinang(马来语)、kamuhu(泰米尔语)、mak-song(泰语)、Tân Lang(越南语)、Betelevaya palma(俄语)、Palma de areca(西班牙语)。

· 基原考证

为棕榈科植物槟榔的干燥成熟果仁(桃子)和果皮(大腹皮)。

· 原植物

棕榈科植物槟榔 Areca catechu L.

茎直立,乔木状,高10多米,最高可达30 m,有明显的环状叶痕。叶簇生于茎顶,长1.3~2 m,羽片多数,两面无毛,狭长披针形,上部的羽片合生,顶端有不规则齿裂。雌雄同株,花序多分枝,花序轴粗壮压扁,分枝曲折。果实长圆形或卵球形,长3~5 cm,橙黄色,中果皮厚,纤维质。种子卵形,基部截平,胚乳嚼烂状,胚基生。花果期3~4月。

· 分布与产地

槟榔为本土南药,主产于热带亚洲。我国产于云南、海南及台湾等热带地区。

· 传播路径与贸易状况

槟榔原产热带亚洲,古籍中记载其生交州、爱州及昆仑,就是现在的越南、马来半岛以至下缅甸地区,这些地方现在嚼槟榔习俗依然盛行。司马相如《上林赋》中"仁频并闾"即为槟榔与骈榈。槟榔在我国应用历史久远,无从考证,但就从民间应用历史来看,少则也有上千年,尤其是两广、海南、云南、湖南等地。

· 药用历史与文化记事

槟榔在中国的应用历史可以追溯至晋代的《南方草木状》,该书记载,"广交人凡贵胜旅客,必先呈此果"。西汉时,汉武帝下旨造扶荔宫收集南方奇花异木,其中就有槟榔树。宋代《岭外代答》云:"(岭南地区)客至不设茶,唯以槟榔为礼。"《本草图经》记载:"味苦涩,得扶留藤与瓦屋子灰同咀嚼之，则柔滑而甘美。岭南人啖之以当果实。"并认为，"南方地温，不食此无以祛瘴疠。"罗大经《鹤林玉露》云："岭南人以槟榔代茶御瘴，其功有四，一曰醒能使之醉，盖食之久，则熏然颊赤，若饮酒然，苏东坡所谓'红潮登颊醉槟榔'也；二曰醉能使之醒，盖酒后嚼之，则宽气下痰，余醒顿解，朱晦庵所谓'槟榔收得为祛痰'也。三曰饥能使之饱。四曰饱能使之饥。盖空腹食之，则充然气盛如饱；饱后食之，则饮食快然易消。又且赋性疏通而不泄气，禀味严正而更有余甘，有是德故有是功也。"可见在传统文化中槟榔是药、食、嗜三者兼有的重要南药，具有深刻的文化内涵。

在现代槟榔仍然是岭南一带的重要嗜好品和药材，海南有"亲客来往非槟榔不为礼"的习俗。湖南湘潭虽已不在"岭南"范围之内，但嗜好槟榔成风，别称"槟榔之城"。云南傣族、阿昌族、布朗族、佤族等群众嗜食槟榔，据说因长期嚼槟榔而牙齿乌黑，古代被称为"黑齿"，云南元江傣族就有关于槟榔的民歌。

我国台湾岛各族自古嗜好槟榔，乾隆时台湾海防同知朱景英笔记云："啖槟榔者男女皆然，行卧不离口；啖之既久，唇齿皆黑，家日食不继，惟此不可缺也。解纷者彼此送槟榔辄和好，款客者亦以此为敬。"台湾槟榔消费和产业规模庞极大，20世纪90年代末起，由于槟榔销售竞争日趋激烈，商家兴起以年轻貌美的女孩吸引顾客推销槟榔，雅称"槟榔西施"，逐渐愈演愈烈，"槟榔西施"竟成为台湾街头的一道风景线，并衍生出相关的小说、电影等文化产物，甚至一度引发社会争议。"槟榔西施"是现代商业营销文化的一个典型案例。

· **古籍记载**

《南方草木状》："槟榔，树高十余丈，皮似青桐，节如桂竹，下本不大，上枝不小，调直亭亭，千万若一，森秀无柯。端顶有叶，叶似甘蕉，条派（脉）开破，仰望眇眇，如插丛蕉于竹杪；风至独动，似举羽扇之扫天。叶下系数房，房缀数十实，实大如桃李，天生棘重累其下，所以御卫其实也。味苦涩。剖其皮，鬻其肤，熟如贯之，坚如干枣，以扶留藤、古贲灰并食，则滑美，下气消谷。出林邑。"

· **功效主治**

驱虫，消积，下气，行水，截疟。主虫积，食滞，脘腹胀痛，泻痢后重，脚气，水肿，疟疾。

· **化学成分**

槟榔仁含总生物碱0.3%～0.6%，主要为槟榔碱（arecoline），及少量的槟榔次碱（arecaidin）、去甲基槟榔碱（guvacoline）、去甲基槟榔次碱（guvacine）、异去甲基槟榔次碱（isoguvacine）、槟榔副碱（arecolidine）、高槟榔碱（homoarecoline）等，均与鞣酸（tannic acid）结合形式存在。还含鞣质约15%，内有右旋儿茶精（catechin）、左旋表儿茶精（epicatechin）及原矢车菊素（procyanidin）A-1、B-1和B-2等。又含脂肪约14%，其中主要脂肪酸有月桂酸（lauric acid）、肉豆蔻酸（myristic acid）、棕榈酸（palmitic acid）、硬脂酸（stearic acid）、油酸（oleic acid）和少量的今苯二甲酸双（2-乙基己醇）酯［bis（2-ethylhexyl）phthalate］等。还含氨基酸，主要有脯氨酸（proline）占15%以上，以及色氨酸（TCMLIByptophane）、蛋氨酸（methionine）、酪氨酸（tyrosine）、精氨酸（arginine）、苯丙氨酸（phenylalanine）等。另含甘露糖（mannose）、半乳糖（galactose）、蔗糖（sucrose）、槟榔红色素（areca red）及皂苷等。

· **药理和临床应用**

槟榔临床用于寄生虫病。槟榔对肝吸虫、蛲虫、蛔虫等有较强的杀灭和驱虫活性。

槟榔提取物对许兰黄癣菌与堇色毛癣菌等皮肤真菌均有不同程度的抑制作用。鸡胚实验表明槟榔有抗流感病毒作用。

槟榔碱具有兴奋M胆碱受体的作用，嚼食槟榔可使胃肠平滑肌张力升高，增加肠蠕动，消化液分泌旺盛，食欲增加。

从槟榔所得的聚酚化合物对艾氏腹水癌有

显著的抑制作用，对 Hela 细胞有中度细胞毒作用。

槟榔含有槟榔碱，过量槟榔碱引起流涎、呕吐、利尿、昏睡及惊厥。如系内服引起者可用过锰酸钾溶液洗胃，并注射阿托品。

世界卫生组织把槟榔列为一级致癌物并发出警示。实验证明，槟榔鞣质在长时间高剂量作用下具有诱变作用。小鼠实验表明，饮食槟榔对 4-硝基喹啉-N-氧化物诱发的口腔癌和 N-2-芴基乙酰胺诱发的肝癌具有促癌变作用。

附注：槟榔被世界卫生组织列为一级致癌物，嚼槟榔有导致口腔癌的风险。

血 竭
xuejie / DRACONIS SANGUIS

血竭原植物

血竭药材

· **别名**

麒麟竭、龙血藤、麒麟血、藤血竭、马特日音-齐苏（蒙语）。

· **外文名**

Dragon blood palm（英语）、Cinnabaris（拉丁语）、Jernang（印尼语）、Drachenblut（德语）、Sangre de drago（西班牙语）、竜血（日语）。

· **基原考证**

为棕榈科植物龙血藤的果实树脂。

· **原植物**

棕榈科植物血竭藤（麒麟竭）*Daemonorops draco* Blume

多年生常绿藤本，长达 10～20 m。茎被叶鞘并遍生尖刺。羽状复叶在枝梢互生，在下部有时近对生；小叶互生，线状披针形，长 20～30 cm，宽约 3 cm，先端锐尖，基部狭，脉 3 出平行；叶柄及叶轴具锐刺。肉穗花序，开淡黄色的冠状花，单性，雌雄异株；花被 6，排成 2 轮；雄花雄蕊 6，花药长锥形；雌花有不育雄蕊 6，雌蕊 1，瓶状，子房略呈卵状，密被鳞片，花柱短，柱头 3 深裂。果实核果状，卵状球形，径 2～3 cm，赤褐色，具黄色鳞片，果实内含深赤色的液状树脂，常由鳞片下渗出，干后如血块样。种子 1 颗。（《中华本草》）

· **分布与产地**

血竭为进口南药。分布于印度尼西亚、马来西亚、泰国、缅甸南部热带雨林中。

· **传播路径与贸易状况**

进口商品血竭的植物来源复杂，除血竭藤外，尚有龙舌兰科龙血树属植物柬埔寨龙血树 *Dracaena cambodiana* Pierre、龙血树属植物龙血树 *Dracaena ombet* Kotschy（东非洲）、豆科紫檀属植物龙血紫檀 *Pterocarpus draco* L.（美洲）、大戟科巴豆属植物龙血巴豆 *Croton draco* Schlecht.（墨西哥）、同属木槿叶巴豆 *Croton hibiscifolius* Kunth（西班牙新格拉纳达产）及流脂巴豆 *Croton gossypiifolius* Vahl［*C. sanguifluus* H. B. et K. Nov.］（新安达拉西亚产）等。

据《中华本草》记载,"进口原装血竭"为原产地印度尼西亚经初加工所得的团块,一般不含外加辅粒,质量较优,目前进口已不多见。加工血竭为原装血竭在新加坡掺入辅料经加工而成,并多用布袋扎成类圆四方形,底部贴有手牌、皇冠牌等金色商标。进口血竭主要为加工血竭,过去按商标分规格,现改用按质量分两个等级。

· **药用历史与文化记事**

血竭原名麒麟竭,始载于南北朝时期的《雷公炮炙论》,《唐本草》称为渴留。据考证,古代血竭不是棕榈科植物果实的分泌物,而是龙血树属植物分泌的树脂。棕榈科植物血竭藤果实的分泌物在我国作为血竭使用可能起源于明代永乐年间,与郑和下西洋有关。明清开始,东南亚盛产的棕榈科黄藤属植物血竭藤果实的树脂逐渐替代来源以龙血树属植物为原料的西域血竭,成为我国传统中药进口血竭的主流品种,并作为血竭的唯一来源收入《中国药典》,成为中药"血竭"的正品。

· **古籍记载**

《唐本草》:"骐骥竭,树名渴留,喻如蜂造蜜,斫取用之,《吴录》谓之赤胶者。"

《开宝本草》:"别本注云,紫矿、骐骥竭,二物同条,功效全别。紫矿色赤而黑,其叶大如盘,矿从叶上出。骐骥竭,色黄而赤,叶如樱桃,三角,竭从木中出。"

《本草图经》:"骐骥竭,今出南方诸国及广州。"

《雷公炮炙论》:"麒麟竭,欲使,先研作粉,重筛过,勿与众药同捣,化作飞尘也。"

· **功效主治**

南药麒麟竭,散瘀定痛,止血生肌。治跌打折损,内伤瘀痛,外伤出血不止,瘰疬,臁疮溃久不合。

蒙药"马特日音-齐苏",主治经血淋漓,外伤出血,鼻衄,骨折,跌打伤,内伤瘀痛。

· **化学成分**

麒麟竭果实表面鳞片所分泌的树脂含血竭红素(dracorubin)、血竭素(dracorhodin)、去甲基血竭红素(nordracorubin)、去甲基血竭素(nordracorhodin)、(2S)-5-甲氧基-6-甲基黄烷-7-醇[(2S)-5-methoxyflavan-7-ol]、(2S)-5-甲氧基蓼烷-7-醇[(2S)-5-methoxyflavan-7-ol]、2,4-二羟基-5-甲基-6-甲氧基耳酮(2,4-dihydroxy-5-methyl-6-methoxychalcone)、血竭黄烷(dracoflavan)A、血竭二氧杂庚醚(dracooxepine)、另含海松酸(pimaric acid)、异海松酸(isopimaric acid)、松香酸(abietic acid)、去氢松香酸(dehydroabietic acid)、山达海松酸(sandaracopimaric acid)。

· **药理和临床应用**

(1)抗真菌作用:血竭水浸剂(1:2)在试管内对堇色毛癣菌、石膏样毛癣菌、许兰黄癣菌等多种致病真菌有不同程度的抑制作用。

(2)止血作用:动物实验证明,本品能显著缩短家兔血浆再钙化时间,从而增加其凝血作用。

附注:《中国药典》规定血竭含血竭素($C_{17}H_{14}O_3$)不得少于 1.0%。

糖棕
tangzong

糖棕原植物

糖棕的果实

糖棕的幼苗

糖棕的种子

· **别名**

泰国海底椰、扇叶糖棕、扇叶树头棕、糖椰子、酒树、白玉丹、律丹、戈丹（西双版纳傣语）。

· **外文名**

Sugar palm（英语）、Tan（泰语）、Htan（缅语）、Thôt Nôt（越南语）、Siwalan（印尼语）。

· **基原考证**

棕榈科植物糖棕，用根、幼苗、果实、花序、汁液等入药。

· **原植物**

棕榈科植物 *Borassus flabellifer* L.

植株粗壮高大，一般高 13～20 m，可高达 33 m。叶大型，掌状分裂，近圆形；叶柄粗壮，边缘具齿状刺，叶柄顶端延伸为中肋直至叶片的中部。雄花序可长达 1.5 m，具 3～5 个分枝，每分枝掌状分裂为 1～3 个小穗轴，小穗轴略圆柱状，顶端稍狭。果实大，近球形，压扁，外果皮光滑，黑褐色，中果皮纤维质，内果皮由 3(-1) 个硬的分果核组成，包着种子。种子通常 3 颗，胚乳角质，均匀，中央有 1 空腔，胚近顶生。（《中国植物志》）

· **分布与产地**

糖棕为进口南药。原产于亚洲热带地区和非洲。我国云南西双版纳、元江等地有栽培。

· **传播路径与贸易状况**

糖棕随南传佛教传入我国西双版纳地区，在佛教寺院中种植。20 世纪 60 年代由中国科学院西双版纳热带植物园从缅甸引进优良品种于云南元江河谷种植。

我国进口的主要是棕榈糖，用于食品工业。近年来从泰国进口糖棕胚乳罐头，称为"白玉丹"或"律丹"，为颇受欢迎的进口食品之一。广东一带从泰国进口糖棕成熟果实干片，称为"泰国海底椰"，用于煲汤，据说有清凉解毒、润肺止咳的功效。

· **药用历史与文化记事**

糖棕在我国史书中的记载可以追溯至南朝宋时的《扶南记》，"顿逊国有酒树，如安石榴，华叶停盃中，数日成酒"。顿逊国经考证就是今天的缅甸德林达依至勃固和孟邦一带。时至今日，缅甸人仍然在用这个古老的方法从糖棕花序中割取"树酒"，缅语称为"Htan-yar"，"Htan"就是糖棕树，"yar"意思是果汁。缅甸从曼德勒一带至南部德林达依广种糖棕，糖棕林是伊洛瓦底大平原的标志性景观之一。棕榈糖是缅甸重要的特产和出口商品，也是传统缅式餐饮中必需的甜点和配料。棕榈糖也是缅甸的传统药物，有助消化、消滞的作用。糖棕种子发芽后伸长的肉质胚轴富含淀粉，在缅甸被用来作为代粮和小食，蒸熟或烤熟食用。糖棕和树酒也流行于泰国的孔敬府和柬埔寨。糖棕是缅甸、柬埔寨和泰国重要的经济作物，棕榈糖和糖棕果实是这些国家重要的出口产品之一。糖棕也是泰国和柬埔寨传统药物。糖棕宽大的叶子也用来作为屋顶材料。

糖棕及其文化随南传佛教传入我国西双版纳地区，是西双版纳佛教文化植物，常栽培于寺院，也是傣药"戈丹"的原植物。

· 古籍记载

《太平御览》："《梁书》曰，南方顿逊国有酒树，似安石榴。取花汁，著杯中数日成酒，美而醉人。"

· 功效主治

傣药"戈丹"，为糖棕的根，味微甜、涩，气香，性平。入水、土塔。调补四塔，催乳，清火解毒，利胆退黄。主治"杆郎软"（腰膝冷痛，周身乏力，性欲冷淡，阳痿，遗精，早泄），"割鲁了冒米哺农"（产后乳汁不下，缺乳），"拢案答勒"（黄疸）。

· 化学成分

棕榈糖的主要组分是果糖。糖棕果实中含有甾体皂苷、三萜类、多糖类等物质。其中糖棕糖苷类（borassosides）被认为是主要的活性物质。

· 药理和临床应用

糖棕果实中的糖棕糖苷类具有降血糖活性。棕榈糖组分以果糖为主。过去认为果糖不经过胰岛素代谢，可供糖尿病患者食用，新近研究发现，过多摄入果糖不仅不能改善糖尿病，还会损伤肝脏，加重胰岛素抵抗等。相关研究还发现果糖能升高高尿酸血症患者的血尿酸水平，增加痛风关节炎、尿酸肾结石、痛风糖尿病等继发疾病的发病风险。

附注：糖棕属于热带植物，喜高温气候，可以在云南西双版纳、元江河谷、海南岛等适宜地区推广种植。

无 漏 子
wulouzi / DATE

无漏子原植物

· 别名

椰枣、海枣、伊拉克枣、波斯枣、番枣、千年枣、金果、苦鲁麻枣、万年枣、万岁枣、无漏果、藏枣、枣椰子、紫晶、窟莽树、海棕木、凤尾蕉、巴日高（蒙语）、忽如麻（维语）、扎果（藏语）。

· 外文名

Date palm（英语）、Hurma（土耳其语、波斯语、乌尔都语）、Kurman（阿拉伯语）、Qesp（库尔德语)、Barmaqvari finik(阿塞拜疆语)、Kharjurah（梵语）、Khajur(印地语、孟加拉语)、Periccamkay（泰米尔语)。

· 基原考证

为棕榈科植物椰枣的果实。

· 原植物

棕榈科植物椰枣 *Phoenix dactylifera* L.

常绿大乔木,高达 35 m。茎具缩存的叶柄基部,上部的叶余升,下部的叶下垂,形成 1 个较稀疏的头状树冠。叶长达 6 m;叶柄长而纤细,多扁平;叶羽状全裂羽片线状披针形,长 18～40 cm,先端短渐尖,灰绿色,具明显的龙骨突起,2 或 3 片聚生,被毛,下部的羽片变成长而碍的针刺状。花具雄异株;为密集的圆锥花序,佛焰苞长,大而肥厚。果实长圆形或长圆状椭圆形,长 3.5～6.5 cm,成熟时深检黄色,果肉肥厚。种子 1 颗,扁平,两端锐尖,腹面具纵沟。花期 3～4 月,果期 9～10 月。(《中国植物志》)

· 分布与产地

无漏子为进口南药。主产于中东阿拉伯半岛、埃及、西南亚、南亚等地,我国华南、西南引种,在广州、成都、昆明等城市作为绿化景观植物栽培。

· 传播路径与贸易状况

枣椰树是中东干热沙漠气候区的特色植物,在中东各地均有种植,产量大,是该地区重要的贸易货物,也是中东各国重要的特色产品和旅游纪念品。枣椰从海上丝绸之路传入我国,在广州等地引种成功。同时,作为一种药物,枣椰的药用知识被传统中医和民族医吸收并运用,枣椰从此成为一味南药。20 世纪初,随着法国殖民者在云南地区的活动,枣椰树从法国越南殖民地引入至云南。目前我国的枣椰主要从中东一带进口。主要有三条途径:一是通过海上从广州等港口进入,二是从巴基斯坦通过新疆红其拉甫口岸等处进入,三是从尼泊尔、印度等国从普兰、札达等口岸少量进口。

· 药用历史与文化记事

枣椰树是中东阿拉伯地区最重要的经济植物之一。阿拉伯圣人曾说:"家无椰枣,全家挨饿。"椰枣是开斋节时最重要的甜品干果。伊拉克、沙特等国出产的枣椰十分有名。二十世纪五六十年代,为了支持伊拉克人民的革命事业和经济建设,我国曾大量进口伊拉克出产的椰枣。当时中华人民共和国刚建立不久,百业待兴,糖类产品稀缺,廉价而甜蜜的椰枣大受欢迎,"伊拉克枣"这一名称由此而来。"伊拉克枣"也成为我国人民和伊拉克人民友谊的象征。

椰枣是伊斯兰世界重要的文化植物。《古兰经》中说:"在那两座乐园里,有水果,有海枣,有石榴。"穆斯林认为椰枣是大地上真主创造的优良果实,它在天国中也是那里居民的享受之物。据说穆斯林先知尔萨就是出生在枣椰树下。椰枣还见证了伊斯兰教从星星之火到燎原之势的历史。据说早期穆斯林曾用椰枣的叶柄做笔杆,用来誊写《古兰经》,还有一个故事是说世界上第二座清真寺的屋顶就是用枣椰树的叶子建造的。枣椰渗透到穆斯林文化的方方面面,无论是信仰和知识,还是文学艺术,乃至建筑和日常生活等,枣椰的影子无处不在。

枣椰传入我国的历史可以追溯至唐代以前,《酉阳杂俎》《开宝本草》均有记载。明代李时珍《本草纲目》说:"无漏名义未详。千年、万岁,言其树性耐久也。曰海,曰波斯,曰番,言其种自外国来也。金果,贵之也。曰棕、曰蕉,象其干、叶之形也。番人名其木曰窟莽,名其实曰苦鲁麻枣。苦麻、窟莽,皆番音相近也。"这里的苦鲁麻、苦麻、窟莽等为阿拉伯语 Kurman 的音译。枣椰很早就在我国引种成功并结实,如《岭表录异》云:"广州有一种波斯枣,木无旁枝,直耸三四丈,至巅四向,共生十余枝,叶如棕榈,彼土人呼为海棕木。三五年一着子,每朵约三二十颗,都类北方青枣,但小尔。舶商亦有携本国者至中国,色类沙糖,皮肉软烂,味极甘,似北地天蒸枣,而其核全别,两头不尖,双卷而圆,如小块紫矿,种之不生,盖蒸熟者也。"再如《辍耕录》云:"四川成都有金果树六株,相传汉时物也。高五六十丈,围三四寻,挺直如矢,木无枝柯。顶上有叶如棕榈,皮如龙鳞,叶如凤尾,实如枣而大。每岁仲冬,有司具祭收采,令医工以刀剥去青皮,锻石汤瀹过,入冷熟蜜浸换四次,瓶封进献。不如此法,则生涩不可食。"

· **古籍记载**

《酉阳杂俎》:"波斯枣树长三四丈,围五六尺,叶似土藤,不雕。二月生花,状如蕉花,有两脚,渐渐开罅,中有十余房,子长二寸,黄白色,状如楝子,有核,六七月熟则子黑,状类干枣,食之味甘如饴。"

· **功效主治**

南药无漏子,味甘,温,无毒。温中益气,除痰嗽,补虚损。

蒙药"巴日高",益气补虚,消食除痰。主治气虚羸弱,食积不化,咳嗽有痰。

藏药"扎果",治疗培根病、胃病等。

· **化学成分**

枣椰含有蛋白质、脂肪、多糖、葡萄糖、果糖、蔗糖、氨基酸等,还含有黄烷醇类、黄酮硫酸酯类、黄酮类化合物。此外,还有类胡萝卜素、花色素等色素,以及维生素 A、维生素 C 等。另含少量元素钾、钠、钙、磷、铁、铜、锌、镁及多种酶类。

· **药理和临床应用**

无漏子含有丰富的黄酮类成分,具有抗氧化作用。目前无漏子常用来配伍治疗心血管疾病、肺病以及癌症的辅助治疗等。

附注:枣椰适应热带沙漠气候,耐盐碱,抗风沙,用种子或根蘖繁殖,可在干热气候区推广种植。枣椰适宜干热气候,又有一定的耐寒性,在我国亚热带气候区,如昆明也能种植,但不能结实,可作为行道树和风景树。

爪哇白豆蔻

zhaowa baidoukou / AMOMI FRUCTUS ROTUNDUS

爪哇白豆蔻原植物

爪哇白豆蔻的花

· **别名**

圆豆蔻、印尼豆蔻、豆蔻、多骨。

· **外文名**

Java cardamom(英语)、Amomi(印尼语)。

· **基原考证**

姜科植物爪哇白豆蔻的干燥果实。《中国药典》收录豆蔻基原植物包含本种。豆蔻属有 150

种植物,本种原产印尼爪哇岛,故名爪哇白豆蔻。

· 原植物

姜科植物爪哇白豆蔻 *Amomum compactum* Sol. ex Maton

多年生宿根性草本。株高 1~1.5 m,根茎延长,茎基叶鞘红色。叶片披针形,顶端尾尖,除具缘毛外,两面无毛,揉之有松节油味,无柄;叶舌二裂,圆形,初被疏长毛,后脱落而仅被疏缘毛;叶鞘口无毛。穗状花序圆柱形;花冠白色或稍带淡黄,裂片长圆形;唇瓣椭圆形,稍凹入,淡黄色,中脉有带紫边的橘红色带,被毛,无侧生退化雄蕊。果扁球形,直径 1~1.5 cm,干时具 9 条槽,被疏长毛,鲜时淡黄色;种子为不规则多面体,种沟明显。花期 2~5 月,果期 6~8 月。(《中国植物志》)

· 分布与产地

爪哇白豆蔻为进口药材。原产于印度尼西亚,我国 1961 年引种于华南和西双版纳。

· 传播路径与贸易状况

本种和白豆蔻都是东南亚地区著名的药用植物和香料植物,用于治疗遗尿等症。白豆蔻也用于食品香料调味,具有开胃的作用。白豆蔻随着海上贸易进入我国。

· 药用历史与文化记事

我国古籍中记载的白豆蔻包含爪哇白豆蔻和白豆蔻 *Amomum kravanh* Pierre ex Gagnep,《中华大典·植物分典》中分列为两种。

· 功效主治

果实供药用,作芳香健胃剂,味辛凉,有行气,暖胃,消食,镇呕,解酒毒等功效。

· 化学成分

爪哇白豆蔻种子含挥发油,其成分含量最高的为 1,8-桉叶油素(68.56%),相对较高的有葛缕酮(14.67%)、α-蒎烯(1.63%)、芳樟醇(1.41%)、对-聚伞花素(1.11%)。此外还含有香桧烯(sabinene)、月桂烯(myrcene)、月桂烯醇(myrcenol)、1,4-桉叶油素(1,4-cineole)、柠檬烯、3-蒈烯(3-carene)、β-松油醇、樟脑(camphor)、龙脑(borneol)等。叶子所含挥发油,其成分主要为 1,8-桉叶油素(80.03%),另外还有少量的柠檬烯(0.80%)、α-蒎烯(0.56%)、α-松油醇(0.46%)、β-蒎烯(0.33%)、樟烯(0.13%)及对-聚伞花素(<1%)等。

· 药理和临床应用

白豆蔻具有抗炎、平喘、止咳、抗肿瘤等活性。

附注:爪哇白豆蔻和白豆蔻具有浓郁的香辛味,是很好的调味品。在东南亚特色"咖喱粉"中也含有白豆蔻成分。在药材行业中,本种被称为"印尼豆蔻",白豆蔻被称为"原豆蔻"。

白豆蔻

baidoukou / AMOMI FRUCTUS ROTUNDUS

白豆蔻药材

· 别名

多骨、原豆蔻、柬埔寨白豆蔻、泰国白豆蔻、加迪波(西双版纳傣语)。

· 外文名

White fruit amomum(英语)、Gagola(梵语)、Hpa-la(缅语)。

· **基原考证**

为姜科植物豆蔻的干燥成熟果实。

· **原植物**

姜科植物豆蔻 *Amomum kravanh* Pierre ex Gagnep.

多年生宿根草本,茎丛生,茎基叶鞘绿色。叶片卵状披针形,顶端尾尖,两面光滑无毛,近无柄;叶舌圆形。穗状花序自近茎基处的根茎上发出,圆柱形,稀为圆锥形;花萼管状,白色微透红,外被长柔毛,顶端具三齿,花冠管与花萼管近等长,裂片白色,长椭圆形;唇瓣椭圆形,中央黄色,内凹,边黄褐色,基部具瓣柄。蒴果近球形,直径约 16 mm,白色或淡黄色,略具钝三棱,有 7～9 条浅槽及若干略隆起的纵线条,顶端及基部有黄色粗毛,果皮木质,易开裂为三瓣;种子为不规则的多面体,暗棕色,种沟浅,有芳香味。花期 5 月;果期 6～8 月。

· **分布与产地**

白豆蔻原为进口南药,产自中南半岛柬埔寨、泰国、越南、老挝、缅甸等地,南亚斯里兰卡、印度以及南美洲危地马拉也有,一般为栽培。我国华南有引种。我国原本不产,1961 年时成功引种至广东、海南和云南西双版纳,现在市面上的白豆蔻主要为国产。

· **传播路径与贸易状况**

原产泰国、柬埔寨等地,我国华南、西南等地引种。本种和爪哇白豆蔻均作为豆蔻使用,在药材贸易中,本种称为原豆蔻,而爪哇白豆蔻称为印尼白豆蔻,以作区分。豆蔻于 13 世纪传入欧洲。

· **药用历史与文化记事**

南药白豆蔻在中国传统医学中的运用已经有上千年,唐代《本草拾遗》记载:"白豆蔻出伽古罗国,呼为多骨,其草形如芭蕉,叶似杜若,长八九尺而光滑,冬夏不雕;花浅黄色;子作朵如葡萄,初出微青,熟则变白,七月采之。"周达观《真腊风土记》中就记载柬埔寨种植豆蔻并作为重要的贸易上品。

白豆蔻也是重要的香料植物,国产"十三香"

等调味粉中就有白豆蔻成分。白豆蔻也用于调味茶,在唐代颇为流行,现在部分藏区群众在制作酥油茶和甜茶时,仍然加入白豆蔻和其他香料调味。新疆一带的维吾尔族群众,传承保留了唐代香料茶的烹制,形成颇具唐代遗风的"维吾尔特色茶",该茶用复合香料粉加入茯砖茶煮制,其中就有白豆蔻。维吾尔传统茶风味独特,具有多种药食保健功能。白豆蔻也是南亚、东南亚国家特产"咖喱粉"的成分之一。

· **古籍记载**

《本草拾遗》:"白豆蔻,其草形如芭蕉,叶似杜若,长八九尺而光滑,冬夏不雕;花浅黄色;子作朵如葡萄,初出微青,熟则变白,七月采之。"

《本草纲目》:"白豆蔻子圆大如白牵牛子,其壳白厚,其仁如缩砂仁。"

· **功效主治**

行气,暖胃,消食,宽中。治气滞,食滞,胸闷,腹胀,噫气,噎膈,吐逆,反胃,疟疾。

· **化学成分**

白豆蔻种子含挥发油,其成分含量最高的为 1,8-桉叶素(1,8-cineole)达 66.81%,相对较高的有 β-蒎烯(β-pinene)10.93%、α-蒎烯(α-pinene)3.71%、丁香烯(caryophellene)3.01%、龙脑乙酸酯(bornyl acetate)2.04%、α-松油醇(α-terpineol)2.03%、芳樟醇(linalool)1.39%。此外还含有 4-松油烯醇(terpinene-4-ol)、香橙烯(aromadendrene)、γ-广藿香烯(γ-patchoulene)、α-榄香烯(α-elemene)、γ-荜澄茄油烯(γ-cubebene)、水化梨松烯(sabinene hydrate)、橙花步醇(nerolidol)、甜没药烯(bisabolene)、樟烯(camphenen)及葛缕酮(carvone)等。叶含挥发油,其成分含量最高的为 1,8-桉叶油素(59.91%),其次为 α-松油醇(10.69%),此外还有柠檬烯(limonene)、β-蒎烯、樟烯、对-聚伞花素(p-cymene)等。

· **药理和临床应用**

(1)平喘作用:本品所含的 α-萜品醇,平喘作用较强,对豚鼠气管平滑肌 0.05 ml/kg 剂量时,作用强于艾叶油。4-松油醇亦有显著的平喘作用。

(2)芳香健胃、驱风作用:种子应在临用前磨碎,有良好的芳香健胃作用,能促进胃液分泌,兴奋肠管蠕动,驱除肠内积气,并抑制肠内异常发酵。

附注:本种在药材中统称为"白豆蔻",爪哇白豆蔻称为"印尼豆蔻"。

《证类本草》载有我国华南土产的一种"广州白豆蔻",从所附图上来看,疑似我国华南产的山姜属植物 *Alpinia katsumadai* Hayata 的果实,又名草豆蔻、桂白蔻。

草 果
caoguo / TSAOKO FRUCTUS

草果原植物

草果药材

· **别名**

草果仁、豆蔻、麻毫(德宏傣语)、嘎高拉(藏语)。

· **外文名**

Tsao-ko(英语)、Thào Quà(越南语)。

· **基原考证**

为姜科植物草果的干燥果实。

在越南药用植物志书中,把 Thào Quà 的学名记为 *Amomum aromaticum* Roxb.,该名称为豆蔻属另一药用植物孟加拉豆蔻的学名,与草果是不同植物;据世界植物名录(*The Plant List*)记录,这个名称也不是 *Amomum tsao-ko* 的异名。

傣药"麻毫"为草果的新鲜或干燥果实。

藏药"嘎高拉"为草果的干燥果实,其中有一个品种称为"嘎高拉门巴",产西藏墨脱县雅鲁藏布大峡谷热带雨林林下,为同属植物香豆蔻 *Amomum subulatum* 的果实,当地称"野草果"。也有藏药研究学者认为嘎高拉正品应为香豆蔻。香豆蔻在锡金等地大量栽培于林下,统称为大果豆蔻(*Large cardamom*)。

· **原植物**

姜科植物草果 *Amomum tsao-ko* Crevost & Lemarié

茎丛生,高达 3 m,全株有辛香气,地下部分略似生姜。叶片长椭圆形或长圆形,顶端渐尖,基部渐狭,边缘干膜质,两面光滑无毛,无柄或具短柄,叶舌全缘,顶端钝圆。穗状花序不分枝,每花序约有花 5~30 朵;花冠红色,裂片长圆形;唇瓣椭圆形,顶端微齿裂。蒴果密生,熟时红色,干后褐色,不开裂,长圆形或长椭圆形,长 2.5~4.5 cm,宽约 2 cm,无毛,顶端具宿存花柱残迹,干后具皱缩的纵线条,果梗基部常具宿存苞片,种子多角形,有浓郁香味。花期 4~6 月,果期 9~12 月。(《中国植物志》)

· **分布与产地**

草果为本土南药,产于云南西畴、麻栗坡、金平、盈江、贡山、福贡,广西龙州、崇左、南宁、百色,以及海南等地;生于海拔 1 300~1 800 m 的林下荫湿处。越南北部、缅甸北部、老挝也有。

· 传播路径与贸易状况

草果主产云南东南部,需求量甚大,主要用作香料,仅有 5％用作药用。

· 药用历史与文化记事

《本草正义》记载:"草果,辛温燥烈,善除寒湿而温燥中宫,故为脾胃寒湿主药。按岚瘴皆雾露阴湿之邪,最伤清阳之气,故辟瘴多用温燥芳香,以胜阴霾湿浊之蕴祟。草果之治瘴疟,意亦犹是。然凡是疟疾,多湿痰蒙蔽为患,故寒热往来,纠缠不已,治宜开泄为先。草果善涤湿痰,而振脾阳,更以知母辅之,酌量其分量,随时损益,治疟颇有妙义,固不必专为岚瘴立法。惟石顽所谓实邪不盛者,当在所禁耳。李杲:温脾胃,止呕吐,治脾寒湿、寒痰;益真气,消一切冷气膨胀,化疟母,消宿食,解酒毒、果积。兼辟瘴解瘟。"宋代《岭外代答》记载:"邕州取新生草果,入梅汁盐渍,令色红,曝干,荐酒,芬味甚高,世珍之。"

草果温中祛痰,除瘴截疟,中医用于治疗瘟疫。明代末年,中国北方瘟疫肆虐,名医吴又可拟"达原饮"方治疗瘟疫,其中就有草果这味药。2003 年,非典(SARS)爆发,我国中医专家以"达原饮"为基础方,研制出一套中医抗击非典方案,收到奇效。在 2019—2020 年的抗击新冠肺炎战役中,我国中医专家以"达原饮"和"柴胡陷胸汤"为基础,研制"新冠肺炎一号方"等中医治疗方案,疗效显著。

· 古籍记载

《品汇精要》:"草果,生广南及海南。形如橄榄,其皮薄,其色紫,其仁如缩砂仁而大。又云南出者,名云南草果,其形差小耳。"

· 功效主治

燥湿温中祛痰截疟。主脘腹冷痛,恶心呕吐,胸膈痞满,泄泻泻,下痢,疟疾。

· 化学成分

果实含挥发油,油中的主要成分为 α-蒎烯(α-pinene)、β-蒎烯(β-pinenen)、1,8-桉叶素(1,8-cineole)、ρ-聚伞花烃(ρ-cymene)、芳樟醇(linaloolo)、α-松油醇(α-terpineol)、橙花叔醇(nerolidol)、壬醛(nonanal)、癸醛(capric aldehyde)、反-2-十一烯醛(trans-2-undecenal,为本品中的辛辣成分)、橙花醛(neral)、牻牛儿醇(geraniol)。另含微量元素(ug/g)有锌 69.2、铜 7.33、铁 57.2、锰 283.7、钴 0.89。

· 药理和临床应用

本品有镇咳祛痰作用、镇痛、解热、平喘等作用,抗炎、抗菌作用,轻度利尿作用,驱蛔虫作用。

附注:古籍中记载的广西草果多为山姜属植物 *Alpinia katsumadai* Hayata 的果实,需注意区别。另外,贵州产一种"白草果",实为姜花属植物 *Hedychium coronarium* Koen. 的花序或果序。

砂 仁

sharen / AMOMI FRUCTUS

砂仁原植物

阳春砂的果实

- **别名**

阳春砂仁、春砂仁、缩砂蜜、麻娘（西双版纳傣语）。

- **外文名**

Cardamon（英语）、Hpa-la（缅语）、Sa Nhân Đỏ（越南语）、Naan（泰语）。

- **基原考证**

为姜科植物阳春砂的干燥果实。

砂仁始载于《药性论》，初名缩砂密。《海药本草》云："生西海及西戎等地，波斯诸国。多从安东道来。"《本草图经》云："缩砂密生南地。"《药物出产辨》云："产广东阳春县为最，以蟠龙山为第一。"从历代本草记载可见，自古砂仁产地就有国产、进口之分，"绿壳砂仁"即为进口者，"阳春砂仁"即为岭南栽培者。现今仍以广东阳春所产最为道地，质量好，产量大。

- **原植物**

姜科植物砂仁 *Amomum villosum* Lour.

株高 1.5～3 m，茎散生；根茎匍匐地面，节上被褐色膜质鳞片。中部叶片长披针形，上部叶片线形，顶端尾尖，基部近圆形，两面光滑无毛，无柄或近无柄；叶舌半圆形，叶鞘上有略凹陷的方格状网纹。穗状花序椭圆形，被褐色短绒毛；鳞片膜质，椭圆形，褐色或绿色；苞片披针形，膜质，小苞片管状，一侧有一斜口，膜质，无毛；花萼管顶端具三浅齿，白色，基部被稀疏柔毛；花冠管裂片倒卵状长圆形，白色；唇瓣圆匙形，白色，顶端具二裂、反卷、黄色的小尖头，中脉凸起，黄色而染紫红，基部具二个紫色的痂状斑，具瓣柄。蒴果椭圆形，长 1.5～2 cm，宽 1.2～2 cm，成熟时紫红色，干后褐色，表面被不分裂或分裂的柔刺；种子多角形，有浓郁的香气，味苦凉。花期 5～6 月，果期 8～9 月。（《中国植物志》）

- **分布与产地**

产于福建、广东、广西、海南和云南；栽培或野生于山地荫湿之处。

- **传播路径与贸易状况**

砂仁分为进口和国产。一般把进口砂仁称为"绿壳砂"。国产砂仁以广东产"阳春砂仁"为佳。现今砂仁需求量与日俱增，产地和来源较多，导致基原混乱和品种混杂，使得药材质量日趋下降。目前在广东阳春等地发展砂仁道地药材种植，质量日趋提高。云南、广西等地也在大力发展种植，产量稳步增长。

- **药用历史与文化记事**

砂仁在传统中医中的运用有 1 300 多年历史。砂仁具有浓郁的香辛其味，可以消食化滞，健脾利湿。古籍中多有记载。《珍珠囊》："治脾胃气结治不散。"《日华子本草》："治一切气，霍乱转筋，心腹痛。"《本草经疏》："气味辛温而芬芳，香气入脾，辛能润肾，故为开脾胃之要药，和中气之正品，若兼肾虚，气不归元，非此为向导不济。若咳嗽多缘肺热，则此药不应用矣。"《本草汇言》："温中和气之药也。若上焦之气梗逆而不下，下焦之气抑遏而不上，中焦之气凝聚而不舒，用砂仁治之，奏效最捷。然古方多用以安胎何也？盖气结则痛，气逆则胎动不安，此药辛香而散，温而不烈，利而不削，和而不争，通畅三焦，温行六腑，暖肺醒脾，养胃养肾，舒达肝胆不顺不平之气，所以善安胎也。"

阳春砂的民间传说：岭南一带多湿热瘴疠，古代兽医技术落后，牲畜经常生病。有一次广东阳春一带爆发了严重的牛瘟，唯有蟠龙金花坑附近村庄一带的耕牛，却没有发瘟，而且头头健强力壮。当地人发现此处长有大量有香味的草，牛十分喜欢吃。品尝之后发现其味道芳香辛辣，令人舒畅。后来当地医生用这种草来治疗风寒胃胀、水土不服和呕吐有奇效。经鉴别，这种草就是砂仁。

- **古籍记载**

《本草图经》："缩砂密生南地，今唯岭南山泽间有之。苗茎似高良姜，高三四尺，叶青，长八九寸，阔半寸已来。三月、四月开花在根下，五六月成实。"

- **功效主治**

主治脾胃气滞，宿食不消，腹痛痞胀，噎膈呕吐，寒泻冷痢。

·化学成分

砂仁种仁含挥发油,经鉴定,成分有乙酰龙脑酯(bornyl acetate)、樟脑(canphor)、柠檬烯(limonene)、樟烯(camphene)、α-蒎烯(α-pinene)、β-蒎烯(β-pinene)、龙脑(borneol)、β-榄香烯(β-elemene)、β-丁香烯(β-caryophyllene)、β-香柑油烯(β-bergamotene)、α-侧柏烯(α-thujene)、月桂烯(myrcene)、α-水芹烯(α-phellandrene)、芳樟醇(linalool)、α-金合欢烯(α-farnesene)、β-金合欢烯(β-farnesene)、律草烯(humulene)、β-甜没药烯(β-bisabolene)、γ-荜澄茄烯(γ-cadinene)、棕榈酸(palmitic acid)等近30种。果实含有多种微量元素(ug/g),如锌64.2,铜8.8,铁44.0,锰138.0,钴0.10,铬1.2,钼1.15,镍6.69,钛0.95,钒0.09等;叶的挥发油与种子挥发油各成分含量虽有差别,但其组成基本相同。

·药理和临床应用

(1)对消化系统的作用:阳春砂煎剂对乙酰胆碱和氯化钡引起的大鼠小肠肠管紧张性、强直性收缩有部分抑制作用。阳春砂挥发性部位可使兔肠管轻度兴奋,然后转入明显抑制作用,张力降低,收缩频率减慢,振幅减少,并随浓度不同能部分或完全拮抗乙酰胆碱、BaCl₂引起的肠管兴奋或痉挛。砂仁能增进肠道运动。

(2)对血小板聚集功能的影响:砂仁对花生四烯酸诱发的小鼠急性死亡有明显保护作用。

(3)对胶原与肾上腺素混合剂诱发小鼠急性死亡的影响:砂仁有明显的对抗由胶原和肾上腺素所诱发的小鼠急性死亡的作用。

附注:砂仁药材来源多样,品种混杂。目前主流为砂仁的各个变种,以阳春砂和缩砂密为主。古代统称为"缩砂密",近代植物分类学将其划分为多个变种。20世纪70年代以来,国内学者对砂仁属做了大量的研究工作,包括系统分类、引种驯化、栽培、化学药理等。对砂仁、巴戟天、益智、肉桂等四大南药开展了大量科研和种植发展工作。云南中医药大学主持"南药协同创新中心"研究项目中,砂仁是重点,取得的成果将进一步推动我国对砂仁的科学研究和发展工作。

目前香料市场大量充斥一种香砂仁,又名川砂仁,为山姜属植物 *Alpinia zerumbet*(Pers.)Burtt. et Smith 的果实,为砂仁的伪品。

缩 砂 密
sushami / *AMOMI FRUCTUS*

缩砂密原植物(引自《中国傣药志》)

缩砂密的果实(引自《中国傣药志》)

- **别名**

西砂仁、绿壳砂、亚砂仁、麻娘（傣语）。

- **外文名**

Xanthoid cardamon（英语，缅甸植物名录）、Hpa-la（缅语）、Sa Nhân Đỏ（越南语）、Daan（泰语）。

- **基原考证**

南药缩砂密为姜科植物缩砂密的果实，傣药麻娘为缩砂密的根茎和果实。

缩砂密一词来源于《本草纲目》，"名义未详。取其密藏之意。此物实在根下，仁藏壳内，亦中此意"。砂仁品种来源多样，主要为砂仁的各个变种，包含本种（变种）。国产砂仁中最好的是广东产的阳春砂，本种主要为传统进口砂仁，通称"绿壳砂"。

20世纪70年代，我国植物学家在云南西双版纳等地发现傣药"麻娘"即缩砂密。

- **原植物**

姜科植物缩砂密 *Amomum villosum* var. *xanthioides*（Wall. ex Baker）T. L. Wu & S. J. Chen

异名：*Amomum xanthioides* Wall. ex Baker

多年生宿根草本。株高1.5～3 m，茎散生；根茎匍匐地面，节上被褐色膜质鳞片。中部叶片长披针形，上部叶片线形，顶端尾尖，基部近圆形，两面光滑无毛，无柄或近无柄；叶舌半圆形，叶鞘上有略凹陷的方格状网纹。穗状花序椭圆形。花冠管裂片倒卵状长圆形，白色；唇瓣圆匙形，白色，顶端具二裂、反卷、黄色的小尖头，中脉凸起，黄色而染紫红，基部具二个紫色的痂状斑，具瓣柄。蒴果椭圆形，长1.5～2 cm，宽1.2～2 cm，蒴果成熟时绿色，果皮上的柔刺较扁。种子多角形，有浓郁的香气，味苦凉。花期5～6月，果期8～9月。（《中华本草》）

- **分布与产地**

缩砂密为本土南药，产云南南部热带雨林区域，包括西双版纳、普洱、临沧等地；生于林下潮湿处，海拔600～800 m。老挝、越南、柬埔寨、泰国、印度亦有分布。

- **传播路径与贸易状况**

砂仁分为进口和国产。其"传播路径与贸易状况"可参考"砂仁"。

缩砂密产于云南南部及邻近的缅甸、老挝等地，为傣医常用药。西双版纳农贸市场常有出售。产于缅甸等地的缩砂密进口至中国，称为"绿壳砂仁"，缅甸市场上出售的缩砂密英文名为Xanthoid cardamon。

- **药用历史与文化记事**

可参考"砂仁"。

- **古籍记载**

《本草蒙筌》："产波斯国中，及岭南山泽。苗高三四尺许，类高良姜苗茎。叶有八九寸长，阔半寸许。开花近根娇娆，结实成穗连缀。皮紧浓多皱，色微赤黄；子八漏一团，粒如黍米，故名缩砂蜜也。"

- **功效主治**

南药缩砂密，行气宽中，健胃消食，安胎。用于胸腹胀痛、消化不良、胎动不安等。

傣药"麻娘"，以根茎和果实入药，用于腹胀、腹痛、腹泻等。

- **化学成分**

砂仁的挥发性成分主要由 α-蒎烯、莰烯、β-蒎烯、菖烯-3、柠檬烯、α-樟脑、α-龙脑、乙酸龙脑酯、芳樟醇、α-胡椒烯、反-β-金合欢烯等。

紫色姜

zisejiang / ZINGIBERIS MONTANI RHIZOMA

- **别名**

补累（西双版纳傣语）、野姜。

- **外文名**

Cassumunar ginger（英语）、Meik-tha-lin（缅语）、Plai（泰语）、Bengle（爪哇语）。

紫色姜原植物

紫色姜的花

· 基原考证

为姜科植物紫色姜的根茎。

· 原植物

姜科植物紫色姜 Zingiber cassumunar Roxb.（＝Zingiber montanum（J. Koenig）Link ex A. Dietr.）

直立草本,高达 1.5 m;根茎苍白黄色,具香味。叶片长圆状披针形,先端渐尖,基部圆形,叶面无毛,叶背被短柔毛;叶近于无柄;叶舌短,2裂,被短柔毛;叶鞘被短柔毛。穗状花序长圆形或流线形,从根茎基部抽出;花序梗直立,苞片宽卵形,紫褐色,具狭窄的边缘与缘毛,被短柔毛;小苞片较短于苞片,卵形,先端具 3 齿;花萼先端截形,一侧开裂,无毛;花冠管苍白黄色,裂片苍白黄色,无斑点,无毛,背裂片披针形,侧裂片较狭;唇瓣与花冠裂片同色,中裂片近圆形,先端微凹,侧裂片(侧生退化雄蕊)长圆形;药隔附属体微长于花药。蒴果卵形。花期 6～8 月,果期 10月。(《中国植物志》)

· 分布与产地

中国南部与东南部有栽培,云南西双版纳常见。印度、斯里兰卡及柬埔寨、南亚有分布或栽培。该种是傣-泰民族习用药材和香料,常见种植于傣-泰民族聚居区的庭院及草药园,常见于中南半岛、我国西双版纳和掸邦高原等地区。

· 传播路径与贸易状况

紫色姜在东南亚广泛栽培,特别是泰国、老挝、柬埔寨和缅甸东部。

· 药用历史与文化记事

紫色姜原产于亚洲热带区域,1807 年植物学家 William Roscoe 描述过本种,称为"象鼻姜"。1810 年 Roxkwgi 将本种命名为"卡萨蒙娜姜（Zingiber cassumunar Roxb.,英语 Cassumunar ginger)"并引入英国。紫色姜作为药物最早引入英国并传播到欧洲其他地方。紫色姜在整个亚洲(热带)早就作为药用植物栽培,药用根茎,治腹泻与腹痛,但无解毒作用,也作姜的代用品。紫色姜为东南亚傣泰民族特色的药用植物。我国西双版纳傣族以紫色姜入药,治疗胃病。复方傣药"帕中补(双姜胃痛片)"就以紫色姜为主要原料制成,用于治疗胃酸胃痛。

· 功效主治

傣药"补累",发表散寒,止呕,解毒,行气化瘀。用于外感风寒，食滞胀满，发呕，肝脾肿大，也用于治疗胃痛和风湿等。紫色姜油外用可以缓解肌肉疼痛。

· **化学成分**

彭霞等（2007）用水蒸气蒸馏法提取紫色姜挥发油，并通过气相-质谱联用仪分析研究。共得到 37 个化合物，鉴定出 35 个成分约占总量的 85.5％，其中含量最高的是 4-甲基-1-（1-甲基乙基）-3-环己烯-1-醇，其次是 2-噻吩甲醛、1-[5-(2-呋喃甲基)-2-呋喃]乙酮、β-倍半水芹烯、1-[5-(2-呋喃甲基)-2-呋喃]乙酮、2-(2,5-二甲基苯基)丙烯酸（3.14％），首次研究了紫色姜挥发油的化学成分。

· **药理和临床应用**

紫色姜提取物对革兰阳性菌和阴性菌，以及多种皮肤癣菌有较好的抑制作用。

附注：紫色姜具有独特的香气，其挥发油和作为调香原料，用于香水、香精的配制。亦可用于护肤品，有抗菌作用。紫色姜在热带地区作为林下种植，种植后一年半即可采收。

在西双版纳除了紫色姜外，同属植物珊瑚姜 *Zingiber corallinum* Hance 也作为傣药紫色姜代用品收购。相关研究发现，紫色姜和珊瑚姜在外观形态、性状、显微组织以及提取液的薄层色谱和甲醇提取液的紫外光谱方面极为相似，二者同等条件下的石油醚提取液的紫外光谱方面稍有差异，在傣医临床用药中无优劣差别之分。

姜 黄

jianghuang / CURCUMAE LONGAE RHIZOMA

· **别名**

黄姜、毛姜黄、永哇（藏语）、炯（墨脱门巴语）、嘎斯尔（蒙语）、元双（瑶语）、毫命（西双版纳傣语）、坎命（德宏傣语）。

姜黄原植物

姜黄药材

· **外文名**

Turmeric（英语）、Haridrā（梵语）、Nanwin（缅语）、khan-min（泰语）、Haldi（印地语）、Nghệ（越南语）、Zerdeçal（土耳其语）、Kunyit（马来语、印尼语）、Kunir（爪哇语）。

· **基原考证**

为姜科植物姜黄的根茎。

· **原植物**

姜科植物姜黄 *Curcuma longa* L.

印度药用植物文献中姜黄的学名为 *Curcuma domestica* Valeton，该名称为 *Curcuma*

longa L. 的异名。

多年生宿根草本,株高 1～1.5 m,根茎很发达,成丛,分枝很多,椭圆形或圆柱状,橙黄色,极香;根粗壮,末端膨大呈块根。叶每株 5～7 片,叶片长圆形或椭圆形,顶端短渐尖,基部渐狭,绿色,两面均无毛。花葶由叶鞘内抽出;穗状花序圆柱状;苞片卵形或长圆形,淡绿色,顶端钝,上部无花的较狭,顶端尖,开展,白色,边缘染淡红晕;花萼白色,具不等的钝 3 齿,被微柔毛;花冠淡黄色,花冠管上部膨大,裂片三角形,后方的 1 片稍较大,具细尖头;唇瓣倒卵形,淡黄色,中部深黄。花期 8 月。(《中国植物志》)

·分布与产地

姜黄为本土南药。我国台湾、福建、广东、广西、云南、西藏等地;栽培,喜生于向阳的地方。东亚及东南亚广泛栽培。

·传播路径与贸易状况

姜黄产热带亚洲,我国南方热带区域属于其分布区。姜黄是重要的国产大宗南药药材。我国华南、西南和藏东南地区广泛种植,且有野生种群分布。广西玉林和西藏墨脱产姜黄分别为南药"姜黄"和藏药"永哇"及门巴族药"炯"的道地药材,云南宣威产姜黄为地方名品。除了国产外,亦从印度、缅甸、泰国等地进口,据报道,我国每年从印度进口约 35 万吨。

·药用历史与文化记事

姜黄在我国最早可见《周礼》之"鬱金",意为"金色的香料","姜黄"之名出自《唐本草》。明代李时珍认为姜黄是种植多年的老姜。《本草纲目》记载:"姜黄真者是经种三年以上老姜。能生花,花在根际,一如蘘荷。根节坚硬,气味辛辣,种姜处有之,终是难得。西番亦有来者,与郁金、蒁药相似,如苏敬所附,即是蒁药而非姜黄,苏不能分别二物也。又蒁味苦温,主恶气疰忤心。"广西东南部为姜黄道地产地,自古盛产优质"鬱金",因而得名"鬱州"和"鬱林郡",后又讹称为"玉林"(20 世纪进行汉字简化工作时,曾将"鬱"简化为"郁")。直到现在,广西玉林仍然是道地南药的重要产地和集散地。

姜黄在印度有悠久的应用历史,其根茎具有明亮的黄色和芬芳的气味,是受人欢迎的调料,用于制作咖喱。在药用方面,姜黄被用于治疗黄疸和消化性疾病。用于治疗胃酸过多、胃溃疡,减轻恶心,也用于治疗关节炎等。

·古籍记载

《唐本草》:"姜黄,叶、根都似郁金,花春生于根,与苗并出,入夏花烂无子。根有黄、青、白三色,其作之方法与郁金同尔。西戎人谓之蒁药。其味辛少苦多,与郁金同,唯花生异耳。"

·功效主治

南药姜黄,破血行气,通经止痛。主血瘀气滞诸证,胞腹胁痛,妇女痛经,闭经,产后瘀滞腹痛,风湿痹痛,跌打损伤,痈肿。

藏药"永哇",治痈疮溃疡,中毒症。

门巴族药"炯",用于治疗蛇虫咬伤。

蒙药"嘎斯尔",味辛、微苦,性温。效稀、钝、糙。杀黏,防腐,解毒,愈伤,敛疮。主治白喉,炭疽,痈疽,尿黄,尿浊,膀胱热,梅毒,淋病,痔疮。

瑶药"元双",治胸腹胀痛,肩周炎,月经不调,闭经,产后腹痛,胃痛,胁痛,黄疸型肝炎,慢性肾炎,消化不良,风湿疼痛,跌打损伤。

傣药"毫命",味苦、微辣,气臭,性温。入风、土、水塔。主治"兵洞飞暖龙"(疗疮痈疖脓肿)、"缅白贺"(毒虫咬伤)、"阻伤"(跌打损伤)、"拢梅兰申"(风寒湿痹证,肢体关节酸痛,屈伸不利)、"短旧"(腹内痉挛剧痛)、"儿赶、拢接崩短赶"(心胸胀闷,胃脘胀痛)、"纳勒冒沙么"(月经失调,痛经,经闭)。

·化学成分

根茎含姜黄素(curcumin,$C_{21}H_{20}O_6$)约 0.3%,挥发油约 1%～5%,油中主要成分为姜黄酮(turmerone,$C_{15}H_{22}O$)及二氢姜黄酮(dihydroturmerone)50%,姜烯(zingiberene,$C_{15}H_{24}$)20%、d-$α$-水芹烯 1%、按油精 1 等。此外,尚含有淀粉 30%～40%,少量脂肪油。

· 药理和临床应用

降血脂作用，抗肿瘤作用，抗氧化作用，抗生育作用，抗血栓（抑制血小板凝集）作用。

山奈
shannai / KAEMPFERIAE RHIZOMA

山奈原植物

山奈的根

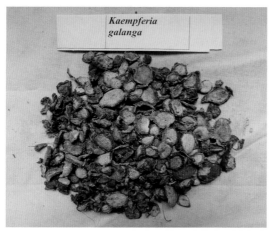

山奈药材

· 别名

沙姜、三奈子、三赖、三柰、山辣、三蒜、晚荒（西双版纳傣语）、曼噶（藏语）、查干-嘎（蒙语）。

· 外文名

Aromatic ginger（英语）、Kursa-gamon（缅语）、Prao-horm（泰语）、Prâh krâ-oup（高棉语）、Địa Liền（越南语）、Cekur（马来语）、Kencur（爪哇语）。

· 基原考证

为姜科植物山奈的根茎。

· 原植物

姜科植物山奈 *Kaempferia galanga* L. 。

根茎块状，单生或数枚连接，淡绿色或绿白色，芳香。叶通常2片贴近地面生长，近圆形，无毛或于叶背被稀疏的长柔毛，干时于叶面可见红色小点，几无柄。花4～12朵顶生，半藏于叶鞘中；苞片披针形；花白色，有香味，易凋谢；花萼约与苞片等长；唇瓣白色，基部具紫斑。果为蒴果。花期8～9月。（《中国植物志》）

· 分布与产地

山奈是本土南药，我国台湾、广东、广西、云南等地有栽培。南亚至东南亚地区亦有，常栽培供药用或调味用。

· 传播路径与贸易状况

山奈产我国华南、西南热带亚热带地区，是重要的土产香料和南药。在各种干货店、香料店和山货摊常见出售。

· 药用历史与文化记事

山奈是国产本土南药和香料。山奈出自《本草纲目》，李时珍认为唐代《酉阳杂俎》记载拂林国产的"柰"似乎就是"山奈"。山奈产亚洲自热带、亚热带地区，在印尼和泰国，山奈被用作烹调调料。马来西亚用山奈叶煮米饭。山奈在我国应用历史悠久，广泛见于各种复合香料用于烹饪。

山奈在西双版纳傣语中叫作"晚荒（Waan-horm）"，是重要的傣药，也是寓意吉祥的文化植物。在西双版纳傣族传统文化中,山柰是一种十分吉祥的植物。山柰的香气被认为是来自天界的香气,因此被用来供佛。山柰的叶子捣烂浸泡制成香水用来浴佛。妇女用山柰汁液涂抹眉毛和嘴唇,用山柰叶子做发饰,认为这样可以获得众生的喜爱。干热季节时候,山柰的根茎也被用来雕刻成神像的形象,用来做幸运符。在泰国,山柰根茎的干粉还被用来制作佛牌。

· 古籍记载

《本草纲目》:"山柰俗讹为三柰,又讹为三赖,皆土音也。或云本名三辣,南人舌音呼山为三,呼辣如赖,故致谬误,其说甚通。山柰生广中,人家栽之。根叶皆如生姜,作樟木香气。土人食其根,如食姜。切断暴干,则皮赤黄色,肉白色,古之所谓廉姜,恐其类也。"

· 功效主治

南药山柰,温中,消食,止痛。治心腹冷痛,停食不化,跌打损伤,牙痛,胸膈胀满,脘腹冷痛,饮食不消。

藏药"曼噶",提升胃温,化血。治培根和龙的合并症。

蒙药"查干-嘎",味辛、苦、涩,性热。效轻、锐、燥、糙。除巴达干赫依,温中,化瘀。主治消化不良,胃病,恶心,恶血瘀积血痞,月经不调。

傣药"晚荒",味苦,气香,性凉。入水、土塔。清热解毒,消肿止痛,通气血。主治"接崩短嘎,鲁短"(脘腹胀痛,腹泻),"说风令兰"(口舌生疮),"找沙龙接火"(咽喉肿痛),"拢沙龙接喉"(牙痛),"农暖农杆"(乳痈),"斤档斤匹"(食物中毒),"阻伤"(跌打损伤),"拢梅兰申"(风寒湿痹证,肢体关节酸痛,屈伸不利)。

· 化学成分

根茎含挥发油,其主要成分是对-甲氧基桂皮酸乙酯(ethyl-p-methoxycinnamate)、顺式及反式桂皮酸乙酯(ethyl cinnamate)、顺式及反式桂皮酸乙酯(ethyl cinnamate)、龙脑(borneol)、樟烯(camphene)、3-蒈烯(Δ3-carene)、对-甲氧基苏合香烯(p-methoxystyrene)、苯甲醛(benzaldehyde)、香桧烯(sabinene)、柠檬烯(limonene)、1,8-桉叶素(1,8-cineole)、4-松油醇(terpin-4-ol)、α-松油醇(α-terpineol)、优葛缕酮(eucarvone)、茴香醛(anisaldehyde)、乙酸龙脑酯(bornyl acetate)、百里香酚(thymol)、α-松油醇乙酸酯(α-terpinyl acetate)、β-榄香烯(β-elemene)、δ-芹子烯(δ-selinene)、十五烷(pentadecane)、γ-荜茄烯(γ-cadinene)、十六烷(hexadecane)、十七烷(heptadecane)等。又含黄酮类成分,山柰酚(kaempferol)、山柰素(kaempferide),还含芦丁。

· 药理和临床应用

(1)抗真菌作用:山柰煎剂在试管中对许兰毛癣菌及其蒙古变种、共心性毛癣菌及堇色毛癣菌等 10 种常见致病真菌有不同程度的抑制作用。

(2)抗肿瘤作用:对甲氧基栓皮酸乙酯具细胞毒活性,对人宫颈癌 Heta 细胞有明显抑制作用。

(3)抗血栓作用:山柰酚具有抗血栓活性。

附注:《中国药典》规定,本品含挥发油不得少于 4.5%(ml/g)。

云南产的山柰常混有其他近似物种的根茎,其中有一种苦山柰 *Kaempferia marginata* Carey,食用可导致中毒,为南药山柰的伪品,需要特别注意分辨。贵州产一种"山柰",实为菖蒲科植物石菖蒲 *Acorus calamus* var. *angustatus* Besser 的根茎,又名五香草、茴香菖蒲等,作为地方特色香料使用。

部分本草著作中记载山柰的加工方式为"硫黄熏制后晒干"。硫黄熏制不符合安全用药规范。《中国药典》规定为"切片干燥",加工方式应以药典规定为准。

益 智

yizhi / ALPINIAE OXYPHYLLAE FRUCTUS

益智原植物

益智药材

· 别名

邑克己（朝鲜语）、给泰（黎语）、宝日苏哥穆勒（蒙语）、胡林江欧如合（维语）、苏麦曼巴（藏语）。

· 外文名

Sharp-leaf galangal（英语）、Gale（缅语）。

· 基原考证

为姜科植物益智的干燥成熟果实。

维药"胡林江欧如合"意为"胡林江的果实"。维药"胡林江"为高良姜 *Alpinia officinarum* 的根茎，与益智为同属不同种植物。经作者实地考察，新疆和田地区所用的药材实物中，"胡林江欧如合"为益智，而"胡林江"为高良姜。

· 原植物

姜科植物益智 *Alpinia oxyphylla* Miq.

多年生宿根高大草本；茎丛生；根茎短。叶片披针形，顶端渐狭，具尾尖，基部近圆形，边缘具脱落性小刚毛；叶柄短；叶舌膜质，2 裂，被淡棕色疏柔毛。总状花序在花蕾时全部包藏于一帽状总苞片中，花时整个脱落，花序轴被极短的柔毛，花冠裂片长圆形，后方的 1 枚稍大，白色，外被疏柔毛；侧生退化雄蕊钻状；唇瓣倒卵形，粉白色而具红色脉纹，先端边缘皱波状。蒴果鲜时球形，干时纺锤形，果皮上有隆起的维管束线条，顶端有花萼管的残迹；种子不规则扁圆形，被淡黄色假种皮。花期 3～5 月，果期 4～9 月。

· 分布与产地

益智为本土南药，产于广东、海南、广西、云南、福建等地，生于林下荫湿处或栽培。分布于亚洲热带地区。

· 传播路径与贸易状况

益智仁是"四大南药"之一，在我国传统医学中应用历史悠久。益智也是药食两用植物，用于制作传统补益药膳。我国从越南等地大量进口益智。

· 药用历史与文化记事

南药益智为本土国产南药品种，产我国华南地区。益智入药历史悠久。晋代《南方草木状》就有记载："益智子，如笔毫，长七八分，二月花，色若莲，着实，五六月熟。味辛，杂五味中，芬芳。亦可盐曝。出交趾、合浦。建安八年，交州刺史张津，尝以益智子粽饷魏武帝。"有些研究《南方草木状》的著作中把益智和肉豆蔻混淆,笔者查证《南方草木状》原文并对照基原植物和药材实物与《中国植物志》描述,认为《南方草木状》记载的益智子就是姜科植物益智的果实而不是肉豆蔻(详见本书"肉豆蔻"条目)。

益智的民间传说:相传很久以前,有一个家财万贯的员外年过半百才得一子,自小体弱多病,记性特别差,名医请遍结果病情没有好转。有一天,一个老道云游到此,告诉员外说:"离此地八千里的地方有一种仙果,可以治好孩子的病。"孩子吃了员外摘回的仙果后,身体也一天比一天强壮,而且变得开朗活泼、聪颖可爱,在 18 岁那年他去参加科举考试,结果金榜题名高中状元。人们为了纪念改变他命运的仙果,便将仙果取名为"状元果",同时也由于它能益智、强智,使人聪明,所以又叫它益智仁。

· **古籍记载**

《证类本草》:"《广志》云,叶似荷,长丈余。其根上有小枝,高八图。《经》曰:益智子,生昆仑国,今岭南州郡往往有之。叶似荷,长丈余。其根旁生小枝,高作穗生其上,如枣许大。皮白、中仁黑,仁细者佳。含之摄涎唾。采无时。卢循为广州刺史,遗刘裕益智粽,裕答以续命汤,是此也。"

· **功效主治**

南药益智仁,温脾止泻,摄唾涎,暖肾,固精缩尿。用于脾寒泄泻,腹中冷痛,口多唾涎,肾虚遗尿,小便频数,遗精白浊。

藏药"苏麦曼巴",治疗寒性肾病和胃病,消化不良。

蒙药"宝日苏哥穆勒",治疗赫依病,消化不良,肾病,失眠等。

维药"胡林江欧如合",治疗寒性胃病,消化不良和心脏病。

· **化学成分**

含挥发油 1%～2%,油中含桉油精(55%)、姜烯(zingibene)、姜醇(zinginerol),并含丰富的 B 族维生素及维生素 C,以及微量元素锰、锌、钾、钠、钙、镁、磷、铁、铜等。

· **药理和临床应用**

益智果的甲醇提取物有增强豚鼠左心房收缩力的活性,益智果的水提取物和乙醇提取物对豚鼠因组胺和氯化钡引起的回肠收缩有抑制作用。水提取物在抑制肉瘤细胞增长方面有中等活性,且未见毒性。

附注:现代药理学研究发现益智提取物具有抗氧化和神经保护活性。

亚 呼 奴

yahunu / CISSAMPELOTIS HERBA

亚呼奴原植物

· **别名**

锡生藤、鼠耳藤、红荷叶藤、亚红龙(德宏傣语)。

· **外文名**

Velvet leaf(英语)、Patha(梵语)、Kywet-nabaung(缅语)、Tích Sinh Đằng(越南语)、Leghu patha(印地语)、Ponmusutai(泰米尔语)、Diya miththa（僧伽罗语）。

· **基原考证**

为防己科植物亚呼奴的藤茎。

· **原植物**

防己科植物锡生藤 *Cissampelos pareira* var. *hirsuta*（Buchanan-Hamilton ex Candolle）Forman

木质藤本；枝细瘦，有条纹，通常密被柔毛，很少近无毛。叶纸质，心状近圆形或近圆形，顶端常微缺，具凸尖，基部常心形，有时近截平，很少微圆，两面被毛，上面常稀疏，下面很密。雄花序为腋生、伞房状聚伞花序，单生或几个簇生；雌花序为狭长的聚伞圆锥花序。核果被柔毛，果核阔倒卵圆形，背肋两侧各有 2 行皮刺状小凸起，胎座迹为马蹄形边缘所环绕。（《中国植物志》）

· **分布与产地**

产于广西西北部、贵州西南部和云南南部。常生于林中、林缘。广布亚洲各热带地区和澳大利亚。

· **传播路径与贸易状况**

亚呼奴是传统傣药品种，在我国西双版纳、德宏等地区常用，通常随采随用鲜品，也有晒干备用。

· **药用历史与文化记事**

亚呼奴是重要的傣药。"亚呼奴"一名为傣语，意思是"老鼠耳朵"，因其叶片形似老鼠的耳朵而得名。西双版纳傣医用于止痛、止血、接骨疗伤。傣医认为，亚呼奴枝叶水煎服用，会使人昏睡不醒，有麻醉作用。德宏傣医用来治疗跌打损伤。植物化学和药理学发现亚呼奴有效成分锡生藤碱，可用作肌肉松弛剂、麻醉剂等。

· **功效主治**

傣药"亚呼奴"，味苦、微甜，气吞，性温。入风、水塔。消火解毒，敛疮排脓，消肿止痛。主治"兵洞飞暖龙"（疔疮痈疖脓肿），"洞比"（丹毒），"阻伤"（跌打损伤），"拢梅兰申"（风寒湿痹证，肢体关节酸痛，屈伸不利）。

· **化学成分**

全草含锡生藤碱。根含 D-槲皮醇、海牙亭碱、海牙亭宁碱、筒箭毒次碱、粒枝碱、海牙剔定碱、锡生藤醇灵、（＋＋）-4″-甲氧基筒箭毒次碱。根皮含筒箭毒次碱、海牙亭碱、海牙亭宁碱、粒枝碱、门尼斯明碱、锡生藤醇灵、软齿花根碱等。藤含海牙亭碱、筒箭毒次碱、粒枝碱、（＋＋）-4″-O-甲基筒箭毒次碱。

· **药理和临床应用**

生藤碱本身无麻醉作用，是在各种全身麻醉方法中，作为肌肉松弛剂使用，需配合麻醉药品使用才能达到麻醉效果。用锡生藤碱Ⅱ与乙醚麻醉剂、氟烷麻醉剂、静脉普鲁卡因复合麻醉剂、洋金花麻醉剂相配合应用。

附注：《中国药典》收录亚呼奴，用于外伤肿痛，创伤出血。

黑 种 草

heizhongcao / NIGELLAE SEMEN

黑种草原植物

黑种草药材

· **别名**

黑孜然、黑籽、枯茗、少尼子、斯惹纳保（藏语）、斯亚旦（维语）、哈日-赛拉（蒙语）、景郎（西双版纳傣语）、账蒙纳（德宏傣语）。

· **外文名**

Nigella（英语）、Upakapuncika（梵语）、Siyadan（波斯语）、Habbatul barakah/Shunizi（阿拉伯语）、Kalajira（印地语、乌尔都语）、Zi-yar（缅语）、Jintan hitam（印尼语）、Habbatus sauda（马来语）。

· **基原考证**

为毛茛科植物黑种草的种子。

印地语"Kalajira"、藏语"斯惹那保"、维语"斯亚旦"的意思均为"黑色的孜然"。

· **原植物**

毛茛科植物黑种草 Nigella sativa L.

一年生草本。叶为二回羽状复叶。茎中部叶有短柄；叶片卵形，长约 5 cm，宽约 3 cm，羽片约 4 对，近对生，末回裂片线形或线状披针形，宽 0.6～1 mm，表面无毛，背面疏被短腺毛。花直径约 2 cm；萼片白色或带蓝色，卵形，长约 1.2 cm，宽约 6 mm，基部有短爪，无毛；花瓣约 8，长约 5 mm，有短爪，上唇小，比下唇稍短，披针形，下唇

二裂超过中部，裂片宽菱形，顶端近球状变粗，基部有蜜槽，边缘有少数柔毛；雄蕊长约 8 mm，无毛，花药椭圆形，长约 1.6 mm；心皮 5，子房合生到花柱基部，散生圆形小鳞状突起，花柱与子房等长。蓇葖果长约 1 cm，有圆鳞状突起，宿存花柱与果实近等长；种子三棱形，长约 2.5 mm，有横皱。（《中国植物志》）

· **分布与产地**

黑种草为进口南药，原产于地中海地区，分布于中亚、印度中北部地区。我国新疆有引种供维药使用，西双版纳偶有种植。

· **传播路径与贸易状况**

黑种草通过丝绸之路和海上丝绸之路分别从新疆和华南沿海传入我国。

· **药用历史与文化记事**

黑种草在地中海地区的栽培历史有上千年，民间把黑种草子作为香料。古埃及墓葬中曾发现过黑种草种子。公元 1 世纪古希腊医师戴奥斯克瑞迪指出，黑种草子用于治疗头痛、鼻炎、牙痛、止泻等，大剂量用作利尿剂。

在伊斯兰医学中，黑种草籽被称为"黑孜然"，伊斯兰教圣训记载"黑孜然能够治疗各种疾病，除了死亡"。明代波斯医学经典《回回药方》记载黑籽药性中度干热，抑制腹胀，杀蠕虫，缓解麻风病。祛除热痰，排汗，排除肠道多余气体和水分。《回回药方》经考证是由元末明初定居中国的波斯医生用汉文写成，融合了阿拉伯及波斯医学理论和中医方剂术语。由此可见，《回回药方》是丝绸之路中外医学交流融合的成果。

我国新疆维吾尔族妇女以头发长而乌黑顺滑为美，维吾尔药中常用斯亚旦，即黑种草子油配制美发油用于养护头发。斯亚旦也用作香料用于新疆传统茶饮和面食。

· **古籍记载**

维吾尔医学经典《白色宫殿》："（斯亚旦）是一种草的种子，色黑，仁白；茎似小茴香茎，但比它稍长、稍细；花淡黄色或黄绿色；叶形似舌。种

子生在鞘中,粒大者为佳品。"

· **功效主治**

南药黑种草子,补肾健脑,通经,通乳,利尿。

藏药"斯惹那保",疏肝理气,消食祛湿。治疗肝炎,肝肿大,胃湿过盛。

维药"斯亚旦",生干生热,乌发生发,增强色素,强筋健肌,祛寒止痛,双补肠胃,散气通阻,利尿退肿,通经催乳,杀虫。主治湿寒性或黏液质性疾病,如毛发早白、白癜风、瘫痪筋弱、颤抖症、脑虚健忘、肠胃虚弱、腹痛腹胀、肠道梗阻、尿闭水肿、经闭乳少、肠虫等。

蒙药"哈日-赛拉",味甘、辛,性温。效轻、糙、燥。调理胃火,助消化,固齿。主治消化不良,肝区疼痛,肝功衰退。

傣药"景郎",味麻、微甜、苦,气香、微腥,性平。入风、水塔。镇静安神,解痉止痛,凉血止血,祛风除湿,调补水血。主治"拢贺冒贺办"(头昏目眩)、"兵比练"(中暑)、"接短"(腹痛)、"习哦勒"(便血)、"割鲁了多温多约"(产后体弱多病)。

· **化学成分**

黑种草子含黑种草碱(damascenine)、挥发油,油中主含百里香醌(thymoquinone)、黑种草酮(niqullon)、槲皮素(quercetin)、皂苷等。植物体含酮类,主要为山柰酚(kaempferol)、槲皮素(quercetin)、皂苷等;种子经预试验含有脂肪油、蛋白质。

· **药理和临床应用**

黑种草子的挥发油有防虫作用,能对抗组胺,防止豚鼠气管痉挛。种子榨油后之残渣的乙酸提取物的20%台氏溶液(Tyrode's solution)能降低犬血压、抑制兔肠收缩。乙醇提取生物碱和苷有降压作用。黑种草子的挥发油有抗革兰阳性和革兰阴性细菌的作用。黑种草子提取物可抑制小鼠皮肤乳头状癌和软组织瘤的发生。水提物可使大鼠血浆中谷草转氨酶和谷丙转氨酶增高。其提取物还可防止 cisplatin(顺铂)引起的小鼠血红蛋白水平下降和白细胞数减少。黑种

草子提取物局部给药,可延迟二甲基苯并蒽(DMBA)所致的小鼠皮肤乳头状癌的发生,并使肿瘤发生数减少。其水提物能抑制 20-甲基胆蒽(MCA)所致的小鼠软组织瘤的发生。皮下注射 MCA,2 d 后腹腔注射该药,给药组肿瘤的发生率仅为对照组的 33.3%。对肝酶浓度的影响,黑种草子水援物给雄性大鼠口服 14 d 可使血浆中谷丙转氨酶浓度增高。

附注:《中华本草·傣药卷》记载傣药景郎的基原植物为同属植物腺毛黑种草 *Nigella slandulifera* Freyn et Siut.

石莲子

shilianzi / NELUMBINIS SEMEN

石莲子原植物

石莲子药材

· 别名

铁莲子、藕实、水芝丹、莲实、泽芝、莲蓬子、莲肉、莲花、荷花、芙蕖、芙蓉、菡萏、波（西双版纳傣语）、莫（德宏傣语）、白玛（藏语）、巴达玛（蒙语）、尼鲁帕尔（维语）。

· 外文名

Sacred lotus（英语）、Padma（梵语）、Kamal（印地语）、Taamarai（泰米尔语）、Padon-ma-kya（缅语）、Kati sunnail（阿拉伯语）。

· 基原考证

为莲科植物莲的老熟干燥果实，又名铁莲子。

目前常见伪品为豆科植物南蛇簕 *Caesalpinia minax* 或薄叶云实 *C. coriaria* 的干燥果实，称苦石莲、番石莲。

· 原植物

莲科植物莲 *Nelumbo nucifera* Gaertn.

多年生水生草本；根状茎横生，肥厚，节间膨大，内有多数纵行通气孔道，节部缢缩，上生黑色鳞叶，下生须状不定根。叶圆形，盾状，全缘稍呈波状，上面光滑，具白粉，下面叶脉从中央射出，有1～2次叉状分枝。花直径10～20 cm，美丽，芳香；花瓣红色、粉红色或白色，矩圆状椭圆形至倒卵形，由外向内渐小，有时变成雄蕊，先端圆钝或微尖；花药条形，花丝细长，着生在花托之下；花柱极短，柱头顶生；花托（莲房）直径5～10 cm。坚果椭圆形或卵形，果皮革质，坚硬，熟时黑褐色；种子（莲子）卵形或椭圆形，种皮红色或白色。花期6～8月，果期8～10月。（《中国植物志》）

· 分布与产地

莲子为本土南药，产于我国南北各省。自生或栽培在池塘或水田内。俄罗斯、朝鲜、韩国、日本、印度、越南、亚洲南部和大洋洲均有分布。

· 传播路径与贸易状况

莲是中国本土植物。西汉之后，随着佛教传入，莲的文化内涵得到极大扩展。

· 药用历史与文化记事

莲是中国最古老的作物之一，河南仰韶遗址出土的古莲子说明中国人对莲的应用已经有超过3 000年的历史。莲花在中国文化中具有极高的地位，用来作为宗教和哲学象征的植物，曾代表过神圣、女性的美丽纯洁、复活、高雅和太阳。莲作为花中君子，在中国传统文化中，更用来象征一种理想人格："出淤泥而不染，濯清涟而不妖。"《本草纲目》云："夫莲生卑污，而洁白自若；南柔而实坚，居下而有节。孔窍玲珑，纱纶内隐，生于嫩弱，而发为茎叶花实；又复生芽，以续生生之脉。四时可食，令人心欢，可谓灵根矣！"莲花亦称为荷花，"荷"与"和"同音，在新时代又衍生出"和谐社会"之意。某种意义上说，赏荷也是对中华"和"文化的一种弘扬。荷花品种丰富多彩，是"荷（和）而不同"，但又共同组成了高洁的荷花世界，是"荷（和）为贵"。

· 古籍记载

《五杂俎》："今赵州宁晋具有石莲子，皆埋土中，不知年代。居民掘土，往往得之。有娄斛者，其状如铁石，而肉芳香不枯，投水中即生莲叶。食之令人轻身延年，已泻痢诸疾。今医家不察，乃以番莲子代之，苦涩腥气，嚼之令人呕逆，岂能补益乎？"

《本经逢原》："石莲子，本莲实老于莲房，堕入淤泥，经久坚黑如石，故以得名。"

· 功效主治

补脾止泻，益肾涩精，养心安神。用于脾虚久泻，遗精带下，心悸失眠。

· 化学成分

莲子含碳水化合物（62%）、蛋白质（6.6%）、脂肪（2.0%）、钙（0.089%）、磷（0.285%）、铁（0.006 4%）。脂肪中脂肪酸组成：肉豆蔻酸（myristic acid）0.04%、棕榈酸（palmitic acid）17.32%、油酸（oleic acid）21.91%、亚油酸（linoleic acid）54.17%、亚麻酸（linolenic acid）6.19%。果实含和乌胺（higenamine）。果皮含荷

叶碱(nuciferine)、原荷叶碱(nornciferine)、氧黄心树宁碱(oxoushinsunine)和 N－去甲亚美罂粟碱(N-norarmepavine)。

苏 合 香
suhexiang / LIQUIDAMBARIS RESINA

苏合香原植物

· **别名**

帝膏、土耳其枫香、东方枫香、米艾衣力蜜(维语)。

· **外文名**

Oriental Sweetgum（英语）、Orientalischer amberbaum(德语)、Eanbar sayil(波斯语)、Anadolu sığla ağacı(土耳其语)、Sâu Đông(越南语)。

· **基原考证**

为阿丁枫科植物苏合香的树脂。

· **原植物**

阿丁枫科植物苏合香 Liquidambar orientalis Mill.

乔木，高 10～15 m。叶互生；具长柄；托叶小，早落；叶片掌状 5 裂，偶为 3 或 7 裂，裂片卵形或长方卵形，先端急尖，基部心形，边缘有锯齿。花小、单性，雌雄同株，多数成圆头状花序，黄绿色。雄花的花序成总状排列；雄花无花被，仅有苞片；雄蕊多数，花药矩圆形，2 室纵裂，花丝短。雌花的花序单生；花柄下垂；花被细小；雄蕊退化；雌蕊多数，基部愈合，子房半下位，2 室，有胚珠数颗，花柱 2 枚，弯曲。果序圆球状，直径约 2.5 cm，聚生多数蒴果，有宿存刺状花柱，蒴果先端喙状，成熟时顶端开裂。种子 1 或 2 枚，狭长圆形，扁平，顶端有翅。(《中华本草》)

· **分布与产地**

苏合香为进口南药。原产于小亚细亚南部，如土耳其、叙利亚北部地区，现我国广西等南方地区有少量引种栽培。

· **传播路径与贸易状况**

《唐本草》载："苏合香，紫赤色，与紫真檀相似，坚实，极芬香，唯重如石，烧之灰白者好。"维医本草《药物之园》载："是一种树的胶质或乳汁，树与温桲树相似；本品有的从此树中自溢外出，色偏黄；有的将树皮割下，榨取而得，色偏红；有的对树皮采用煎煮法提取而得，色黑。"明确指出苏合香是出自西域的一种树脂。有人说苏合香是狮子屎，这是胡言乱语的说法，不足采信。陈藏器云："按师子屎(古代'狮子'写作'师子')，赤黑色，烧之去鬼气，服之破宿血，杀虫。苏合香，色黄白，二物相似而不同。人云：师子屎是西国草木皮汁所为，胡人将来，欲人贵之，饰其名尔。"又有说法，如《证类本草》载："中天竺国出苏合，苏合是诸香汁煎之，非自然一物也。又云大秦人采苏合，先煎其汁以为香膏，乃卖其滓与诸人。是以展转来达中国，不大香也。"

古今文献记载均表明，苏合香采自苏合香树分泌的树脂，采收加工方法尚缺乏第一手资料信息。

· **药用历史与文化记事**

《后汉书》卷 88 "西域传大秦国"（罗马帝国）条："合会诸香，煎其汁以为苏合。"《三国志》卷 30

"魏志"注引《魏略·西戎传》，称大秦有"一微木、二苏合、狄提、迷迷、兜纳、白附子、薰陆、郁金、芸胶、薰草木十二种香"。《宋书》卷69"范晔传"载晔撰《和香方》序云："麝本多忌，过分必害。沉实易和，盈斤无伤，零藿虚燥，詹唐黏湿。甘松、苏合、安息、郁金、奈多、和罗之属，并被珍于外国，无取于中土。又枣膏昏钝，甲煎浅俗，非唯无助于馨烈，乃当弥增于尤疾也。"《梁书》卷54"诸夷传"载扶南国于天监云，"十八年，复遣使送天竺旃檀瑞像、婆罗树叶，并献火齐珠、郁金、苏合等香"；又中天竺国条，"其西与大秦、安息交市海中，多大秦珍物，珊瑚、琥珀、金碧珠玑、琅玕、郁金、苏合。苏合是合诸香汁煎之，非自然一物也。又云大秦人采苏合，先笮其汁以为香膏，乃卖其滓与诸国贾人，是以展转来达中国，不大香也。郁金独出罽宾国，华色正黄而细，与芙蓉华里被莲者相似。国人先取以上佛寺，积日香槁，乃粪去之。贾人从寺中征雇，以转卖与佗国也"。《魏书》卷83"西域传"载波斯国出"熏陆、郁金、苏合、青木等香"。

苏合香有固体之丸状，有液体之油露。丸状者，或系煮煎香料之后所余渣滓之团结物，即一香丸也。《旧五代史》卷58"崔协传"载任圜之言，以为朝廷不相李琪而用崔协，"舍琪而相协，如弃苏合之丸，取蛣蜣之转也"。液体之苏合香，又称苏合油，接近今之香水。《元史》卷209"安南传"载世祖中统三年诏，要求安南国自次年始，"每三年一贡，可选儒士、医人及通阴阳卜筮、诸色人匠，各三人，及苏合油、光香、金、银、朱砂、沉香、檀香、犀角、玳瑁、珍珠、象牙、绵、白磁盏等物同至"。苏合油，明代又称苏合香油。《明史》卷320"外国一朝鲜传"载永乐元年四月，"复遣陪臣李贵龄入贡，奏芳远父有疾，需龙脑、沉香、苏合香油诸物，赍布求市。帝命太医院赐之，还其布"。

古籍记载

《唐本草》："苏合香，紫赤色，与紫真檀相似，坚实，极芬香，唯重如石，烧之灰白者好。"

功效主治

通窍辟秽，开郁豁痰，行气止痛。主治中风，痰厥，气厥之寒闭症，温疟，惊痫，湿浊吐利，心腹卒痛以及冻疮、疥癣。

维药"米艾衣力蜜"，生干生热，化痰止咳，止泻，解毒，除疲，利尿，通经，止痛，温筋。主治湿寒性疾病或黏液质疾病，如寒性久咳、慢性肺结核、感冒、腹泻、湿寒性麻风、癣症、肾病、腰痛、闭尿、闭经、肢体颤抖、麻木、僵直。

化学成分

苏合香树脂含挥发油，内有 α - 及 β - 蒎烯（pinene）、月桂烯（myrcene）、樟烯（camphene）、柠檬烯（limonene）、1,8 -桉叶素（1,8-cineole）、对聚伞花素（p-cymene）、异松油烯（terpinolene）、芳樟醇（linalool）、松油 - 4 -醇（4-terpineol）、α -松油醇（α-terpineol）、桂皮醛（cinnamicaldehyde）、反式桂皮酸甲酯（trans-methyl cinnamate）、乙基苯酚（ethyphenol）、烯丙基苯酚（allylphenol）、桂皮酸正丙酯（n-propyl cinnamate）、β - 苯丙酸（β-phenylpropionic acid）、1 -苯甲酰基- 3 -苯基丙炔（1-benzoyl-3-phenylpropyne）、苯甲酸（benzoic acid）、棕榈酸（palmitic acid）、亚油酸（linoleic acid）、二氯香豆酮（dihydrocoumarone）、桂皮酸环氧桂皮醇酯（epoxycinnamylcinnamate）、顺式桂皮酸（cis-cinnamic acid）、顺式桂皮酸桂皮醇酯（cis-cinnamyl cinnamate）等。又含齐墩果酮酸（oleanonic acid）、3 -表齐墩果酸（3-epioleanolic acid）。

药理和临床应用

苏合香具有抗凝血、抑制血栓形成的作用。苏合香脂有明显抗血小板聚集作用，桂皮酸是其有效成分。体内外实验表明苏合香能明显延长血浆复钙时间等指标，促进纤溶酶活性。苏合香可使兔血栓形成长度缩短、重量减轻。

附注：据记载，苏合香可与北美金缕梅树脂和玫瑰水调制成复方制剂，用作收敛剂。《中国药典》规定，本品含总香脂酸以桂皮酸（$C_9H_8O_2$）计，不得少于 28.5%。

儿 茶
ercha / CATECHU

儿茶原植物

儿茶药材

·别名

孩儿茶、郭西泻（西双版纳傣语）、卡提印地（维语）、桑当噶布（藏语）。

·外文名

Khair Gum（英语）、Khadirah（梵语）、Khair（印地语）、Kuth（孟加拉语）、Vodalay（泰米尔语）、Sha（缅语）、Keo Cao（越南语）、Gerber-akazie（德语）。

·基原考证

儿茶，原名"孩儿茶"，其名称由"孩儿"和"茶"构成，孩儿茶最早由印度传入，可能是随着佛教的传播而传入中国。"孩儿"一词音译自梵语"Khadirah"，其色深绿如茶膏，故名"茶"。"乌爹泥"一词音译自泰米尔语"Vodalay"。

儿茶为豆科植物儿茶树 Acacia catechu 心材的干燥煎膏，砍伐成年儿茶树，去除树皮和白色边材，将心材粉碎，煎煮的浸膏，即为儿茶。

傣药"郭西泻"为儿茶枝叶煎煮制得的浸膏。

钩藤属植物有儿茶钩藤 Uncaria gambir，为"黑儿茶"的来源植物，含有儿茶素，为儿茶代用品，也含有降压成分。维药"卡提印地"，即儿茶膏，有一部分来源就是黑儿茶，为巴基斯坦进口药材。

藏药"桑当"为植物枝叶熬成的膏，分为"桑当噶布""桑当玛布"和"桑当塞布"，即白桑当、红桑当和黄桑当。其中桑当噶布为儿茶膏，桑当玛布为苏木膏，桑当塞布为鼠李膏。

·原植物

豆科植物儿茶 Acacia catechu（L. f.）Willd.

落叶小乔木，高 6～10 m；树皮棕色，常呈条状薄片开裂，但不脱落；小枝被短柔毛。托叶下面常有一对扁平、棕色的钩状刺或无。二回羽状复叶，总叶柄近基部及叶轴顶部数对羽片间有腺体；叶轴被长柔毛；羽片 10～30 对；小叶 20～50 对，线形，长 2～6 mm，宽 1～1.5 mm，被缘毛。穗状花序长 2.5～10 cm，1～4 个生于叶腋；花淡黄或白色；花萼长 1.2～1.5 cm，钟状，齿三角形，被毛；花瓣披针形或倒披针形，长 2.5 cm，被疏柔毛。荚果带状，长 5～12 cm，宽 1～1.8 cm，棕色，有光泽，开裂，柄长 3～7 mm，顶端有喙尖，有 3～10 颗种子。花期 4～8 月；果期 9 月至翌年 1 月。（《中国植物志》）

·分布与产地

儿茶为国产南药。自然分布于我国西藏墨脱县雅鲁藏布江大峡谷沟谷雨林。产于东南亚、南亚；广布于印度、缅甸、泰国、柬埔寨等地干性季雨林中,海拔 400～1 200 m 地带。我国两广和云南等地热带区域有栽培。

·传播路径与贸易状况

药材儿茶分为国产儿茶和进口儿茶,国产儿茶主要产自华南、西南热带地区,进口儿茶分为两种,一种是儿茶,主产印度,由海上贸易进入中国。另一种为茜草科钩藤属植物儿茶钩藤 *Uncaria gambier* Roxb. 的带叶小枝,经水煮的浸出液浓缩而成,产于菲律宾等东南亚岛国。

·药用历史与文化记事

孩儿茶的功效之一就是用来醒酒,因而受到文人墨客的欢迎。元代诗人宋褧就有诗云:"常日相陪散马蹄,官曹同事凤城西。别来应忆太禧白,醉后仍须乌迭泥。"

Parrotta J A. 在 *Healing plants of peninsular India* 一书中记载:儿茶分两种,一种是白儿茶(pale catechu),一种是黑儿茶(dark catechu),用于印刷和染料。树皮用于治腹泻,或者混合在肉桂或鸦片之中。

·古籍记载

《饮膳正要》:"儿茶,出广南,味甘、苦,微寒,无毒。去痰热,止渴,利小便,消食下气,清神少睡。"

《本草纲目》:"时珍曰,乌爹泥,出南番爪哇、暹罗、寮国诸国,今云南等地造之。云是细茶末入竹筒中,坚塞两头,埋污泥沟中,日久取出,捣汁熬制而成。其块小而润泽者,为上;块大而焦枯者,次之。"

·功效主治

南药儿茶,活血止痛,止血生肌,收湿敛疮,清肺化痰。用于治疗鼻渊、口疮、下疳、外伤感染等。

维药"卡提印地",二级干寒,味苦、涩。主治湿热性或血液质性疾病,肠道生虫,湿性腹泻,热性牙周炎,牙龈出血,口腔疼痛,麻风,黄疸,滑精,遗精,小便赤烧。

藏药"桑当噶布",燥血,干黄水。治骨节病,麻风病。

·化学成分

含儿茶鞣酸 20％～50％,儿茶精(dcatechin,$C_{15}H_{14}O_6$)2％～20％ 及表儿茶酚(epicatechol)、黏液质、脂肪油、树胶及蜡等。

·药理和临床应用

儿茶水溶液能抑制家兔十二指肠及小肠的蠕动,且能促进盲肠的逆蠕动,儿茶煎剂对多种致病菌均有抑制作用。儿茶在体外有较强的腹水癌细胞杀灭作用。对于常见致病性皮肤真菌亦有抑制作用。其叶的提取物对金黄色葡萄球菌、大肠埃希菌均有抑制作用。

缅 茄

mianqie / AFZELIAE SEMEN

缅茄原植物

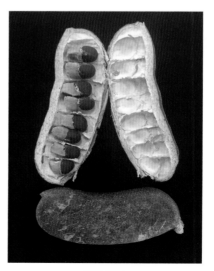

缅茄药材

· **别名**

木茄、麻噶贺罕（西双版纳傣语）。

· **外文名**

Makha tree、Cambodia beng tree（英语），Saga-lun（缅语），Gõ Đỏ（越南语）。

· **基原考证**

南药缅茄和傣药"麻噶贺罕"为豆科植物缅茄的干燥种子。傣语"麻噶贺罕"意为"黑色的乌鸦"，缅茄色黑，种阜金黄色，形似乌鸦而得名。

缅茄为南亚和东南亚重要的材用和药用植物，以成熟种子入药。由于种子质地坚硬，分黑黄两段，色泽古朴，形态雅致，又被称为"植物象牙"，用于雕刻和饰品制作。

· **原植物**

豆科植物缅茄 *Afzelia xylocarpa*（Kurz）Craib（＝*Pahudia xylocarpa* Kurz）

大乔木，树皮褐色。小叶 3～5 对，对生，卵形、阔椭圆形至近圆形，长 4～40 cm，宽 3.5～6 cm，纸质，先端圆钝或微凹，基部圆而略偏斜。花序各部密被灰黄绿色或灰白色短柔毛，花瓣淡紫色，倒卵形至近圆形，其柄被白色细长柔毛；能育雄蕊 7 枚，基部稍合生，花丝长 3～3.5 cm，突出，下部被柔毛；子房狭长形，被毛，花柱长而突出。荚果扁长圆形，长 11～17 cm，宽 7～8.5 cm，黑褐色，木质，坚硬；种子 2～5 颗，卵形或近圆形，略扁，长约 2 cm，种子分两部分，其中种子部分暗褐红色，有光泽，基部有一角质、坚硬的种阜，为黄白色，其长略等于种子。花期 4～5 月，果期 11～12 月。（《中国植物志》）

· **分布与产地**

缅茄为进口南药，产缅甸、越南、老挝、泰国、柬埔寨等国。我国南方热带区域引种栽培，广东（茂名、高州、徐闻）、海南、广西合浦、南宁、云南南部石屏和西双版纳等地均有种植。

· **传播路径与贸易状况**

缅茄目前主要还是来自缅甸、泰国等东南亚国家。

· **药用历史与文化记事**

广东高州产缅茄，有明代古树。据说明代万历年间，缅甸进贡缅茄子。万历皇帝赐给当时的太仆子卿李邦直两枚，后由李邦直带回家乡高州。试种一枚未成功，另一枚用金丝串绕后给其子做传家宝，幼子顽皮不慎丢失。李邦直迁怒婢女以至于将婢女打死。3 年后，其子床下突生一株幼树，经观察为缅茄所萌发。李邦直命人拆掉房屋小心养护，最后长成大树。

缅茄用来制作佛珠，称为"缅茄菩提"。在云南，缅茄随着佛教自缅甸传入，种子形状略似茄子，故名"缅茄"。西双版纳有种植，主要种植于佛寺周围，近年来随着"缅茄菩提"等文化工艺品需求增长，种植规模逐步扩大。传统缅茄种子雕刻和缅茄种子印章技术是广东高州的非物质文化遗产。

西双版纳傣族传统文化中，把缅茄作为吉祥物，随身携带一枚缅茄种子可以"僻邪祛灾，保佑平安"。

· **古籍记载**

《滇略》："缅茄，枝叶皆类家茄，结实如荔枝核而有蒂。"

《粤志》："广东高州府出木茄，上有方蒂，拭眼去昏障，即缅茄也。"

· **功效主治**

南药缅茄，去火解毒，消肿止痛，用于牙痛，眼疾。

傣药"麻噶贺罕"，以种子、果荚和树皮入药，治疗乳腺炎，乳房肿痛，咽喉肿痛，食物中毒等。

附注：在云南西南部，茄科植物树番茄 *Solanum betaceum* Cav. 也被称为"缅茄"。树番茄是云南热带亚热带地区广泛种植的特色多年生木本蔬菜，果实味酸，用作酸味调料。树番茄与豆科的缅茄 *Afzelia xylocarpa*（Kurz）Craib 是不同的植物。

紫铆
zimao / BUTEA

紫铆原植物

紫矿的花

· 别名

紫草茸、紫胶树、紫矿、赤胶、麒麟竭、紫梗、紫树、锅埋康(西双版纳傣语)、高埋(德宏傣语)、沙干羌干(景颇语)。

· 外文名

Bastard teak(英语)、Palasah(梵语)、Dhak（印地语)、Palas(孟加拉语)、Pauk(缅语)、Parasa(泰米尔语)、Palasa(印尼语)、Malabar-lackbaum(德语)、Gièng Gièng(越南语)、Thong-khwau(泰语)。

· 基原考证

为豆科植物紫矿枝干寄生的紫胶虫分泌的虫蜡，统称为"紫胶"，或"虫胶"(Shell Lac)，亦称为"紫草茸"。目前多为人工放养紫胶虫生产。紫胶虫寄主树有多种，紫矿为其中优良树种。

傣药"锅埋康"以紫矿树的虫蜡、树皮、花、叶、树脂和种子入药。

进口阿育吠陀药 Dhak gum/Palas gum 为印度产紫矿树的虫蜡，其中 Dhak 和 Palas 分别为"紫胶树"的印地语和孟加拉语名称，通用商品名(英语)为 Butea gum。

· 原植物

豆科植物紫矿 *Butea monosperma*（Lam.）Taub.

落叶乔木，高 10～20 m，胸径达 30 cm，树皮灰黑色。先花后叶，叶具长约 10 cm 的粗柄；小叶柄粗壮，小叶厚革质，不同形，顶生的宽倒卵形或近圆形，先端圆，基部阔楔形，侧生的长卵形或长圆形，两侧不对称，先端钝，基部圆形，两面粗糙，上面无毛，下面沿脉上被短柔毛。总状或圆锥花序腋生或生于无叶枝的节上，花序轴和花梗密被褐色或黑褐色绒毛，花萼外面密被紧贴的褐色或黑褐色绒毛，里面密被银灰色或淡棕色柔毛；花冠橘红色，后渐变黄色，比花萼约长 3 倍，旗瓣长卵形，外弯；翼瓣狭镰形，基部具圆耳；龙骨瓣宽镰形，背部弯拱并合成一脊，基部具圆耳，各部密被银灰色绒毛。未熟荚果扁长圆形，被紧贴的银灰色短柔毛，先端钝圆；种子宽肾形或肾状圆形，极压扁，褐红色。花期 3～4 月。(《中国植物志》)

· 分布与产地

古代紫铆为进口南药，产喜马拉雅热带至南

亚次大陆（印度、尼泊尔、斯里兰卡、孟加拉国等地），生于林中、路旁潮湿处。近现代植物学考察发现在东南亚也有分布。采集记录地点涵盖越南、泰国、柬埔寨、缅甸等国，南至爪哇岛、巴厘岛及澳大利亚昆士兰州北部也有采集记录。现代紫铆多为本土南药，产于云南南部的西双版纳、西南部的临沧、德宏，广西西南部的崇左。

· **传播路径与贸易状况**

紫铆为国产本土南药。但我国古代所用紫铆，可能多从国外进口，如《吴录》所载，紫铆的产地是九真国，即今越南中部的清化省。《酉阳杂俎》所载产地为真腊、波斯、昆仑三国。唐代末年李珣著《海药本草》中引裴渊《广州志》指出产海南；宋代苏颂根据《交州地志》说交州亦为产地之一；明代李时珍说产南番。虽然都提到了我国也出产紫铆，但可能由于陆上交通不便，不如海路来得方便而从国外进口。《徐霞客游记》（徐宏祖，1650）第一次明确云南是我国紫铆的产地。云南是我国紫铆的主要产区，云南所产的紫铆都以低价作为原料输出国外，在国际市场上占相当数量。目前大部分云南出产的紫铆并不是紫矿树上结的紫胶，而是来自人工在寄生树上放养紫胶虫而来的，这些寄生树有木豆 *Cajanus cajan*、大叶千斤拔 *Flemingia macrophylla*、钝叶黄檀 *Dalbergia obtusifolia* 等。这些树出产的紫胶品质略低于紫矿树出产的紫胶。

· **药用历史与文化记事**

《酉阳杂俎》载："紫矿树，出真蜡国，彼人呼为渴禀，又名勒。亦生波斯国，树高盈丈。枝叶郁茂，宛如橘柚，木液都赤。经冬不凋，三四月开花白色，不结实。"古人认为紫胶为紫矿树受到天气影响而分泌出的矿物，"天有雾露，及雨沾濡，则枝条出矿，状如糖霜，累累紫赤，破则鲜红"，可以用来"作妇女面饰"。周达观《真腊风土记》记载："紫梗生于一等树枝间，正如桑寄生之状，亦颇难得。"真腊国（今柬埔寨）出产的紫梗是当时重要的贸易商品。

紫矿花红色，可以用来治疗心脏病，树脂用作收敛。傣药"锅埋康"是紫胶，用来粘贴乐器、刀具等，种子入药。"锅埋康"也是上座部佛教文化植物，常种植于寺院内。紫胶是放养在紫矿树上的紫胶虫产生的胶体，紫红色、质地坚硬，故称为紫胶。

· **古籍记载**

《海药本草》："紫铆，生南海山谷，其树紫赤色，是木中津液成也。治湿痒疮疥，宜入膏用。又可造胡燕脂，余泽则玉作家使也。"

· **功效主治**

消毒，止血，活血化瘀，破积血，生肌，止痛，出痘毒。主治五脏邪气，金疮，带下，血痨热，肿毒恶疮，瘀血不化。

· **化学成分**

紫胶主要由硬树脂、软树脂和植物蜡组成，不同产地组分比例差异很大。紫胶原胶含树脂70%～80%，蜡质5%～6%，色素1%～3%，水分1%～3%，其余为虫尸、木屑、泥沙等杂质。紫铆树脂的化学组成十分复杂，其基本组成是糊粉酸、三环萜烯酸（壳脑酸和壳脑醛酸）等几种不同的羟基羧基酸。

苏 木
sumu / SAPPAN LIGNUM

苏木原植物

苏木心材

- **别名**

苏方木、苏枋、郭方（西双版纳傣语）、桑当玛布（藏语）。

- **外文名**

Sappan wood（英语）、Patrangah（梵语）、Bakam（印地语、孟加拉语）、Patungam（泰米尔语）、Pattangi（僧伽罗语）、Tô Mộc（越南语）。

- **基原考证**

南药苏木和傣药"郭方"为豆科植物苏木的干燥心材。

藏药"桑当玛布"为苏木枝干煎煮获得的浸膏。

- **原植物**

豆科植物苏木 *Caesalpinia sappan* L.

小乔木，高达 6 m，具疏刺，除老枝、叶下面和荚果外，多少被细柔毛；枝上的皮孔密而显著。二回羽状复叶对生，长 8～12 cm，小叶 10～17 对，紧靠，无柄，小叶片纸质，长圆形至长圆状菱形，先端微缺，基部歪斜，以斜角着生于羽轴上。圆锥花序顶生或腋生，长约与叶相等；花瓣黄色，阔倒卵形，最上面一片基部带粉红色，具柄。荚果木质，稍压扁，近长圆形至长圆状倒卵形，基部稍狭，先端斜向截平，上角有外弯或上翘的硬喙，不开裂，红棕色，有光泽；种子 3～4 颗，长圆形，稍扁，浅褐色。花期 5～10 月，果期 7 月至翌年 3 月。（《中国植物志》）

- **分布与产地**

苏木原产于亚洲热带，印度、缅甸、越南、马来半岛及斯里兰卡，我国云南干热河地带，如谷金沙江河谷（元谋、巧家）和元江河谷有野生分布。我国云南、贵州、四川、广西、广东、福建和台湾有栽培。

- **传播路径与贸易状况**

苏木少有国际贸易，各产地自产自用，干燥心材片成薄片状或小块于农贸市场出售。也有药商大量收购后于各大药材市场经销。

- **药用历史与文化记事**

苏木可用于染色，《南方草木状》云："苏枋，树类槐花，黑子。出九真。南人以染绛，渍以大庾之水，则色愈深。"《本草纲目》记载："海岛有苏方国，其地产此木，故名，今人省呼为苏木耳。"

傣药郭方为苏木，水煎代茶饮有特殊保健功效。傣族民间也用苏木作为红色染料。

从苏木的心材中提取的苏木素，可用于生物制片的染色，效果不亚于进口的巴西苏木素。本种边材黄色微红，心材赭褐色，纹理斜，结构细，材质坚重，有光泽，干燥后少开裂，为细木工用材。

- **古籍记载**

《本草求真》："苏木，功用有类红花，少用则能和血，多用则能破血。但红花性微温和，此则性微寒凉也。故凡病因表里风起，而致血滞不行，暨产后血晕胀满以（欲）死，及血痛血瘕、经闭气壅、痈肿、跌扑损伤等症，皆宜相症合以他药调治。"

- **功效主治**

活血祛瘀，消肿定痛。主妇人血滞经闭，痛经，产后瘀阻心腹痛，产后血晕，痈肿，跌打损伤，破伤风。

- **化学成分**

心材含色原烷类化合物，如 3-脱氧苏木酮 B（3-deoxysappane B）、苏木酮 B（sappanone B）、3'-去氧苏木酮 B（3'-deoxysappanone B）、苏木酚（sappanol）、表苏木酚（episappanol）等。又含商陆黄

素(ombuin)、鼠李素(rhamnetin)、槲皮素(quercetin)等黄酮类和苏木查耳酮(sappanchalcone)等。又含二苯并环氧庚烷类化合物：原苏木素(protosappanin) A、B、C、E-1、E-2 及 10-O-甲基原苏木素 B(10-O-methylprotosappanin B)。还含苏木苦素(calsalpin) J、P、二十八醇(octacosanol)、β-谷甾醇(β-sitosterol)及蒲公英赛醇(taraxerol)等。

· 药理和临床应用

（1）对心血管的作用：苏木水能使血管轻度收缩，并可使由枳壳煎剂减弱的心收缩力有所恢复。还能解除水合氯醛、奎宁、毛果芸香碱、毒扁豆碱、尼可丁等对离体蛙心的毒性。

（2）中枢抑制作用：适量苏木水，用不同给药方法，对小鼠、兔、豚鼠均有催眠作用，大量尚有麻醉作用，甚至死亡。能对抗土的宁与可卡因的中枢兴奋作用，但不能对抗吗啡的兴奋性。

（3）抗菌作用：苏木煎液（10%）对金黄色葡萄球菌和伤寒沙门菌作用较强，浸、煎剂对白喉棒状杆菌、流感杆菌、丙型副伤寒沙门菌、痢疾志贺菌、金黄色葡萄球菌、溶血性链球菌、肺炎球菌等作用显著，对百日咳杆菌、甲型和乙型副伤寒沙门菌及肺炎杆菌等亦有作用。

番泻叶

fanxieye / SENNAE FOLIUM

番泻叶药材

· 别名

旃那、撒那（维语）。

· 外文名

Alexandrian senna（英语）、Senna（梵语）、Sanay（印地语）、Sonamukhi（孟加拉语）、Nilavirai（泰米尔语）、Jati cina（印尼语）、Sene（葡萄牙语）。

· 基原考证

为豆科植物番泻的干燥叶。

《中国药典》记载番泻叶来自豆科植物狭叶番泻 Cassia angustifolia Vahl 或尖叶番泻 Cassia acutifolia Delile 的干燥小叶，西方草药文献中番泻叶学名记为 Cassia senna L.。根据世界植物名录数据库中最新的豆科分类系统，上述三个名字均作为异名归入 Senna alexandrina Mill.。

· 原植物

豆科植物番泻 Senna alexandrina Mill.

异名：Cassia acutifolia Delile、Cassia angustifolia M. Vahl、Cassia senna L.

草本状小灌木，高约 1 m。偶数羽状复叶互生；小叶 5～8 对，叶片卵状披针形至线状披针形，先端急尖，基部稍不对称，无毛或几无毛。总状花序腋生或顶生；花 6～14 朵；花瓣 5，黄色，倒卵形，下面两瓣较大。荚果长方形，扁平，先端尖突微小，不显著，幼时有毛；种子 4～7 颗，种皮棕绿色，有细线状种柄，具疣状皱纹。花期 9～12 月，果期翌年 3 月。（《中华本草》）

· 分布与产地

番泻叶为进口南药。产于热带非洲东部的近海及岛屿上，阿拉伯半岛南部及印度次大陆西北部、南部均有。分布于埃及、阿拉伯各国、印度、巴基斯坦等国。

· 传播路径与贸易状况

番泻叶最早随佛教从印度传入中国，名"旃那"，即梵语 Senna 的音译。因产自外国而具有泻下作用，故名"番泻叶"。番泻叶主产北非和西南亚。

· 药用历史与文化记事

古代阿拉伯帝国的医生与药物学家将樟脑、

硇砂与番泻叶等作为药物加以使用。阿拉伯医药为世界新开发了 2 000 多种新药用植物，包括茴香、丁香、番泻叶、樟脑、檀香、麝香、没药、肉桂、肉豆蔻、香附子、龙涎香等，为人类医药文明做出了重要贡献。

番泻叶我国传统维吾尔医的常用药物。维药"通滞苏润江"由番泻叶、秋水仙、诃子肉、盒果藤、巴旦仁、西红花、司卡摩尼亚脂等组方，具有开通阻滞、消肿止痛的功效。用于关节骨痛、风湿病、类风湿关节炎、坐骨神经痛等疾病的治疗。

· **古籍记载**

《饮片新参》："番泻叶泄热，利肠府，通大便。"

维药经典《药物之园》："番泻叶，是一种植物的叶。多产于阿拉伯半岛麦加、麦地那、塔依夫和非洲埃及等地；茎直立，稍软；叶细，与指甲花叶相似，色偏蓝，也有黄色者；荚果扁平、弯曲肾形；药用树叶，绿者为上品，变黑或变黄者为次品。"

· **功效主治**

南药番泻叶，泻热通便，消积导滞，止血。主热结便秘，习惯性便秘，积滞腹胀，水肿臌胀，胃、十二指肠溃疡出血。

维药"撒那"，生干生热，清除异常黏液质，通利大便，爽心悦志，开通阻塞，散气止痛，祛风止痒。

· **化学成分**

番泻苷（sennoside）A、B、C、D，大黄酚（crysophanol），大黄素（emodin），大黄素甲醚（physcion），3-甲基-8-申氧基-2-乙酰基-1，6-萘二酚-6-O-β-D-葡萄糖苷（tinnevellin glucoside），小叶中含山柰酚（kaempferol）。

· **药理和临床应用**

番泻叶中含蒽醌衍化物，其泻下作用及刺激性较含蒽醌类的其他泻药更强，因而泻下时可伴有腹痛。其有效成分主要为番泻苷 A、B，经胃、小肠吸收后，在肝中分解，分解产物经血行而兴奋骨盘神经节以收缩大肠，引起腹泻。番泻叶作用较广泛而强烈，并认为用于急性便秘比慢性者更适合。

附注：番泻叶为强力泻下药，大剂量长期服用易产生不良反应。我国于 20 世纪 80 年代引入，在云南等地种植，长势良好。

腊 肠 树
lachangshu / CASSIAE FRUCTUS

腊肠树的叶

腊肠树的花

腊肠树的果实

· 别名
阿勃勒、婆罗门皂荚、神黄豆、金链花、黄金雨树、黑亚尔先拜尔（维语）、拢良（西双版纳傣语）、拥勒（德宏傣语）、东卡（藏语）、乌日图-东嘎（蒙语）。

· 外文名
Golden shower tree（英语）、Kitamalah（梵语）、Amaltas（印地语、乌尔都语）、Sonali（孟加拉语）、Konnai（泰米尔语）、南蛮皂荚（日语）、Muồng Hoàng Yến（越南语）、Racha phrik（泰语）、Kayu raja（马来语）、Tengguli（印尼语）。

· 基原考证
为豆科植物腊肠树的果实。

· 原植物
豆科植物腊肠树 *Cassia fistula* L.

落叶乔木，高 10～15 m；分枝无毛，树皮暗褐色。叶长 30～40 cm，小叶 3～4 对，薄革质，阔卵形、卵状长圆形或椭圆形，先端锐尖或短渐尖，稀钝，基部宽楔形，全缘。总状花序腋生，花疏散，下垂。花瓣黄色，倒卵形，近等长，近锐尖，有短的瓣柄，具明显的脉。荚果圆柱形，长 30～60 cm，或长达 1 m，直径 2～2.5 cm，无毛，黑褐色，不开裂，常于冬季仍悬挂于裸枝上。种子多粒（40～100），扁椭圆形，棕色光亮，有深色海绵质的横膈膜分隔开。花期 6～8 月，果期 10～12 月。

· 分布与产地
腊肠树为本土南药，原产热带亚洲，我国云南南部和西南部的普洱、西双版纳、耿马、双江、德宏等地有分布，生于海拔 480～1 600 m 路旁及疏林中。我国华南的广东、海南、台湾有栽培。国外分布于越南、老挝、柬埔寨、泰国、缅甸、印度、斯里兰卡、尼泊尔、不丹等国。东南亚苏拉威西、爪哇也见栽培。

· 传播路径与贸易状况
腊肠果有悠久的药用历史。一般认为进口腊肠果分三路传入中国：一路是从印度经缅甸传入云南，一路从印度、尼泊尔传入藏区，再传入内蒙古，一路由波斯商人自西域传入新疆。因此，腊肠果在各地民族民间医药中都有利用。目前云南药材市场的主流货源以缅甸为主，冠以商品名"缅甸神奇果"，用于治疗便秘。事实上，腊肠树在我国云南南部和西南部有分布，生于海拔 480～1 600 m 路旁及疏林中，是一种本土植物。

· 药用历史与文化记事
腊肠树因其荚果形如腊肠，故名"腊肠树"。

腊肠树在缅甸传统文化中具有举足轻重的地位，每年泼水节期间正好是腊肠树开花的时候，是泼水节期间不可或缺的礼仪植物和文化植物。虽然各种资料中都认为缅甸的国花为茜草科植物龙船花 *Ixora chinensis*，但实际上龙船花在缅甸的地位不如腊肠树，腊肠树出现在缅甸的各种场合，尤其是文化礼仪方面。由于腊肠树花为金黄色，成为佛教的标志之一。缅甸的建筑、雕刻、音乐、诗歌、舞蹈、服饰上都可见其身影，几乎成为缅甸文化的象征。

腊肠树是傣族地区的文化植物，傣语叫作

"Lom-laeng（拢良）"。在西双版纳民间传说中腊肠树可以用来停止风雨。据说狂风暴雨时，"波莫"和"咩莫"（巫师和巫婆）会找七片没有孔洞和瑕疵的腊肠树叶子，念诵咒语后，压在佛像下面，风雨就会停止。

腊肠树在印度传统文化中地位崇高，可能是"婆罗门皂荚"之名的缘由。阿育吠陀医学用腊肠树的果实治疗便秘和风湿病。腊肠树果实形如腊肠，因而得名，腊肠豆种子有奇异气味，并且含有兴奋神经物质，服用后能提神醒脑。

· **古籍记载**

腊肠树果实入药，《本草纲目拾遗》记载："用筒瓦火焙，去其黑壳，碾末。"

· **功效主治**

南药腊肠豆，味甘，性凉，清热解毒，润肠通便，用于肠燥便秘。治疗痘将出时，亦可用治麻疹诱发不畅，皮疹瘙痒等。

藏药"东卡"，清肝热，解毒，消肿，攻下。用于肝炎，肝中毒，便秘，四肢肿胀。

蒙药"乌日图-东嘎"，味甘、微辛、性凉。效重、软、锐、腻。主治肝病，水肿，关节肿痛，消化不良。

傣药"锅拢良"，为腊肠树干燥种子，主治"拢胖腊里"（便秘），"拢牛"（小便热涩疼痛），"拢牛哈占波"（小便热涩疼痛，尿路结石），"拢沙龙接火"（咽喉肿痛），"说风令兰"（口舌生疮），"先哈满"（无名肿毒），"贺接，拢贺冒贺办"（头痛，头昏目眩）。

维药"黑亚尔先拜尔"，生湿生热，清除过盛黑胆质，清热消灭，润畅通便，散气通经。主治干寒或体液烧焦沉淀引起的各种黑胆质性疾病，尤其适用于黑胆质、胆液质过盛的疾病，如干性炎肿，目赤眼痛，肠阻气痛，喉干便秘，关节灼痛，闭经腹痛，干咳气喘。

· **化学成分**

腊肠果种子含固定油（fixed oil）、半乳糖配甘露聚糖。花含节果决明苷（nodososide）、节果决明醇乙酸酯（nodolidate）、节果决明内酯苷（azralidoside）、棕榈酸、硬脂酸、花生酸、廿二酸、廿四酸、油酸、亚油酸、廿六醇、γ-谷甾醇和α-葡萄糖苷等。

· **药理和临床应用**

果或果肉有泻下作用（含蒽醌苷），但量大可引起恶心、胃肠胀气及腹痛；其水-醇提取液（1：1）予小鼠腹腔注射 10～20 ml/kg 可引起中毒，表现为抑制、步态不稳、呼吸困难，24 h 后恢复正常。对高体豚鼠小肠及兔十二指肠有兴奋作用。0.1 ml 可抑制兔心，但可恢复。小鼠腹腔注射 10 ml/kg 可延长巴比妥引起的睡眠时间。果实水提取物有抗菌作用，可抑制金黄色葡萄球菌、白喉棒状杆菌、伤寒及副伤寒沙门菌、大肠埃希菌的生长。

附注：藏药东卡收录于《卫生部药品标准藏药分册》，仅有形态鉴定之标准。印度《阿育吠陀药典》规定本品浸出物不少于 28%。

同属植物粉花山扁豆 *Cassia javanica* subsp. *nodosa*（Roxb.）K. Larsen & S. S. Larsen 果实与腊肠果相似，西双版纳有栽培，应注意区别。

降 香

jiangxiang / DALBERGIAE
ODORIFERAE LIGNUM

降香原植物 1

降香原植物 2

· **别名**

降真香、黄花梨、降香黄檀、鸡骨香、青香、紫藤香、海南黄花梨、越南黄花梨、缅甸奇楠、花梨公、埋尖亮（西双版纳傣语）、拉丢（海南黎语）、旃檀玛保（藏语）、阿嘎如-高乌德（蒙语）。

· **外文名**

Fragrant rosewood（英语）、Hoàng Hoa Lê（越南语）。

· **基原考证**

为豆科植物降香黄檀的干燥心材。

我国华南、西南一带产的斜叶黄檀 *Dalbergia pinnata*（Lour.）Prain 和两粤黄檀 *Dalbergia benthamii* Prain 也偶尔作为"降香"进入市场，常用作熏香和工艺品制作，少见入药。笔者曾咨询安国和亳州的中药材专业人士，其认为这两种为降香药材的伪品。

· **原植物**

豆科植物降香黄檀 *Dalbergia odorifera* T. C. Chen

乔木，高 10～15 m。羽状复叶，小叶（3～）4～5（～6）对，近革质，卵形或椭圆形，复叶顶端的 1 枚小叶最大，往下渐小，基部 1 对长仅为顶小叶的 1/3，先端渐尖或急尖，钝头，基部圆或阔楔形。圆锥花序腋生，分枝呈伞房花序状；花冠乳白色或淡黄色。荚果舌状长圆形，基部略被毛，顶端钝或急尖，基部骤然收窄与纤细的果颈相接，果瓣革质，对种子的部分明显凸起，状如棋子，有种子 1（～2）粒。（《中国植物志》）

· **分布与产地**

降香为本土南药，国内分布于海南岛和云南。国外分布于柬埔寨、缅甸、泰国、越南等地。

· **传播路径与贸易状况**

古代降香黄檀药材多为进口，《本草纲目》中称为"番降"，但根据《本草纲目》记载的产地看，可能还混入了芸香科植物山油柑的木材。进口降香除降香黄檀之外，尚有少量印度黄檀 *Dalbergia sissoo*、海南黄檀 *Dalbergia hainanensis*、印度紫檀 *Pterocarpus indicus* 和囊状紫檀 *Pterocarpus marsupium* 等。但这些原材黄酮类含量低，不宜作为降香使用。另外，需要注意的是，自 2000 年起，黄檀属（Dalbergia）植物被列入国际贸易组织公约 CITIS 禁止贸易名录，此后进出口降香原材属于非法贸易。

现在降香黄檀多为国产本土南药，主产于海南岛，少量进口自越南、缅甸等邻国。目前海南岛已经建立大规模种植基地，主要供香料用和木制工艺品制作，边角料才供药材使用。边角料常品种混杂，这使得药材质量没有保障，需要引起重视。

中华人民共和国红木国家标准（红木 GB/T 18107—2000），国家红木标准规定了 5 属 8 类 33 种木材品种为红木，其中就包括了降香，被该标准归入"黄檀属香枝木"类，商品名"海南黄花梨"，是国产三种红木之一，其余两种为"黄檀属黑酸枝类"的黑黄檀和"铁刀木属鸡翅木类"的铁刀木。

· **药用历史与文化记事**

《本草纲目》载，鸡骨香即降香，本出海南。

周达观《真腊风土记》云"降真生丛林中，番人颇费砍斫之劳，盖此乃树之心耳。其外白木可厚八九寸，小者亦不下四五寸"，说明柬埔寨产的降真为树木心材，从"边材白色"可知为降香黄檀。《南方草木状》记载，"紫藤叶细长，茎如竹，根极坚实，重重有皮，花白，子黑，置酒中历二三十年亦不腐败，其茎截置烟炱中经时成紫香，可以降神"，认为紫藤香即是降真香。《南方草木状》记载的"紫藤香"疑为斜叶黄檀或两粤黄檀。

降真香在中国道教中被奉为"首香"，道教经典载，降真香"烧之能降诸真，故名降真"，是召唤天地灵气的神香，可呼唤仙鹤降临道场。"鹤闻降真香则降，其粪能化石，有白者灰色者，夜以一足立而睡"。北宋徽宗赵佶推崇道教，自命"道君太上皇帝"。据说宋徽宗焚烧降真香，引来仙鹤盘旋于汴京宣德门。

降真香一度被误认为是芸香科植物山油柑 *Acronychia pedunculata*，山油柑入药有祛风活血，理气止痛的功效。用于风湿性腰腿痛，跌打肿痛，支气管炎，胃痛，疝气痛（《全国中草药汇编》）。山油柑又名沙塘木，产低湿丘陵地及阔叶林中。分布于广东、广西、云南、贵州、四川、台湾等地。

· 古籍记载

《证类本草》："降真香，俗呼舶上来者为番降，亦名鸡骨，与沉香同名。今广东、广西、云南皆有之。降香，唐宋本草失收，唐慎微始增入之而不着其功用，今折伤金疮家多用其节，云可代没药、血竭。按《名医录》云：周被海寇刃伤，血出不止，筋如断，骨如折，军士李高用花蕊石散不效。紫金散掩之，血止痛定，明日结痂如铁，遂愈，且无瘢痕。叩其方，则用紫藤香，磁瓦刮下研末尔，云即降真之最佳者。"

· 功效主治

南药降香，行气活血，止痛，止血。用于脘腹疼痛，肝郁胁痛，胸痹刺痛，跌扑损伤，外伤出血。

蒙药"阿嘎如-高乌德"，主治心赫依，命脉赫依症，颤抖，头晕，失眠，心神忧惚，赫依血相搏，山川间热。

傣药"尖亮"，主治"呃埋，拢沙龙接火"（发热，咽喉肿痛），"拢贺冒贺办"（头昏目眩），"接崩"（胃脘痛），"斤档斤匹，短混列哈"（食物中毒，恶心呕吐）。

· 化学成分

根部心材含多种异黄酮类，如刺芒柄花素（formononetin）、鲍迪木醌（bowdichione）、$3'$-甲氧基大豆素（$3'$-methoxydaidzein）等，还含有黄烷酮类、属查耳酮类、异黄烷类等其他黄酮类成分。还含双异黄烷类成分，如($3R$，$4R$)-反式-$2'$，$3'$，7-三羟基-$4'$-甲氧基-4[($3R$)-$2'$，7-二羟基-$4'$-甲氧基异黄烷-$5'$-基]异黄烷等。

· 药理和临床应用

降香对高分子右旋糖酐注射所形成的高黏滞血症之血瘀证动物能使全血黏度显著降低，降香还有降低血脂作用。降香可显著促进小鼠肠系膜实验性微循环障碍血流的恢复，以及微动脉收缩后的恢复及局部微循环的恢复，其抗肾上腺素所致微动脉的收缩作用较强。降香乙醇提取物灌服可显著减少小鼠自发活动，明显延长戊巴比妥钠所致小鼠睡眠时间；可显著抑制小鼠电惊厥发生率和显著对抗烟碱性惊厥。降香灌服显著延长热板法小鼠痛反应时间。降香能抑制胆囊收缩素受体及嘌呤转化酶。

附注：《中国药典》2015年版规定，本品浸出物不得少于 8％。目前降香药材中有大量制造工艺品后的边角料，药材质量难以保证。降香黄檀木材即"海南黄花梨"，是国标红木之一，为制造高档家具的原料。目前由于过度砍伐，资源已经逐渐枯竭。降香黄檀是我国珍稀濒危植物，被列入国家重点保护植物名录，世界自然保护联盟（IUCN）已经将其收录入濒危物种红色名录，保护等级为易危（VU）。

榼藤子

ketengzi / ENTADAE SEMEN

榼藤子原植物

榼藤子药材

· **别名**

眼镜豆、过江龙、饭盒豆、木腰子、益肾子、象豆、黑麻巴（西双版纳傣语）、庆巴肖夏（藏语）、哥罗巴（墨脱门巴语）、额力根-芍沙（蒙语）、卓资木卡提力（维语）。

· **外文名**

Box bean（英语）、Tamayan（菲律宾语）、Bàm Bàm（越南语）。

· **基原考证**

为豆科植物榼藤子的种子。

· **原植物**

豆科植物榼藤子 *Entada phaseoloides*（L.）Merr.

常绿、木质大藤本，茎扭旋，枝无毛。二回羽状复叶；羽片通常 2 对，顶生 1 对羽片变为卷须；小叶 2～4 对，对生，革质，长椭圆形或长倒卵形，先端钝，微凹，基部略偏斜，主脉稍弯曲，主脉两侧的叶面不等大，网脉两面明显；叶柄短。穗状花单生或排成圆锥花序式；花细小，白色，密集，略有香味。荚果长达 1 m，宽 8～12 cm，弯曲，扁平，木质，成熟时逐节脱落，每节内有 1 粒种子；种子近圆形，直径 4～6 cm，扁平，暗褐色，成熟后种皮木质，有光泽，具网纹。花期 3～6 月，果期 8～11 月。（《中国植物志》）

· **分布与产地**

榼藤子为本土南药，产于我国台湾、福建、广东、广西、云南、西藏等地。生于山涧或山坡混交林中，攀援于大乔木上。东半球热带地区广布。

· **传播路径与贸易状况**

榼藤子入药需求有限，我国热带地区常见野生，当地采集种子就地销售或送往农贸市场销售。边境地区存在少量的跨境销售。榼藤子也用来制成特色工艺品销售。随着森林资源的破坏，榼藤子资源急剧减少。应开展人工抚育和造林或作为园林植物栽培，美化环境的同时收集种子供药用。

· **药用历史与文化记事**

自唐代以来，榼藤子就是治疗痔疮的药物。又治喉痹、小儿脱肛、血痢、泻血；其仁粉熬水服或拌大豆煎水洗面，可去野黯。清代以来，中药材已不使用，只有中国南部产区的民间医生使用其种子治黄疸、营养性水肿，茎藤治风湿性腰腿痛、跌打损伤。

榼藤子是重要的民族药。藏药庆巴肖夏即榼藤子，始见于《蓝琉璃》，其中记载庆巴肖夏为拉哥肖夏的异名,"拉哥肖夏"又名浪木瓜。《四部医典》在介绍治疗肝中毒的方药哇肯木保汤时指出,"哇肯木保"又名"浪木瓜",似与拉哥肖夏为两种不同的药材。至《晶珠本草》则明确叙述了四种"肖夏",各是不同的药材,"庆巴肖夏"又名"哇肯木保"。《图鉴》说:"庆巴肖夏产于南方热带河边,植株高大,荚果半托长,内有状如牛眼的红色种子。"《图鉴螺眼》说,"庆巴肖夏"象肝。按榼藤植株为巨大的木质藤本,荚果长可达 1 m,种子棕红色之特征,故《图鉴》和《图鉴螺眼》的"庆巴肖夏"似为榼藤子。功效方面,《晶珠本草》称"本品清肝热,治肝病、中毒症之热证和白脉病",亦说明用于治疗肝中毒的"哇肯木保汤"中用的"哇肯木保"(又名"浪木瓜")的药材当为榼藤子。蒙药"额力根-芍沙"出自《认药白晶鉴》,"生于热带峡谷,树大,荚果尺余,内含肝紫色似牛眼的扁平种子"。《无误蒙药鉴》载:"……荚果半缘长,种子红褐色,扁平,大小如拇指指端。"

榼藤子是西藏自治区雅鲁藏布江大峡谷热带雨林的常见有毒植物,过去我国西藏墨脱门巴族猎人用榼藤子果实和乌头属植物的块根制成箭毒,用于捕猎。据说羚牛中箭后几分钟内就会死亡。

榼藤子的种子厚而坚硬,在产地的许多地方,民间把榼藤子挖空做成盒子。"榼"就是"盒"之意。榼藤子也用于制作工艺品。

·古籍记载

《本草衍义》:"榼藤子,紫黑色,微光,大一二寸,圆扁,人多剔去肉,作药瓢垂腰间。"

《南方草木状》:"榼藤,依树蔓生,如通草藤也,其子紫黑色,三年方熟。其壳贮药,历年不坏。生南海。"

·功效主治

行气止痛,利湿消肿。主脘腹胀痛、黄疸、脚气水肿、痢疾、痔疮、脱肛、喉痹。

·化学成分

榼藤子种子含有脂肪油,其脂肪酸组成为肉豆蔻酸(myristic acid)、棕榈酸(palmitic acid)、硬脂酸(stearic acid)、花生酸(arachidic acid)、山嵛酸(behenic acid)、油酸(oleic acid)、亚油酸(linoleic acid)和亚麻酸(linolenic acid)。种仁中含酰胺类:榼藤酰胺(entadamide)A、B 和榼藤酰胺 A-β-D-吡喃葡萄糖苷(entadarmide A-β-D-glucopyranoside)。酚性物:2-羟基-5-丁氧基苯乙酸(2-hydroxy-5-butoxyphenylacetic acid)、2-β-D-吡喃葡萄糖基-5-丁氧基苯乙酸(2-β-D-glucopyranosyloxy-5-butoxyphenylacetic acid)、2,5-二羟基苯乙酸甲酯(2,5-dihydroxyphenylacetic acid methyl ester)、榼藤子苷(phaseoloidin)即是尿黑酸-2-O-β-D-吡喃葡萄糖苷(homogentisic acid-2-O-β-D-glucopyranoside)。还含蛋白质糖类。

·药理和临床应用

种子核仁中含毒性皂苷,包括榼藤皂苷、榼藤酰胺 A,以及豆甾醇等。对哺乳类动物主要为引起溶血;0.000 5~0.002 g/kg 体重可使血压剧降,肠容积增加,肾容积也略有增加,显示内脏血管扩张,小肠、子宫平滑肌被抑制,死于呼吸衰竭。对阿米巴原虫有杀死作用,对草履虫毒性较小,无抗菌效力,亦不能伤害子孑,但能毒鱼。木质及树皮中皆含此皂苷,而叶中则无。有报道种子能致吐、泻;但也有人认为,其味虽苦、辛,但仍可供食用。

从种子中提出的皂苷元,有抗肿瘤作用(15~30 mg/kg 体重能使大鼠的瓦克氏癌抑制 64%~100%而不死亡)。

附注:榼藤子的根、藤茎、种子、树皮等入药。种子有毒,炒制可降低其毒性。民间有切片后用酸醋浸泡 24 h,在放入水中泡 1~2 d,煮熟后食用。中毒症状为头晕,呕吐,血压急剧下降,呼吸减缓而死亡。解救方法:洗胃,导泻;服稀醋酸或鞣酸。如血压下降,可皮下注射去甲肾上腺素 20~50 mg,呼吸障碍可用强心剂或兴奋剂,必要时高压氧舱治疗。

藤 黄
tenghuang / GAMBOGE

藤黄原植物

藤黄的果实

· **别名**

海藤、玉黄、月黄、甘勃支。

· **外文名**

Gamboge、Siam gamboge（英文）、Rang（泰语）、Vàng Nghệ（越南语）、Gummi-gutti（德语）、Gummiguttaträd（瑞典语）。

· **基原考证**

为藤黄科植物藤黄的树脂。同属植物柬埔寨藤黄 Garcinia cambodgiensis Vesque 和印度藤黄 Garcinia morella（Gaertn.）Desr. 的树脂也作藤黄使用。

· **原植物**

藤黄科植物藤黄 Garcinia hanburyi Hook. f.

常绿乔木，高约 15～18 m。小枝四棱形。单叶对生，几无柄；叶片薄革质，阔披针形，长 9～13 cm，先端尖，基部楔形，全缘或微波状。花单生或为聚啊伞花序；两性与单性花黄存；花绿白色，无梗；萼片 5，花瓣 5；雄花通常 2～3 朵簇生，雄蕊多数，花丝短，花药 1 室，横裂；雌花具退化雄蕊 12 枚，其基部合生而环绕子房周围，子房上位，平滑无毛，柱头盾形，为不整齐之裂片或瘤块，4 室。浆果，径约 2 cm。种子 4 颗。花期 11 月，果熟期次年 2～3 月。（《中华本草》）

· **分布与产地**

藤黄为进口南药，产于中南半岛，原产于柬埔寨、泰国及马来西亚，印度、越南亦产。

· **传播路径与贸易状况**

藤黄是东南亚进口的传统中药材之一，主产于泰国、柬埔寨和缅甸。随着原产地森林的砍伐，藤黄资源遭到破坏，目前藤黄进口量逐渐减少。经过笔者于泰国和柬埔寨实地调研发现，只见到种植于植物园，野生的很难找到。

· **药用历史与文化记事**

《真腊风土记》称为"画黄"，云："画黄乃一等树间之脂，番人预先一年以刀斫树，滴沥其脂，至次年而始收。"藤黄除了药用，也作为黄色染料。

藤黄易溶于乙醇和油脂类，原产地用于绘画、雕刻和建筑中的黄色染料。

· **古籍记载**

《本草纲目》："今画家所用藤黄，皆经煎炼成者，溉之麻入。"

周达观《真腊风土记》云："国有画黄，乃树脂，以刀砍树枝滴下，次年收之。似与郭氏（《广志》）说微不同，不知即一物否也。"

· **功效主治**

消肿，攻毒，止血，杀虫，祛腐敛疮。主痈疽肿毒，溃疡，湿疮，肿癣，顽癣，跌打肿痛，创伤出血及烫伤。

·化学成分

含藤黄素,已知结构的有 α-藤黄素和 β-藤黄素,另含藤黄酸、异藤黄酸。种子含藤黄宁、异藤黄宁、二氢异藤黄宁、乙氧基二氢异藤黄宁、新藤黄宁。果皮含 α-藤黄素。树汁及心材含藤黄双黄酮。

·药理和临床应用

藤黄宁对金黄色葡萄球菌有抑制作用,体外的有效浓度为 1:10 000;对若干真菌、草分枝杆菌、人型结核分枝杆菌效力很弱,对大肠埃希菌亦无效。新藤黄宁也有抗金黄色葡萄球菌的作用。异构体(异藤黄宁及异新藤黄宁)的抗原虫作用较其母体有效(藤黄宁或新藤黄宁通过肠管时可异构化)。

藤黄素在体外对非致病性原虫有抑制作用,特别是 β-及 γ-藤黄素效力较强。

附注:藤黄在传统中药中应用历史悠久,但对于该药材的基原植物一直存在混淆。古代本草中记载"藤黄出自外洋",但又常常有"出自鄂、岳等诸山崖"及"藤本"等,可能与一些藤本植物相混淆。如防己科植物黄藤 *Fibraurea recisa* Pierre,木质藤茎内含有黄色成分。但是,藤黄的黄色成分为树脂,而黄藤的黄色成分主要为生物碱巴马亭,为黄色结晶,故不可能是藤黄的基原植物。藤黄应为乔木而不是藤本。

藤黄有毒。对小鼠的急性毒性(半数致死量,mg/kg)为:α_1-及 γ-藤黄素皮下注射均为277;腹腔注射分别为 87.1 及 77.18;静脉注射分别为 108.4 及 108,这些数值与 α_2-及 β-藤黄素的毒性栖差甚微。

铁 力 木

tielimu / MESUAE STIGMA

·别名

龙花鬃、龙花、铁梨花、铁棱、埋波那(西双版纳傣语)、莫继力(德宏傣语)、埋听(景颇语)、那

铁力木原植物

铁力木药材

儿米西克(维语)、鲁梅朵(藏语)。

·外文名

Mesua(英语)、Nagarkasera(梵语)、Nagakesar(印地语)、Nagkesar(孟加拉语)、Nagappu(泰米尔语)、Narmishika(乌尔都语)、Dewadaru(印尼语)、Pokok penaga lilin(马来语)、Váp(越南语)、Gan-gaw(缅语)、Bunnak(泰语)。

·基原考证

为藤黄科植物铁力木的树皮、花、种子。

·原植物

藤黄科植物铁力木 *Mesua ferrea* L.

常绿乔木,高可达 30 m 以上,树皮灰褐色或暗灰色,光滑;小枝对生。单叶对生,叶片革质,披针形,先端渐尖,基部楔形,边缘全缘,上面有

光泽,下面灰白色,中脉明显,侧脉极密而不明显。花两性,单生于叶腋或枝顶;花瓣4,白色,倒卵形,果时不脱落。果实卵球形,坚硬,先端尖,基部有萼片和花瓣的下半部包围,2或4瓣裂。种子1~4颗,背面凸起,两侧平坦。(《中国植物志》)

· 分布与产地

铁力木为进口南药,分布于热带亚洲。原产于印度、缅甸、中南半岛等地,我国广西、云南、广东、海南有栽培。

· 传播路径与贸易状况

铁力木随佛教从缅甸传入我国云南南部和西南部,在西双版纳、临沧、普洱等地的佛教寺院处有种植。种子榨油供寺院长明灯使用,也供药用治疗皮肤病。据调查,缅甸曼德勒药材集散中心每年约有1.3吨的铁力木花出口中国,供民族药使用。铁力木花是重要的维药材,主要从巴基斯坦等国进口,从红其拉甫口岸等处进入我国后,运往喀什中西亚大巴扎和田市药材集散中心等处经销或直接送往制药厂。

· 药用历史与文化记事

铁力木花在中医古籍中记载为"龙花鬘",出自《证类本草》,梵书"那耆悉",佛教《金光明最胜王经》中记为"那伽鸡萨罗",均为梵语Nagakesara的音译,意思是"龙(naga)花蕊(kesara)"。佛教弥勒菩萨于铁力木树下成道,龙树尊者在铁力木树下讲经,故得名"龙树"。

菩提树、大青树、贝叶棕、铁力木、槟榔这五树是南传佛教的礼仪植物。铁力木种子含油率极高,从中榨出的油用于点长明灯。书写佛经的贝叶和点燃长明灯的铁力木的种子油都是佛事活动的原料。铁力木西双版纳傣语名"埋波那",意思是龙莲花树,有时记为"埋莫郎",系不同地区傣语口音差异所致。铁力木在南传上座部佛教中的文化意义为"弥勒佛成道树",和"佛陀成道树"菩提榕相对应。西双版纳勐海县章朗寨总佛寺有一株极为尊贵的"弥勒佛树",为铁力木古树。

铁力木缅语为Gan-gaw,是缅甸最重要的文化植物和药用植物之一。缅甸各地佛塔寺院附近常有种植。集市上常年出售铁力木的枝条和花,用于供佛。铁力木开花时正值缅历正月,恰逢缅甸桑衍新年(Thingyan),即泼水节,故被称为"泼水节之花",和金链花(腊肠果花)并列。

· 古籍记载

《证类本草》:"那耆悉。味苦,寒,无毒。主结热、热黄,大小便涩。赤丹毒诸热,明目。取汁洗目,主赤烂热障。生西南诸国。一名龙花也。"

《植物名实图考长编》二十二卷载有铁力木,云:"《广西通志》,铁力木,一名石盐,一名铁棱,纹理坚致,藤容出。案《峤南琐记》谓:木力仅可百余年,亦未足信。"似为本种。

· 功效主治

南药龙花即铁力木花,止咳祛痰,解毒消肿。主咳嗽多痰,疮疡疔肿,痔疮出血,烫伤,毒蛇咬伤。

傣药"埋波那",味苦,性寒。入水、风、土塔。调补水血,消火解毒,收敛生肌。主治"多温多约帕雅来,冒米想"(体质虚弱多病,乏力),"兵洞破"(黄水疮),"拢泵"(水肿)。

维药"那儿米西克",生干生热,温补心脏,爽心悦志,热身壮阳,燥湿补胃,止泻,敛创,止血消痔。主治湿寒性或黏液质性疾病,如寒性心虚、抑郁症、神经衰弱、身寒阳痿、湿性胃虚、腹泻及各种湿创、痔疮出血等。

· 化学成分

铁力木种子含曼密苹果素(mammeisin)、铁力木精(mesuagin)、曼密苹果精(mammeigin)、铁力木苦素(mesuol)、铁力木素(mesuarin)、铁力木酸(mesuanicacid)、铁力木双黄酮(mesuaferrone)A等。叶含铁力木黄酮二糖苷(mesuein)。茎含α-香树脂醇(α-amyrin)、β-谷甾醇(β-sitosterol)和铁力木醇(mesuafenol)。心材含β-谷甾醇、豆甾醇(stigmasterol)、1,5-二羟基呫吨酮(1,5-dihydroxyxanthone)、1,7-二羟基呫吨酮(euxanthone)、2-甲氧基呫吨酮(2-methoxyxanthone)、

1-羟基-7-甲氧基呫吨酮（eux-anthone-7-meth-ylether）、1,5-二羟基-3-甲氧基呫吨酮（1,5-di-hy-droxy-3-methoxyxanthone）、1,5,6-三羟基呫吨酮（1,5,6-trihy-droxvxanthone）、铁力木新呫吨酮（ferrxanihone）、3-羟基-4-甲氧基呫吨酮（3-hydroxy-4-methoxyxanthone）、1-羟基-5-甲氧基呫吨酮（1-hydroxy-5-methoxyxanthone）、4-羟基呫吨酮（4-hydrox-yxanthone）、2-羟基呫吨酮（2-hydroxyxanthone）、1,3,6-三羟基-7,8-二甲氧基呫吨酮（1,3,6-trihydroxy-7,8-dimethoxyx-an-thone）、3,6-二羟基-1,7,8-三甲氧基呫吨酮（3,6-dihyroxy-1,7,8-trimethoxyxanthone）。

· 药理和临床应用

维药铁力木石油醚、乙酸乙酯、正丁醇及水萃取部位均有不同程度的抑制血小板聚集作用，其中正丁醇萃取部位的作用最强。以 VC 为对照，通过测定铁力木乙醇提取物、水提取物及乙醇提取物石油醚（沸程 60～90 ℃）、乙酸乙酯、正丁醇、水各萃取物对 Fe^{3+} 的还原能力、对 DPPH 自由基（DPPH·$^+$）和超氧自由基（O_2·$^-$）的清除能力，研究铁力木的体外抗氧化活性。结果铁力木各部位对 Fe^{3+} 均表现出一定的还原能力，对 DPPH·$^+$ 及 O_2·$^-$ 均表现出一定的清除作用，但作用均弱于 VC。其中水层及正丁醇层对 Fe^{3+} 的还原能力较强，而其石油醚层和乙酸乙酯层还原能力较弱；水层和水提取物对 DPPH·$^+$ 具有一定的清除能力；石油醚层及水提取物清除 O_2·$^-$ 的作用较强。

附注：铁力木木材坚硬而重，是世界上最重的木材之一。

大 风 子

dafengzi / HYDNOCARPI FRUCTUS

· 别名

泰国大风子、麻风子、大枫子、麻布罗勐泰

大风子原植物

大风子的果实

（西双版纳傣语）、高哲（藏语）、阿皮杜尔（墨脱门巴语）、巴图-乌兰（蒙语）、卡力木各拉（维语）。

· 外文名

Siamese chaulmoogra tree（英语）、Tuvakara（梵语）、Chaulmugara（印地语，乌尔都语）、Maravattai（泰米尔语）、Kalaw-pyu（缅语）、Kra-bao（泰语）。

· 基原考证

为钟花科植物泰国大风子 *Hydnocarpus*

anthelminthicus 的种子。

泰国大风子的种子作傣药入药,西双版纳傣语名"麻布罗勐泰",意为"泰国产的大风子"。

我国云南产大叶龙角 *Hydnocarpus annamensis* (Gagnep.) Lescot & Sleumer 为傣药"麻布罗"的基原植物,与大风子功效相似。

海南产海南大风子 *Hydnocarpus hainanensis* (Merr.) Sleum 亦被《中华本草》收录作为大风子基原植物之一。

· **原植物**

钟花科植物泰国大风子 *Hydnocarpus anthelminthicus* Pierre

常绿乔木。单叶互生;革质;叶片线状披针形,先端尖,基部钝圆形,全缘,上面暗绿色,下面黄绿色。花杂性或单性,1 至数朵簇生;花梗被短柔毛;雄花萼片 5,卵形,基部稍联合,两面被长柔毛;花瓣 5,卵形,红色或粉红色。浆果球形,直径 6~8 cm,果皮坚硬。种子 30~40 粒,略呈多角体,外种皮角质;胚乳丰富。花期 1~3 月。(《中华本草》)

· **分布与产地**

泰国大风子中国不产,为进口南药。分布于越南、柬埔寨、泰国、缅甸、马来西亚、印度尼西亚、印度及东南亚其他地区。我国云南、台湾、广西有栽培。主产于越南、泰国、马来西亚等地。我国云南、台湾、广西等地区有引种栽培。

· **传播路径与贸易状况**

大风子自古为进口南药药材。古代大风子主要来自海上贸易,主要来源于真腊国(柬埔寨至越南南部湄公河三角洲一带)、昆仑国(缅甸勃固省至德林达依省一带)、丹丹国(马来西亚西部一带)、磐磐国(马来半岛北部泰国湾沿岸地区)、占婆国(越南中南部至老挝南部地区)等地。笔者通过实地调查,发现目前大风子药材主产于柬埔寨、越南、泰国和缅甸。从南北两路进口,南路为缅甸经云南瑞丽口岸和打洛口岸进入,少量从老挝进口,或从越南经广西东兴、云南河口等进口,或经海运从广州进口,再分销至亳州、安国、荷花池等药材集散中心。北路从巴基斯坦自红其拉甫口岸进口,主要供和田药材市场经销和维药使用,大风子的维药名"卡力木各拉"即为其乌尔都语名 Chaulmugara 的音译。实地访谈得知西藏阿里藏族医生使用的"高哲"多购自普兰县的尼泊尔商人处,可能为印度产或尼泊尔产。

从药材市场访谈得知,国产的大风子存量很少,大型药材市场的国产大风子主要产自海南岛。云南、广西等地的土产大风子主要是民族民间传统医生自产自用。

· **药用历史与文化记事**

大风子原产柬埔寨,周达观《真腊风土记》载:"大风子油乃大树之子,状如椰子而圆,中有子数十枚。"马来半岛也是大风子原产地之一,唐宋时期的文献中记载"丹丹国"(今马来西亚单马令一带)进贡的物品中就有"大枫子"。

大风子仁历来是治疗瘤型麻风的有效药物,但由于辛、热、有毒,故临床上单独用大风子仁以治疗麻风者殊鲜。通常制成复方丸剂,如江苏地区所用的麻风丸,浙江地区的扫风丸,广东地区的脾经丸、疠风丸、防风通经丸等,均有一定疗效。

· **古籍记载**

《本草乘雅半偈》:"大风子,出海南诸番国。"

《真腊风土记》:"大风,大树之子也,状如椰子而圆。包核数十枚,形如雷丸。去其衣,中仁白色,久则黄败而油,不堪入药矣。"

· **功效主治**

南药大风子,辛热,有毒。祛风、攻毒、杀虫。用于麻风;外用治疥、癣。

傣药"麻布罗勐泰",味咸,性热。有毒。入风、火塔。主治"麻想兰"(缠腰火丹),"拢梦曼、拢麻想多烘"(荨麻疹,皮肤红疹瘙痒),"拢习都"(麻风病),"兵洞飞暖龙"(疔疮痈疖脓肿)。

蒙药"巴图-乌兰",味辛,性温。效燥、钝。有毒。主治瘊症,炭疽,疥癣,协日乌素疮,梅毒,营养不良。

·化学成分

大风子含有丰富的油脂,即大风子油。大风子油所含脂肪酸有大风子油酸(chaul-moogric acid)、次大风子酸(hydnocarpic acid)、油酸(oleic acid)、棕榈酸(palmitic aicd)、环戊基十八碳酸(cyclopentyloctadecanoic acid)、大风子烯酸(gorlic acid)、阿立普里斯酸(aleprestic acid)、阿立普酸(alepric acid)、阿立普诺酸(aleprolic acid)、阿立普里酸(aleprylic acid)等。

·药理和临床应用

大风子油用于治疗麻风病,但因毒性大,疗效又不显著,现较少用。抗菌作用大风子油及其脂肪酸钠盐在试管中对结核分枝杆菌及其他抗酸杆菌的抗菌作用比酚类强 100 倍以上,对其他细菌则不敏感。大风子油及其衍生物对机体组织均有刺激性。

附注:本品有毒。肌内注射大风子油产生严重刺激及疼痛,容易发生坏死,大风子酸乙酯引起者要轻得多。口服大风子油可引起呕吐,继续应用则可逐渐耐受。大风子酸乙酯则较易耐受。家兔和狗皮下及静脉注射次大风子酸钠或其乙酯,则可产生溶血性贫血、肾炎、蛋白尿、血尿、肝脂肪变性和消瘦。

余甘子

yuganzi / PHYLLANTHI FRUCTUS

余甘子药材

余甘子原植物

·别名

滇橄榄、菴摩勒、阿摩洛迦(梵书)、油柑子、居如热(藏语)、麻夯版(西双版纳傣语)、麻坎(德宏傣语)、塔居(景颇语)、阿坦巴拉(蒙语)、阿米勒破斯提(维语)。

·外文名

Indian gooseberry、Emblic myrobalan(英语)、Amalaka(梵语)、Amla(印地语)、Amala(阿拉伯语、波斯语)、Amlaki(孟加拉语)、Neli(泰米尔语)、Malaka(印尼语)、Mắc Kham(越南语)、Ma-khan-hbon(泰语)、Zibyu(缅语)。

·基原考证

为叶下珠科植物余甘子的新鲜果实、鲜果汁或干燥果实。

·原植物

叶下珠科植物余甘子 *Phyllanthus emblica* L.

乔木,高达 23 m,胸径 50 cm;树皮浅褐色;枝条具纵细条纹,被黄褐色短柔毛。叶片纸质至革质,二列,线状长圆形,顶端截平或钝圆,有锐尖头或微凹,基部浅心形而稍偏斜,上面绿色,下面浅绿色,干后带红色或淡褐色,边缘略背卷。多朵雄花和 1 朵雌花或全为雄花组成腋生的聚伞花序。蒴果呈核果状，圆球形，直径 1～1.3 cm，外果皮肉质，绿白色或淡黄白色，内果皮硬壳质；种子略带红色。花期 4～6 月，果期 7～9 月。（《中国植物志》）

· **分布与产地**

余甘子为本土南药，主产于云南和四川、广西等地。分布于江西、福建、台湾、广东、海南、广西、四川、贵州、云南和西藏等地，生于海拔 200～2 300 m 山地疏林、灌丛、荒地或山沟向阳处。国外分布于印度、斯里兰卡、中南半岛、印度尼西亚、马来西亚和菲律宾等，南美有栽培。模式标本采自印度东部。

· **传播路径与贸易状况**

余甘子的原产于中国、印度、泰国等地，已引种到埃及、南非、古巴、美国等。其中，以中国和印度分布面积最大、产量最多。中国栽培余甘子的历史悠久，资源丰富，主要分布在广西、广东、福建、云南、海南等地。广西以西南、西北部居多，多为野生、半野生状态。我国云南野生资源丰富，具有极大的开发利用潜力。

· **药用历史与文化记事**

菴摩勒入药随佛教传入中国，《大唐西域记》曰："阿摩落迦，印度药果之名也。"《维摩诘经·弟子品》僧肇注曰："庵摩勒果，形似槟榔，食之除风冷。"余甘子又名"菴摩勒"，来自于波斯语"Amala"，似由海上丝绸之路传入，又名"阿摩洛迦"，来自于梵语 Amalaka。

余甘子在我国南方有自然分布，民间采集野果生食、腌制或晒干磨粉食用。余甘子的药用知识则是从丝绸之路传入我国的。印度阿育吠陀医学作为收敛剂和轻泻剂使用。在印度德干高原还作为饥荒时的粮食补充。我国在 1960 年代的饥荒时期，云南等地曾使用余甘子作为代粮掺在主粮中食用。余甘子含有大量单宁，易氧化为稳定的黑色，印度用来制造染发剂和墨水原料。

云南大理民间以余甘子树皮入药，称"橄榄皮"，余甘子树皮富含鞣质，具有杀菌、杀虫、消炎等功效。白族制作特色菜肴"剁生"时，加入余甘子树皮粉，有消毒杀菌，杀寄生虫的作用。余甘子在云南西双版纳有大量分布，在傣族民间故事中被称为"穷人的水果"，傣族采集余甘子拌辣椒盐食用或腌制成果脯，常吃有预防热带传染病和热疫的作用。

· **古籍记载**

《南方草木状》："菴摩勒，树叶细，似合婚，花黄，实似李，青黄色，核圆，作六七棱，食之，先苦后甘。术士以返白须发，有验，出九真。"

《唐本草》："庵摩勒生岭南。树叶细似合昏，花黄，实似李奈，青黄色，核圆，六七棱。中仁亦入药。"

· **功效主治**

中药余甘子，清热凉血，消食健胃，生津止咳。用于血热血瘀，肝胆病，消化不良，腹痛，咳嗽，喉痛，口干。

藏药"觉如拉"，清血热，健胃消食，生津止咳。主治血热血瘀，培根病，赤巴病，高血压病，消化不良，腹痛，咳嗽，喉痛，口干，热性水肿，尿频。

傣药"麻夯版"，味酸、甜、涩，性凉。入水、风塔。清火解毒，止咳，涩肠止泻，敛疮生肌，除风止痒。主治"拢沙龙火接，唉，说风令兰"（咽喉肿痛，咳嗽，口舌生疮），"鲁短"（腹泻），"兵洞烘洞飞暖"（皮肤瘙痒，斑疹，疥癣，湿疹），"菲埋喃皇"（水火烫伤），"兵洞破"（黄水疮）。

维药"阿米勒破斯提"，生干生寒，纯化异常血液质，补支配器官脑、心、肝，增强胃的摄住力，去除体液秽气，增强视力，固发乌发，燥湿止泻，清热止渴。主治湿热性或血液质疾病，全身虚弱，如脑虚，心虚，肝虚，胃虚，视力减弱，脱发白发，腹泻口渴。

蒙药"阿坦巴拉"，清血热，明目，祛巴达干协日，滋补。主治血热，肝胆热，肾热，膀胱热，尿频,咽喉痛,口渴,目赤等症。

·化学成分

果实含鞣质,其中有葡萄糖没食子鞣苷(glucogallin)、没食子酸(gallic acid)、并没食子酸(ellagic acid)、鞣料云实精(corilagin)、原诃子酸(terchebin)、诃黎勒酸(chebulagicacid)、诃子酸(chebulinic acid)、诃子次酸(chebulic acid)、3,6-二没食子酰葡萄糖(3,6-digalloylglucose)。干果含黏酸(mucicacid)4%~9%。果皮含没食子酸、油柑酸(phyllemblic acid)、余甘子酚(emblicol)。种子含固定油约 26%,油中含亚麻酸(linolenic acid)8.8%、亚油酸(linoleic acid)44%、油酸(oleic acid)28.4%、硬脂酸(stearic acid)2.2%、棕榈酸(palmitic acid)3.0%、肉豆蔻酸(myristic acid)1%等。

·药理和临床应用

(1)抗心血管疾病作用:本品醇提物(1 g/kg口服连续 2 d)可对抗由异丙肾上腺素(85 mg/kg腹腔注射 2 d)引起的大鼠心肌坏死;并能增加心肌糖原水平,对血清脂及酸也产生明显的变化。本品 1 g/kg 给予饲以高胆固醇家兔,与对照组相比较可明显降低血清胆固醇含量($p<0.001$)、冠状动脉胆固醇含量($p<0.001$)和肝胆固醇含量($p<0.001$),但不影响优球蛋白凝集溶解时间、血小板黏性或血清三酸甘油酯的水平,推测其作用不仅仅是含有维生素 C 的缘故,还有其他成分在起作用。

(2)抗肿瘤作用:本品提取物可对抗环境化学因子对哺乳类细胞的诱变作用,且强于同等剂量的维生素 C。本品提取物 1%~10%浓度对810R X 线照射所致的染色体畸变有保护作用。照射前后用药均有效,其保护作用可能是所含的具抗氧作用的维生素 C、没食子酸、还原糖、鞣质等。

附注:余甘子含有丰富的维生素 C,被称为"维 C 之王"。《中国药典》规定,本品按干燥品计算,含没食子酸($C_7H_6O_5$)不得少于 1.2%。

使 君 子

shijunzi / QUISQUALIS FRUCTUS

使君子原植物

·别名

留球子、杂满亮(傣语)。

·外文名

Rangoon creeper(英语)、Ceguk(印尼语)、Sử Quân Tử(越南语)。

·基原考证

为使君子科植物使君子的干燥果实。

·原植物

使君子科植物使君子 *Combretum indicum*(L.) DeFilipps(=*Quisqualis indica* L.)

攀援状灌木。叶对生或近对生,叶片膜质,卵形或椭圆形,先端短渐尖,基部钝圆,表面无毛,背面有时疏被棕色柔毛。顶生穗状花序,组成伞房花序式。花瓣 5,先端钝圆,初为白色,后转淡红色。果卵形,短尖,无毛,具明显的锐棱角 5 条,成熟时外果皮脆薄,呈青黑色或栗色;种子 1 颗,白色,圆柱状纺锤形。花期初夏,果期秋末。

·分布与产地

使君子为本土南药,主产于福建、台湾(栽培)、江西南部、湖南、广东、广西、四川、云南、贵州。分布于印度、缅甸至菲律宾。

· 传播路径与贸易状况

使君子产于我国华南一带，是著名的国产南药。印度、缅甸、泰国等国均有出产，为当地传统药物。

· 药用历史与文化记事

使君子是历史悠久的著名驱虫药，晋代《南方草木状》记载使君子"形如栀子，棱瓣深而两头尖，似诃梨勒而轻，及半黄已熟，中有肉白色，甘如枣，核大。治婴孺之疾。南海交趾俱有之"。

使君子在中国文学中也有一定的地位。唐代大诗人元稹曾作《鸳鸯诗》，"殷红浅碧旧衣裳，取次梳头暗淡妆"。宋诗也有"竹篱茅舍趁溪斜，白白红红墙外花。浪得佳名使君子，初无君子到君家"的句子。《粤志》中曾记录粤曲唱词"妾爱留球子。郎爱桃金娘"。五月时，留球子和桃金娘都绽放红花，十分可爱。

我国台湾和福建民间七夕有驱虫保健习俗。相传北宋景祐元年（公元1034年），闽南一带瘟疫流行。名医吴本发现大人小孩面黄肌瘦，诊断为患寄生虫病，教导大家吃使君子和石榴，此时正值七夕，为石榴和使君子成熟季节。于是逐渐相沿成习，家家用使君子煮鸡蛋、瘦肉、螃蟹作为晚餐，饭后吃石榴，二者有驱虫作用。这个习俗一直保留至今。

· 古籍记载

《开宝本草》："使君子，生交、广等州。形如栀子，棱瓣深而两头尖，亦似诃黎勒而轻。俗传始因潘州郭使君疗小儿，多是独用此物，后来医家因号为使君子也。"

· 功效主治

南药使君子，杀虫，消积，健脾。主蛔虫腹痛，小儿疳积，乳食停滞，腹胀，泻痢。

傣药"杂满亮"，味涩，气清香，性平。入土、水塔。清火解毒，凉血止血，涩肠止泻，补土健胃，驱虫。主治"哦勒"（尿血），"割鲁了多温多约"（产后体弱多病），"拢蒙沙嘿"（腹痛腹泻，赤白下痢），"多短"（肠道寄生虫）。

· 化学成分

种子含使君子氨酸（quisqualic acid）、使君子氨酸钾（potassium quisqualate）、甘露醇（D-mannitlo）；种子含脂肪油23.9％，并含甾醇，以植物甾醇（phytosterol）为主。果肉含胡芦巴碱（trigonelline）、枸橼酸（citric acid）、琥珀酸（succinic acid）、苹果酸（malic acid）、蔗糖（sucrose）、葡萄糖（glucose）。

· 药理和临床应用

驱虫作用。在体外试验中，使君子对猪蛔、蚯蚓、蚂蟥均有较强的驱除效能，并认为早年报道使君子无驱虫效力，乃因药品过于陈旧之故。用猪蛔首部描记法，证明使君子仁的提取物在体外确有麻痹猪蛔首部的作用。并证明其有效成分为水溶性，甲醇中亦溶之，石油醚不溶，氯仿及纯乙醇似亦不溶。至于其驱虫有效成分究是何物，尚有争论。早期有人多方证明使君子对蚯蚓的作用可由其中所含之钾盐说明之，但钾盐对猪蛔并无作用，以蚯蚓作驱虫试验，实不可靠。曾从使君子中提取使君子酸钾，认为系驱虫的有效成分，但遭到怀疑，因为一则仅在蚯蚓身上有效，二则使君子酸的钠盐即使对蚯蚓也并无作用。后来试验使君子酸钾在玻管中对整体猪蛔有抑制现象，但作用较弱。在临床试验中，亦证明使君子酸钾的驱蛔能力与新鲜使君子仁的效力相近，而逊于驱虫药山道年（santonin）。亦有报道其中所含的吡啶与驱虫作用有关。另报道使君子固定油与蓖麻油混合剂对动物与人排虫率高，且无显著副作用（如呃逆、呕吐）。

附注：使君子大量服用能引起呃逆、眩晕、精神不振、恶心，甚至呕吐、腹泻等反应。与茶同服亦能引起呃逆。服药时忌饮浓茶。

毗 黎 勒

pilile / TERMINALIAE BELLIRICAE FRUCTUS

毗黎勒原植物 1

毗黎勒原植物 2

· **别名**

毛诃子、红果榄仁、白力勒(维语)、巴如热(藏语)、图布德-巴茹拉(蒙语)、埋哈姆(德宏傣语)。

· **外文名**

Belleric myrobalan(英语)、Bibhitaka(梵语)、Bulla(印地语)、Behera(孟加拉语)、Tani(泰米尔语)、Bàng Hôi(越南语)、balila(波斯语)。

· **基原考证**

为使君子科植物毗黎勒的干燥果实。

· **原植物**

使君子科植物毗黎勒 *Terminalia bellirica* (Gaertner) Roxburgh

落叶乔木,高 18～35 m,胸径可达 1 m;枝灰色,具纵纹及明显的螺旋状上升的叶痕,小枝、幼叶及叶柄基部常具锈色绒毛。叶螺旋状聚生枝顶,叶片阔卵形或倒卵形,纸质,全缘,边缘微波状,先端钝或短尖,基部渐狭或钝圆,两面无毛,较疏生白色细瘤点,具光泽。穗状花序腋生,在茎上常聚成伞房状,上部为雄花,基部为两性花;花 5 数,淡黄色。假核果卵形,密被锈色绒毛,具明显的 5 棱,种子 1 粒。花期 3～4 月,果期 5～7 月。(《中国植物志》)

· **分布与产地**

毗黎勒为进口南药,分布于越南、老挝、泰国、柬埔寨、缅甸、印度(除西部以外)和马来西亚至印度尼西亚。生于海拔 540～1 350 m 的山坡阳处及疏林中。为沟谷及低丘季节性雨林的上层树种之一。

· **传播路径与贸易状况**

毗黎勒是进口南药。毗黎勒是阿育吠陀医学中最重要的药材之一,其药材和药用知识随佛教和袄教等沿着南北丝绸之路传入我国,被我国传统医学吸收。毗黎勒在我国传统医学各派(中医、藏医、维医、蒙医)中应用广泛。在南亚各国的药材市场十分常见。据笔者实地调查,缅甸曼德勒药材市场有大量毗黎勒出口至我国。缅甸的毗黎勒从云南瑞丽口岸进入,是瑞丽口岸进口的大宗药材之一。新疆和田维吾尔医药交易中心和喀什国际大巴扎药材区的大部分维药"白力勒"药材来自红其拉甫口岸,进口自巴基斯坦。

· **药用历史与文化记事**

毗黎勒是南亚和中亚地区重要的传统药物。诃黎勒、毗黎勒和菴摩勒称为"三勒",来源于波斯语 Halila、Balila 和 Amala,唐代李肇《唐国史补》有记载:"又有三勒浆类酒,法出波斯。"藏医称为"哲布松(三种珍果)",对应的藏语名为阿如热、巴如热和居如热。三果是随丝绸之路和佛教传入的阿育吠陀药方。阿育吠陀医学中,梵语称为 Triphala(三果),即 Haritaka、Bibhitaka 和 Amalaka,是长生方 Rasayana 的经典配方之一,具有净化血液、延年益寿的功效。

· **古籍记载**

《药性论》:"能温暖肠腹,兼去一切冷气。蕃中人以此作浆甚热,能染须发,变黑色。"

· **功效主治**

南药毗黎勒,解毒利咽,止咳止痢,养血止血。主咽喉肿痛,咳嗽,泻痢,痔疮出血,崩漏,病后体虚。

藏药"巴如热",涩、甘、平。益气养血,调和诸药。治疗赤巴病、培根病、黄水病。

蒙药"图布德-巴茹拉",味涩、苦,性凉。效轻、淡、燥、钝。有小毒。清巴达干协日,燥热性协日乌素,杀虫,止痛,明目。治热性协日乌素,巴达干协日合并症,脱发,皮肤瘙痒,协日乌素疮,痘疹,湿疹,白癜风,秃疮,疥癣,陶赖,赫如虚,浊热,新热陈热,眼疾。

维药"白力勒",二级干寒。生干生寒,纯化异常血液质和清除烧焦体液,止泻固涩,补脑,明目,滋补肠胃,散气消痔。主治湿热性或血液质疾病,如胃、肠源性腹泻,肠内烧焦体液增多,脑虚视弱,迎风流泪,肠胃虚弱,气结痔疮等。

· **化学成分**

含鞣质,其中乙醇提取物中,含有 β-谷甾醇、没食子酸、鞣花酸、没食子酸乙酯、诃子酸及糖类物质;另还从毛诃子中分离得到具有强心作用的甾体皂苷成分。

· **药理和临床应用**

毗黎勒醇提取物能使狗胆汁分泌增加,胆汁内总固体含量亦有明显的增加。毗黎勒鞣质具有轻泻、抗炎、抗菌、抗氧化、抗肿瘤等活性,可用

作收敛剂。

附注:本品孕妇忌用。

诃 子
hezi / CHEBULAE FRUCTUS

诃子原植物 1

诃子原植物 2

・别名

词黎勒，诃黎、诃梨、随风子、藏青果、阿如热（藏语）、阿肉拉（墨脱门巴语）、额莫音-芒来（蒙语）、艾里勒（维语）、麻腊（德宏傣语）。

・外文名

Chebulic myrobalan（英语）、Haritaki（梵语）、Harad（印地语），Amagola（泰米尔语）、Horitoky（孟加拉语）、Phan-kha（缅语）、Harida（乌尔都语）。

・基原考证

为使君子科植物诃子的干燥成熟果实，干燥嫩果称"藏青果"。

云南产绒毛诃子也作诃子使用，为诃子的变种。

・原植物

使君子科植物诃子（诃黎勒）*Terminalia chebula* Retz. 及其变种绒毛诃子 *Terminalia chebula* var. *tomentella* Kurt.

诃子：乔木，高可达 30 m，径达 1 m，树皮灰黑色至灰色，粗裂而厚。叶互生或近对生，叶片卵形或椭圆形至长椭圆形，先端短尖，基部钝圆或楔形，偏斜，边全缘或微波状，两面无毛，密被细瘤点。穗状花序腋生或顶生，有时又组成圆锥花序；花多数，两性；花萼杯状，淡绿而带黄色，干时变淡黄色。核果，坚硬，卵形或椭圆形，粗糙，青色，无毛，成熟时变黑褐色，通常有 5 条钝棱。花期 5 月，果期 7～9 月。

绒毛诃子：与诃子不同处在于幼枝、幼叶全被铜色平伏长柔毛；苞片长过于花；花萼外无毛；果卵形，长不足 2.5 cm。（《中国植物志》）

・分布与产地

诃子为进口南药，绒毛诃子为本土南药。其中诃子产于东南亚和南亚。生于海拔 800～1 840 m 的疏林中，常成片分部。分布于越南（南部）、老挝、柬埔寨、泰国、缅甸、马来西亚、尼泊尔、印度。云南西南部、广东（广州）、广西（南宁）有栽培。绒毛诃子分布于云南西部和西南部。缅甸掸邦、勃固、德林达依等地也有。云南临沧市镇康县有连片的绒毛诃子纯林，是我国唯一仅存的较大居群。

・传播路径与贸易状况

诃黎勒由海上贸易和丝绸之路传入我国，早在公元前 1 世纪前我国和南亚、西亚就有海上往来，诃黎勒传入我国。古代诃黎勒在广州就有种植。广州光孝寺种植诃子树的历史可以追溯至 1750 年前的三国时代，天竺梵僧将诃子树引至广州，吴国骑都尉虞翻谪居于此讲学，多植诃子树，时人称为虞苑，又称诃林。诃子树与菩提树同为佛教的圣树，曾经成片地出现在光孝寺中，而使光孝寺获得"诃林"的美誉。目前光孝寺的仅存的诃黎勒古树为清代所植，树龄约 200 年。清代诗人彭泰来曾留下"菩提身高烟雨碧，诃子林空访遗宅"（《光孝寺新建虞仲翔祠为曾宾谷方伯赋》）的诗句。光孝寺僧众常以诃黎勒制成茶饮待客。光孝寺目前的诃子树，均为采集诃子古树的种子所植。据记载，广州白云山曾有许多诃子树分布，因而得名"诃子岭"，为广州一景。抗日战争期间，日军占领广州后，烧杀抢掠，诃子岭被付之一炬，诃子岭自此"只留其名，不见其树"。近年，为重现"诃子岭"盛景，光孝寺会同华南农业大学从诃黎勒古树采集种子培育诃子树苗。2011 年 5 月 28 日，广州市各界曾在白云山诃子岭景区举行大型义务植树活动，并种下诃子树苗 450 株。

云南西南部有绒毛诃子分布，但一直不为人所知，只是当地草医偶尔使用。20 世纪 70 年代，临沧市药检所发现野生诃黎勒，经中国科学院西双版纳热带植物园的专家鉴定为绒毛诃子。

・药用历史与文化记事

诃黎勒一词来源于波斯语 Halila，可能是由波斯商人于丝绸之路传入我国，历代中医本草均有记载。汉代《金匮要略》就记载"诃黎勒散"，用诃黎勒散敛肺涩肠，止利固脱。《南方草木状》载："诃梨勒，树似木梡，花白，子形如橄榄，六路，皮肉相着，可作饮。"诃黎勒更多是在佛教医学中使用，《金光明经》《金光明最胜王经》《药师经》等佛教经卷中都有记载。佛教中的药师琉璃光佛就是手执尊胜诃子枝条和琉璃药罐的形象。

诃黎勒在藏药中地位非常重要,《晶珠本草》载,诃黎勒能调和诸药,治疗百病,延年益寿。传说中藏药阿如热是医药女神意超拉姆从天界带来的甘露化成,被誉为"藏药之王"。阿如热、巴如热(毗黎勒)和居如热(菴摩勒)被用来酿制"哲布松"汤,即三果汤,被称为"甘露",在佛教仪式上常配合念诵陀罗尼饮用,可以"不堕恶道"。

在印度阿育吠陀医学中,毗黎勒与庵摩勒(余甘子)、诃梨勒(诃子)一起组成三果药。这三种果药合用,有着非常广泛的医学用途,三果药几乎是无病不克的,它被用于治疗热病、眼病、风性肿瘤、咳嗽、尿道病、皮肤病、黄病、呕吐,还可作长生药,令白发变黑。

· **古籍记载**

《本草经疏》:"诃黎勒,其味苦涩,其气温而无毒。苦所以泄,涩所以收,温所以通,惟敛故能主冷气、心腹胀满;惟温故下食。甄权用以止水道,萧炳用以止肠僻久泄,苏颂用以疗肠风泻血、带下,朱震亨用以实大肠,无非苦涩收敛,治标之功也。"

· **功效主治**

南药"诃黎勒",涩肠止泻,敛肺止咳,降火利咽。用于久泻久痢,便血脱肛,肺虚喘咳,久嗽不止,咽痛音哑。

藏药"阿如热",苦、酸、涩、温。调和诸药,协调龙、赤巴、培根病。治疗血病、龙病、赤巴病和培根病及四者合并症。

蒙药"额莫音-芒来",味涩,性平。祛变形三根,调理体素。主治赫依病,协日病,巴达干病,赫依、协日、巴达干合并症和聚合症,各种毒症。

维药"艾里勒",二级干寒,味酸涩。生干生寒,纯化异常血液质,燥湿补脑,增强智力,除烦解郁,清热解毒,祛风止痒,凉血乌发。主治湿热性或血液质性疾病,如干性脑虚,智力下降,心烦恐惧,抑郁症,麻风,痔疮,皮肤瘙痒,毛发早白。

· **化学成分**

含鞣质,主要成分为诃子酸、诃黎勒酸、1,3、6-三没食子酰葡萄糖、没食子酸等。另含原诃子酸、鞣花酸、诃子素等。此外,尚含毒八角酸(shikimic acid)、奎尼酸(quimic acid)、糖类及氨基酸等。

· **药理和临床应用**

醇提取物对菌痢或肠炎形成的黏膜溃疡有收敛作用,口服或灌肠治疗痢疾均有疗效;有止泻作用。果实中所含诃子素有解除平滑肌痉挛的作用;对痢疾志贺菌、金黄色葡萄球菌、伤寒沙门菌等多种细菌有很好的抑制作用;有抗肿瘤作用。

诃黎勒治疗慢性痢疾有特效,干燥幼果称为藏青果,治疗咽喉炎等。

附注:诃黎勒含有鞣质可作为染料。近年来我国从印度等地进口用诃黎勒制成的天然染料用于纺织品染色。云南临沧市镇康县有连片的绒毛诃子纯林,是我国唯一仅存的较大居群。建议建立绒毛诃子保护区。

丁 香
dingxiang / CARYOPHYLLI FLOS

丁香药材

・别名

丁子、丁子香、支解香、雄丁香、公丁香、母丁香、罗尖儿(西双版纳傣语)、勒协(藏语)、高勒都-宝茹(蒙语)、开兰甫尔(维语)。

・外文名

Clove(英语)、Devakusuma(梵语)、Laung(印地语)、Kirambu(泰米尔语)、Kabsh qaranful(阿拉伯语)、Lay-hnyin(缅语)、Đinh Hương(越南语)、Cengkih(印尼语)、Cengkèh(爪哇语)、Cengkih(马来语)、Lavangam(梵语)。

・基原考证

为桃金娘科植物丁香的干燥花蕾(公丁香)、干燥果实(母丁香)。

・原植物

桃金娘科植物丁香 *Syzygium aromaticum* (L.) Merr. & L. M. Perry

异名:*Eugenia caryophyllata* Thunb.、*Eugenia aromatica* (L.) Baill.

常绿乔木,高达 10 m。叶对生;叶柄明显;叶片长方卵形或长方倒卵形,先端渐尖或急尖,基部狭窄常下展成柄,全缘。花芳香,成顶生聚伞圆锥花序;花萼肥厚,绿色后转紫色,长管状,先端 4 裂,裂片三角形;花冠白色,稍带淡紫,短管伏,4 裂;雄蕊多数,花药纵裂;子房下位,与萼管合生,花柱粗厚,柱头不明显。浆果红棕色,长方椭圆形,先端宿存萼片。种子长方形。(《中华本草》)

・分布与产地

丁香为进口南药。原产于印度尼西亚,分布于马来群岛及非洲,我国广东、广西等地有栽培。药材主产于坦桑尼亚、马来西亚、印度尼西亚等地。丁香原产印尼马鲁古群岛,又名"香料岛",后引入非洲。非洲的坦桑尼亚桑给巴尔岛盛产丁香,有"丁香岛"美誉。

・传播路径与贸易状况

丁香由海上贸易和丝绸之路从南亚和东南亚传入我国,是重要的进口南药和香料。《证类本草》就记载丁香从海上传入广州。历代本草记载丁香产自东南亚的昆仑(下缅甸)、交州(越南)、掘伦(克拉地峡)等地。维药本草著作记载,开兰甫尔由印度、巴基斯坦等地传入。现代丁香在热带地区广泛栽培,贸易量大,在东南亚、南亚地区香料和药材贸易中常见。

・药用历史与文化记事

丁香传入中国的历史可以追溯到先秦时代,丁香作为中药出自唐代《开宝本草》。古人以花蕾为公,故名"公丁香",以果实为母,故名"母丁香"。相传东汉恒帝年间,著名医药学家汉林太医,精通医术,经常出入于太医院的药房及御药库,认真仔细地比较、鉴别各地的药材,搜集了大量的资料,编写《汉林本草》。有个老臣子叫刁存,口臭很厉害。每当他向皇帝奏事,皇帝都皱着眉头,直至忍无可忍,东汉皇帝根据《汉林本草》中记载"三省故事郎官口含鸡舌香,欲奏其事,对答其气芬芳。此正谓丁香治口气,至今方书为然",便赐了《汉林本草》书中记载的鸡舌香草药给他,命他含到嘴里。刁存不知何物,惶恐中只好遵命,入口后又觉得味辛刺口,退朝后,恰好有同僚来访,感觉此事稀奇,便让刁存把"鸡舌香"吐出。吐出之后,便闻到一股浓郁芳香,口臭已然不觉。原来所谓"鸡舌香"即是丁香。而后,朝廷官员面见皇帝时口含丁香便成为一时风气。

嚼丁香清新口气在南亚和东南亚地区盛行,在巴基斯坦、印度、孟加拉国和尼泊尔等国,饭后嚼服丁香或以丁香为主的香料包,用来消除饭后残留的食物味道,清新口气。缅甸风格的槟榔由数种香料配合槟榔子制作,其中就有丁香。

・古籍记载

《开宝本草》:"丁香,二月、八月采。按广州送丁香图,树高丈余,叶似栎叶,花圆细,黄色,凌冬不雕。医家所用惟用根。子如钉子,长三四分,紫色,中有粗大如山茱萸者,俗呼为母丁香,可入心腹之药尔。"

・功效主治

南药丁香,温脾胃,降逆气。主治胃寒呕逆,吐泻,脘腹作痛。

藏药"勒协",味辛、苦。性温、燥、糙。治命脉诸疾,寒性龙病,痘疮病等。

蒙药"高勒都-宝茹",味辛、微苦,性温。效重、腻、固、软、燥。祛寒,祛赫依,调火,消食,开胃,解毒,表疹,利咽喉。主治主脉赫依,心赫依,癫狂,痘疹,音哑。

维药"开兰甫尔",三级干热。生干生热,燥湿补胃,增强消化,散寒温筋,补脑增智,增强性欲,乌发。主治湿寒性或黏液质性疾病,如胃寒纳差,消化不良,瘫痪,面瘫,关节炎,脑虚健忘,阳事不举,头发早白。

· **化学成分**

花蕾含挥发油即丁香油。油中主要含有丁香油酚(eugenol)、乙酰丁香油酚、β-石竹烯(β-caryophyllene),以及甲基正戊基酮、水杨酸甲酯、葎草烯(humuleno)、苯甲醛、苄醇、间甲氧基苯甲醛、乙酸苄酯、胡椒酚(chavicol)、α-衣兰烯(α-ylangene)等。也有野生品种中不含丁香油酚(平常丁香油中含 64% ~ 85%),而含丁香酮(eugenone)和番樱桃素(eugenin)。花中还含三萜化合物如齐墩果酸(oleanolic acid)黄酮和对氧萘酮类鼠李素(rham-netin)、山奈酚(kaempferol)、番樱桃素、番樱桃素亭(eugenitin)、异番樱桃素亭(isoeugenitin)及其去甲基化合物异番樱桃酚(isoeugenitol)。

· **药理和临床应用**

丁香水煎剂和丁香油对于猪、犬的蛔虫均有驱除作用,丁香油的效力更大,对于犬的钩虫病也有一定疗效。在体外,丁香水煎剂、乙醇浸剂和乙醚提取物均有麻痹或杀死猪蛔的作用。抑菌试验:本品对于葡萄球菌及结核杆菌均有抑制作用。丁香油及丁香酚在试管内对布鲁氏菌、鸟型结核分枝杆菌的抑制作用较强,对常见致病性皮肤真菌有显著的抑制作用。又因为丁香油及丁香酚对于皮肤无刺激作用,且吸收良好。

此外,丁香油尚有镇痛、抗缺氧、抗凝血等作用。

附注:丁香是药食两用植物,除了入药外,还用于食品香料。丁香油是丁香提取的挥发油,广泛用于食品、医药等行业。丁香油含有丁香酚,具有极高的药用价值。

乳 香

乳香药材

· **别名**

多揭罗香、卡氏乳香、薰陵香、乳头香、塌香、马思荅香、摩勒香、浴香、多伽罗香、嘟噜香。

· **外文名**

Frankincense、Olibanum-tree(英语),Al-luban(阿拉伯语),Moxor(索马里语),Nhũ Hương(越南语),Kemenyan arab(印尼语),Oliban(法语)。

· **基原考证**

为漆树科植物乳香木或齿叶乳香的树脂。

· **原植物**

橄榄科植物乳香木 *Boswellia sacra* Flueck.(=*Boswellia carteri* Birdw.)及齿叶乳香 *Boswellia serrata* Roxb. ex Colebr.(=*Boswellia thurifera*

Roxb. ex Fleming）

乳香木为矮小灌木，高4～5m，稀达6m。树干粗壮，树皮光滑，淡棕黄色，纸状，粗枝的树皮鳞片状，逐渐剥落。奇数羽状复叶互生；小叶15～21，基部者最小，向上渐大，长卵形，先端钝，基部图形、近心形或截形；边缘有不规则的圆锯齿或近全缘，两面均被白毛，或上面无毛。花小，排列成稀疏的总状花序；花萼杯状，5裂，裂片三角状卵形；花瓣5，淡黄色，卵形，长约为萼片的2倍，先端急尖。核果倒卵形，具3棱，钝头，果皮肉质，肥厚，每室具种子1颗。花期4月。（《中华本草》）

· **分布与产地**

乳香为进口南药，分布于红海沿岸埃塞俄比亚、索马里、利比亚至苏丹、土耳其等地。

· **传播路径与贸易状况**

南药乳香在传统中医中声誉很高，最早由印度传入中国。从印度传入的乳香可能还包括了齿叶乳香的树脂。薰陆香为乳香在印度的二次加工品。乳香最重要的来源是产自非洲的乳香树。古代乳香主要是由阿拉伯商人带入中国的。

· **药用历史与文化记事**

"乳香"一词源于阿拉伯语"Alluban"，意思是"滴下的乳汁"。《香谱》云："乳香一名熏陆香，出大食国南。其树类松，以斤斫树，脂溢于外，结而成香，聚而成块。上品为拣香，圆大如乳头透明，俗呼滴乳，又曰明乳；次为瓶香，以瓶收者；次为乳塌，杂沙石者；次为黑塌，色黑；次为水湿塌，水渍色败气变者；次为斫削，杂碎不堪；次为缠末，播扬为尘者。观此，则乳有自流出者，有斫树溢出者。诸说皆言某树类吉松，寇氏言类棠梨，恐亦传闻，当从前说。"

原产地居民把乳香用于香薰和药物，用来治疗淤血和骨痛。著名的"乳香之路"位于阿拉伯半岛东南部阿曼苏丹国佐法尔省境内，是古代以及中世纪时期最重要的商业活动区之一。2000年作为世界文化遗产被列入《世界遗产名录》。乳香之路，又称乳香贸易遗址，是阿曼古代和中世纪乳香贸易的场所，这个场所主要种植乳香树，并保留有历史上进行乳香贸易的绿洲遗迹。乳香树和商队绿洲遗迹可以证明，此处的乳香贸易在多个世纪内一直繁荣，因而这一地区在当时也是至关重要的。

古埃及人和西伯来人在祭祀仪式中燃烧乳香，这一方式也影响到后来的基督教仪式并流传下来。乳香在基督教故事中是东方三博士赠给新生耶稣的三件礼物（黄金、乳香、没药）之一。《圣经》中说到："示巴的众人，都必来到；要奉上黄金乳香，又要传说耶和华的赞美。"这里的"示巴"指的是古代埃塞俄比亚至也门一带的古老国家，即是乳香的产地。乳香精油在欧洲神秘文化中用于驱赶邪恶灵魂。古代西方传统医学认为发热、谵语等是因为"邪恶灵魂"附身，乳香精油可以驱赶它们使人恢复健康。从药理学的角度看，乳香精油具有抗菌、抗炎、退热等活性，而发热多为感染和炎症所致。但乳香精油至今还只是在传统医学中有限地使用，需要深入研究以便以进一步挖掘其在医学领域的应用潜力。

· **古籍记载**

《南方草木状》："熏陆香，出大秦，在海边。有大树，枝叶正如古松，生于沙中，盛夏，树胶流出沙上，方采之。"

· **功效主治**

活血止痛。用于心腹诸痛，筋脉拘挛，跌打损伤，疮痈肿痛；外用消肿生肌。

· **化学成分**

乳香树含树脂60%～70%，树胶27%～35%，挥发油3%～8%。树脂的主要成分为游离α、β-乳香脂酸（α、β-boswellic acid）33%，结合乳香脂酸13.5%；乳香树脂烃（olibanoresene）33%，O-乙酰基-β-乳香脂酸（O-acetyl-β-boswellic acid）、O-乙酰-α-乳香脂酸等；树胶为阿拉伯杂多糖酸（arabic acid）的钙盐和镁盐20%，西黄芪胶黏素（bassorin）6%。树胶中还含有苦味质0.5%；挥发油呈淡黄色，有芳香，含蒎烯

（pinene）、消旋-柠檬烯（limonene）及 α,β-水芹烯（α,β-phellandrene）、α-樟脑烯醛（α-campholenal-dehyde）、枯醛（cumi-naldehyde，cumaldehyde）、荷罗艾菊酮（carvotanacetone）、水芹醛（phelland-ral）、邻-甲基苯乙酮（O-methylacetophenone）、葛缕酮（carvone）、紫苏醛（perilla-aldehyde）、优葛缕酮（eucarvone）、辣薄荷酮、侧柏酮（thujone）、桃金娘酸（myrtenic acid）、桃金娘醛（myrtenal）、松樟酮（pinocamphone）等。

· **药理和临床应用**

乳香具有镇痛作用。用小鼠热板法证明乳香挥发油有镇痛作用，提取挥发油后的残渣无效。挥发油中的镇痛主要成为乙酸正辛酯。乳香还具有消炎防腐作用。其作用机制是促进多核白血球增加，以吞噬死亡的血球及细胞，改善新陈代谢，从而起消炎作用。此外，乳香挥发油中的多种成分，如侧柏酮、松樟酮等对中枢神经系统有镇静作用，具有安神功效。

附注：乳香树脂可蒸馏出乳香精油。乳香木树脂含精油 3%～8%，可作为食品添加剂。乳香精油可用来调制各种香型的香精。据报道，具有相同用途的还有鲍达乳香 *Boswellia bhaw-dajiana* Birdw. 和野乳香 *Boswellia neglecta* S. Moore。据最新世界植物名录数据库载 *Boswellia bhaw-dajiana* 实为 *Boswellia sacra* 的异名。我国未见野生乳香的分布记录。

没 药

moyao / MYRRHA

· **别名**

末药、明没药、木库尔没药、木克买尔（维语）。

· **外文名**

Myrrh（英语）、Mirra（意大利语）、Myrr（阿拉伯语）、Gugulu（梵语）、Gugal（印地语）、Gukkulu（泰米尔语）、Guggul（孟加拉语）、Một Dược（越南语）、Kular-nat-sway（缅语）。

没药药材

· **基原考证**

为橄榄科植物没药树及同属植物树干皮部渗出的油胶树脂。

· **原植物**

橄榄科植物没药 *Commiphora myrrha* Engl.（＝*Commiphora molmol*（Engl.）Engl.）

低矮灌木或乔木，高约 3 m。树干粗，具多数不规则尖刻状的粗枝；树皮薄，光滑，小片状剥落，淡橙棕色，后变灰色。叶散生或丛生，单叶或三出复叶；小叶倒长卵形或倒披针形，中央 1 片长 7～18 mm，宽 4～5 mm，远较两侧 1 对为大，钝头，全缘或末端稍具锯齿。花小，丛生于短枝上；萼杯状，宿存，上具 4 钝齿；花冠白色，4 瓣，长圆形或线状长圆形，直立；雄蕊 8，从短杯状花盘边缘伸出，直立，不等长；子房 3 室，花柱短粗，柱头头状。核果卵形，尖头，光滑，棕色，外果皮革质或肉质。种子 1～3 颗，但仅 1 颗成熟，其余均萎缩。花期夏季。（《中华本草》）

· **分布与产地**

没药为进口南药，分布于热带非洲和亚洲西部。产于东非索马里、埃塞俄比亚、阿拉伯半岛。

·传播路径与贸易状况

没药是重要的进口南药和香药。没药自丝绸之路传入中国,是古代著名香药之一。同属植物中,也有作为没药进入中国的。如产自印度的木库尔没药 Commiphora mukul 等。

·药用历史与文化记事

在古希腊神话中,塞浦路斯的国王喀倪剌斯有一个漂亮的女儿叫密耳拉(古希腊语:Μύρρα,字面意思为"没药"),母亲是肯刻瑞伊斯。因其长得漂亮,其母亲口无遮拦竟夸口说自己女儿的美貌与女神阿佛洛狄忒不相上下,令后者勃然大怒。阿佛罗狄忒对密耳拉施下诅咒,使她爱上了自己的父亲喀倪剌斯。密耳拉知道无法与父亲结合,于是产生了轻生的念头,企图上吊,但被乳母希波吕塔所救。又在其乳母的帮助下最终与自己的父亲结合,乱伦达十二夜之久,当喀倪剌斯知道与他交欢的人是自己的女儿时,暴怒之下要拿刀杀死自己的女儿,密耳拉向神呼救,众神于是把她变成了一棵没药树。密耳拉在变成树时流下的苦涩眼泪就是没药树脂。密耳拉的神话也反映了取得没药的方法,割开没药的树皮裂缝处渗出的白色油胶树脂,于空气中变成红棕色而坚硬的圆块。打碎后,炒至焦黑色应用。英国诗人罗伯特·格雷福斯在分析这个神话时指出隐含的意义,指出没药在古代是一种"春药"。

没药的使用已有 4 000 多年的历史。这种生长在荒漠中、带刺的小灌木,流出的树胶非常有价值。没药用来做香水、净身熏香和药材。没药在古代就常常被用作香薰料,它能让祈祷者冥思、提振精神。在古埃及人们每天下午焚烧没药祭祀太阳神阿吞。没药树脂是易燃的,也是耶稣诞生时东方三博士送给他的三件礼物(黄金、乳香、没药)之一。没药在古代就被广泛使用,并证明了它的药用价值。在古医书中记载了没药对妇女外阴部的清洗作用。没药的油膏治疗创伤非常好,因此,古罗马士兵上战场时,一定要携带一小瓶没药,它的抗菌、抗炎作用可以用于治疗外伤。

没药传入我国的历史已经有近千年了,五代时期的《海药本草》记载:"谨按徐表《南州记》,生波斯国,是彼处松脂也。状如神香,赤黑色。味苦、辛、温,无毒。主折伤马坠,推陈置新,能生好血。凡服皆须研烂,以热酒调服,近效。堕胎,心腹俱痛,及野鸡漏痔,产后血气痛,并宜丸散中服尔。"宋代《本草衍义》载:"没药,大概通滞血,打扑损疼痛,皆以酒化服。血滞则气壅淤,气壅淤则经络满急,经络满急,故痛且肿。凡打扑着肌肉须肿胀者,经络伤,气血不行,壅淤,故如是。"

·古籍记载

《本草图经》:"没药,生波斯国,今海南诸国及广州或有之。木之根、之株,皆如橄榄,叶青而密,岁久者则有膏液流滴在地下,凝结成块,或大或小,亦类安息香。"

·功效主治

南药没药,活血止痛,消肿生肌。主胸腹瘀痛,痛经、经闭、癥瘕,跌打损伤,痈肿疮疡,肠痈,目赤肿痛。

维药"木克买尔",二级干热,味苦、辛。生干生热,祛湿寒,止疼痛,止咳化痰,防腐生肌,利尿,通经。主治湿寒性或黏液性疾病,同时具有杀菌消炎等功效。

·化学成分

含树脂 $25\% \sim 35\%$,挥发油 $2.5\% \sim 9\%$,树胶 $57\% \sim 65\%$,树脂大部分能溶于醚,不溶性部分含 α-、β-罕没药酸(heerabomyrrholic acid),可溶性部分含 α-、β-、γ-没药酸(commiphoric acid),没药尼酸(commiphorinic acid),α-、β-罕没药酚(heerabomyrrhol),尚含罕没药树脂(heeraboresene)、没药萜醇(commiferin)。挥发油在空气中易树脂化,含丁香油酚(eugenol)、间甲苯酚(m-cresol)、枯醛(cuminaldehyde)、蒎烯(pinene)、柠檬烯(limonene)、桂皮醛(cinnamic aldehyde)、罕没药烯(heerabolene)等。并含多种呋喃倍半萜类化合物:8α-甲氧基莪术呋喃二烯(8α-methoxyfuranodiene)、8α-乙酸基莪术呋喃

二烯(8α-acetylfu-ranodiene)、莪术呋喃烯(curzerene，isofruanogermacrene)、乌药根烯(lindestrene)、呋喃桉-1,3-二烯(furanoeudesma-1,3-diene)、莪术呋喃二烯(furanodiene)。反式和顺式 4,17(20)-孕甾-3,16-二酮(E, Z-guggulsterone)。树胶水解得阿拉伯糖、半乳糖和木糖。

· **药理和临床应用**

没药的水浸剂(1∶2)在试管内对堇色毛癣菌、同心性毛癣菌、许兰黄癣菌等多种致病真菌有不同程度的抑制作用。没药的抗菌作用可能与含丁香油酚有关，参见丁香条。含油树脂部分能降低雄兔高胆甾醇血症(饲氢化植物油造成)的血胆甾醇含量，并能防止斑块形成，也能使家兔体重有所减轻。与其他含油树脂的物质相似，没药(一般用酊剂)有某些局部刺激作用，可用于口腔洗剂中，也可用于胃肠无力时以兴奋肠蠕动。水浸剂用试管稀释法，1∶2 对堇色毛癣菌等皮肤真菌有抑制作用。所含挥发油对霉菌有轻度抑制作用。没药煎剂 20 mg/kg 股动脉注射，可使麻醉狗股动脉血流量增加，血管阻力下降。

附注：没药不溶于水，一般使用粉末或者酊剂。没药广泛用于化妆品和香精调制。在芳香疗法中，没药用作收敛剂及杀菌剂。

木 苹 果
mupingguo / BILVA

木苹果原植物

· **别名**

木橘、孟加拉苹果、印度橘、三叶木橘、彼哇(藏语)、麻比罕(西双版纳傣语)。

· **外文名**

Bael tree(英语)、Bilva(梵语)、Bael(印地语、孟加拉语)、Vilvam(泰米尔语)、Bengalische quitte(德语)、Maja(印尼语)。

· **基原考证**

为芸香科植物木苹果的未成熟果实或成熟果肉。

藏药"Pi-bha"(彼哇)为木苹果的果实，来自于梵语。

傣药"Ma-Pee-Kham"(麻比罕)为木苹果的果实，意思是"暗黄色的果实"。

· **原植物**

芸香科植物木橘 Aegle marmelos (L.) Corr.

树高 10 m 以内，树皮灰色，刺多，粗而硬，劲直，生于叶腋间，枝有长枝与短枝，长枝的节间较长，每节上有正常叶 1 片，其旁侧有刺 1 或 2 条，短枝的节间短，每节上着生 1 叶而无刺，叶片的小大差异较大，幼苗期的叶为单叶，对生或近于对生，稍后期抽出的叶为单小叶，生于茎干上部的叶为指状 3 出叶，有时为 2 小叶，小叶阔卵形或长椭圆形，中央的一片较大，有长约 2 cm 的小叶柄，两侧的小叶无柄，叶缘有浅钝裂齿。单花或数花腋生，花芳香，有花梗；花瓣白色，5 或 4 片，略呈肉质，有透明油点，雄蕊多达 50 枚，通常不同程度地合生成多束，花丝甚短，花药线状而长，果纵径 10～12 cm，横径 6～8 cm。果皮淡绿黄色，平滑，干后硬木质，种子甚多，扁卵形，端尖，并有透明的粘胶质液，种皮有棉质毛，子叶大。果期 10 月。

· **分布与产地**

木苹果为进口南药，我国产于云南西双版纳，系引种栽培，原产于东南亚及印度次大陆热带季节落叶林中，分布于印度、缅甸、老挝、越南、柬埔寨、泰国、马来西亚、印度尼西亚等地。

· **传播路径与贸易状况**

木苹果在藏药和傣药中的运用应是随佛教

传入。目前傣药运用的木苹果主要由泰国和缅甸进口，藏药运用的木苹果主要由尼泊尔和印度进口。同科植物大木苹果（Katbel）*Feronia clophantum* Corrêa 在东南亚作为代用品，进口藏药木苹果中常混入少量该种。

· **药用历史与文化记事**

在印度传统文化中，木苹果是吉祥树、吉利果，是献祭给毗湿奴和湿婆大神的贡品，也用于祭祀"幸运神"和"健康神"，常常种植在神庙附近。其树皮、叶和种子作为药物，可追溯至公元前100年的阿育吠陀典籍记载。在传统阿育吠陀经典《悉檀娑罗》（医理精华）中，木苹果被用来加入酥油和水中配制一种名为"善妙酥"的药液，用于治疗咳喘、尿频和妇女不孕等疾病。印度民间药用木苹果的根和印楝树根一起点燃，用燃烧的末端放入油中，用如此制成的药油滴入耳中治疗耳痛。

尼泊尔加德满都河谷传统文化中至今仍保留着一个古老的习俗——树婚。女孩一生经历三次"结婚"，第一次是和木苹果结婚，第二次是和太阳神结婚，第三次才是真正的婚姻。

在东南亚地区的传统信仰中，木苹果是"众神之树"。鲜果食用或制成健康饮料，果实切片晒干，是普遍的传统药物。

在藏传佛教中，木苹果是重要的礼仪和信仰植物，《晶珠本草》中记载，木苹果是树神献给佛陀的礼物。

· **古籍记载**

藏医《晶珠本草》："尕唯摘吾分为大、小两种。据查证，大者为葫芦子，小者为彼哇。"

· **功效主治**

南药木苹果，用于止泻止吐。

傣药"麻比罕"，内服治疗慢注痢疾，腹痛腹泻，咽喉肿痛，口腔溃烂。根的煎剂治咽喉肿痛，吞咽不利。叶煎洗治全身湿疹、瘙痒。种子油搽治溃烂、久不收口。

藏药"彼哇"，用于热痢，大小肠热泻，慢性腹泻。

木苹果提取物具有抗胃溃疡、保护心脏、抗肿瘤、抗氧化、调节免疫、抗菌等活性。

· **化学成分**

果实含生物碱、香豆素类、萜类、甾醇类、糖类、鞣质、油脂、蛋白质、维生素等。

· **药理和临床应用**

抗微生物活性：种子油显示抗菌活性。精油具广谱抗霉菌活性（同时用 hamycin 作对比）。伞形酮、马宁、补骨脂素、花椒毒素、印枳素等天然香豆素均有抗微生物活性。印枳素有杀菌作用，马宁又有杀霉菌作用。

鸦胆子

yadanzi / BRUCEAE FRUCTUS

鸦胆子原植物

鸦胆子药材

- **别名**

苦参子、鸭蛋子、撒撒龙（西双版纳傣语）、麻务苗（德宏傣语）。

- **外文名**

Java brucea（英语）、Yar-tan-zi（缅语）、Xoan Rừng（越南语）、Ra-cha-dad（泰语）、Buah makasar（印尼语）。

- **基原考证**

为苦木科植物鸦胆子的干燥果实，首载于明清时代的《生草药性备要》。

- **原植物**

苦木科植物鸦胆子 *Brucea javanica*（L.）Merr.

灌木或小乔木；嫩枝、叶柄和花序均被黄色柔毛。叶长 20～40 cm，有小叶 3～15；小叶卵形或卵状披针形，先端渐尖，基部宽楔形至近圆形，通常略偏斜，边缘有粗齿，两面均被柔毛，背面较密。花组成圆锥花序，雌花序长约为雄花序的一半；花细小，暗紫色。核果 1～4，分离，长卵形，成熟时灰黑色，干后有不规则多角形网纹，外壳硬骨质而脆，种仁黄白色，卵形，有薄膜，含油丰富，味极苦。花期夏季，果期 8～10 月。（《中国植物志》）

- **分布与产地**

鸦胆子为本土南药。分布于我国南方沿海热带和亚热带地区，如福建、台湾、广东、海南、广西、贵州、云南等地，云南生于海拔 950～1 000 m 的旷野或山麓灌丛中或疏林中。泰国、缅甸和印度尼西亚等国家也有分布。

- **传播路径与贸易状况**

鸦胆子是《中国药典》收录品种。资源量大，值得进一步开发应用。鸦胆子主要是民间利用，地方市场上偶有销售，但贸易少见。

- **药用历史与文化记事**

鸦胆子出自《本草纲目拾遗》，"鸦胆子，出闽、广，药肆中皆有之。形如梧子，其仁多油，生食令人吐，作霜，捶去油，入药佳"。《医学衷中参西录》记载，鸦胆子，俗名鸭蛋子，即苦参所结之子。味极苦，性凉。为凉血解毒之要药，善治热性赤痢（赤痢间有凉者），二便因热下血，最能清血分之热及肠中之热，防腐生肌，诚有奇效。

- **古籍记载**

《本草纲目拾遗》："一名苦参子，一名鸦胆子。出闽广，药肆中皆有之。形如梧子，其仁多油，生食令人吐，作治痢。"

- **功效主治**

清热解毒，杀虫。用于痢疾，久泻，疟疾，痔疮，疔毒，以及赘疣、鸡眼等。

- **化学成分**

果实含鸦胆子苦素（bruceine）A、B、C 和 D，去氢鸦胆子苦素（dehydrobruceine）A、B，鸦胆亭醇（bruceantinol）、鸦胆苦醇（brusatol）、鸦胆丁（bruceantin）、双氢鸦胆子苷（dihydrobruceine）A，及 1,3-二油酸甘油酯（glycerol 1,3-bisoleate）、杜鹃花酸（azelaicacid）、（＋）-8-羟基十六酸（（＋）-8-hydroxyhexadecanoicacid）。树皮中含有鸦胆子苦素（bruceine）A、B，dehydrobruceines A、B 等。

- **药理和临床应用**

鸦胆子有广泛的药理活性，如抗白血病、抗疟疾、抗病毒、抗椎体虫病、抗肿瘤和抗癌等。鸦胆子油乳制剂在临床广泛应用于治疗肿瘤、癌症，还可用于胃溃疡和胸腹水等的治疗。

附注：鸦胆子种子含油，据《中国油脂植物》记载，云南产鸦胆子含油 22％，广州产含油 24.4％，广西南宁产含油 55.4％，脂肪酸组成以油酸为主，达 58％～70％。鸦胆子油可用于医疗、日化、农药等产品。

东革阿里

donggeali / EURYCOMAE LONGIFOLIAE RADIX

- **别名**

马来人参、长叶宽木、东革亚里、东嘎阿里。

东革阿里原植物

·外文名

Malaysian ginseng（英语）、Tongkat ali（马来语）、Bidara laut（印尼语）、Babi kurus（爪哇语）、Cây Bá Bênh（越南语）、Bi-ttu-bark（缅语）、Tho nan（老挝语）、tung saw（泰语）。

·基原考证

为苦木科植物东革阿里的根。

·原植物

苦木科植物东革阿里 *Eurycoma longifolia* Jack

常绿纤细灌木，高可达 10～15 m，通常无分枝，具红色棕色叶柄。羽状复叶互生，长达 1 m。每一片复叶由 30～40 片小叶组成，小叶披针形到倒卵形-披针形，叶背较白。花序腋生，大型棕红色圆锥花序，被短柔毛。花两性。花瓣小，紫红色，被短柔毛。核果坚硬，卵形，幼时黄棕色，成熟时呈棕色红色。

·分布与产地

东革阿里为新兴进口南药，分布于热带东南亚，产于印尼、马来西亚、泰国、越南、柬埔寨等国。

·传播路径与贸易状况

东革阿里是新兴的进口南药。东革阿里是印尼和马来西亚的民族民间药。20 世纪 90 年代，东南亚一带忽然掀起"东革阿里热"，一时间声名鹊起，身价倍增，我国开始进口东革阿里产

品。现各大药材市场、药典、超市、保健品店和网店都有销售。

·药用历史与文化记事

马来语"东革阿里"（tongkat ali）一词，意为"阿里的拐杖"，来自马来西亚民间故事。土著部落中有一个长老名叫穆罕默德·阿里。一次，阿里进入原始森林狩猎，迷路被困。疲惫饥饿的阿里偶尔间食用到一种植物的根和叶子，恢复了体力，并且砍下这种植物的枝条作为拐杖，最终历尽艰辛，回到了部落。令人吃惊的是几个月不见的阿里，看上去年轻了很多，以前的疾病也痊愈了。后来阿里将这件事告诉族人，并带领他们采挖这种植物。因为阿里是杵着这个植物的枝条做的拐杖回到部落，因此这个植物得名"阿里的拐杖"。马来西亚民族民间医学认为东革阿里有消除疲劳的作用，也被用于妇女产后恢复。东革阿里还具有抗寄生虫和抗菌的作用，被民间用于治疗寄生虫和感染。20 世纪 90 年代前后，东革阿里产品进入我国，被商业宣传包装成具有各种"神奇功效"的"马来人参"。

·功效主治

在印度尼西亚和马来西亚，东革阿里根的水煎液被作为一种促进产后恢复的保健品，同时也可以缓解发热、肠道蠕虫、痢疾、腹泻、消化不良和黄疸。在越南，花和果实被用来治疗痢疾，根被用来治疗疟疾和发热。在缅甸德林达依地区，东革阿里用于治疗头痛、发热、疟疾、难产、天花、溃疡、梅毒、伤口感染等疾病。

·化学成分

东革阿里根部主要活性成分为 Eurycomalactone，为促炎症 NF-κB 信号通路抑制剂，具有抗炎活性。另含有东莨菪素（scopoletin，1）、9-甲氧基-铁屎米-6-酮（9-methoxycanthin-6-one，2）、3-(7-甲氧基-β-咔巴啉-1)-丙酸（7-methoxy-β-carbolin-1-propionic acid，3）、laurycolactone A（4）、3-(7-甲氧基-β-咔巴啉-1)-丙酸甲酯（7-methoxyinfractin，5）等。

·药理和临床应用

东革阿里提取物具有抗疲劳、抗氧化、抗炎、抗寄生虫、抗菌、抗肿瘤等活性。其中所含东莨菪素可能是其抗疲劳活性的物质基础。根提取物被用作膳食补充剂，也作为功能性成分被添加到咖啡和功能饮料中。有些商业宣传声称东革阿里具有壮阳、促进性激素分泌，甚至治疗心脏病、高血压、痛风等疑难杂症的功效，但目前研究证据尚不充分，大多研究还处于活性试验阶段，少数达到动物实验的阶段，尚未有人类临床实验报告。

胖 大 海

pangdahai / STERCULIAE
LYCHNOPHORAE SEMEN

胖大海原植物

胖大海药材

·别名

安南子、大洞果、胡大海、大发、通大海、彭大海、大海子、大海、大海榄。

·外文名

Malva nut（英语）、莫大（日语）、mak-kong（老挝语）、Samraong（高棉语）、Ươi（越南语）、Mai-chong（兰纳泰语）、Sheng-nong（暹罗泰语）、Kembang（马来语）。

·基原考证

为锦葵科植物胖大海的干燥果实。

胖大海的英文通用名及商品名为 Malva nut，也有少数文献采用汉语的音译"Pang Da Hai"。胖大海在《中国药典》中的学名是 *Sterculia lychnophora* Hance。1874 年，植物学家 Masters 以采自马六甲的标本命名为 *Sterculia affinis* Mast.，属于梧桐科苹婆属，后植物学家 Pierre 于 1889 年新立胖大海属，从苹婆属中分出。新版 APG IV 系统根据分子系统学研究结果，合并原梧桐科、锦葵科、椴树科、木棉科等，建立广义锦葵科。

·原植物

锦葵科植物胖大海 *Scaphium affine*（Mast.）Pierre（=*Sterculia lychnophora* Hance）

落叶乔木，高可达 40 m。树皮粗糙，有细条纹。叶互生；叶片革质，长卵圆形或略呈三角状，先端钝或锐尖，基部圆形或近心形，全缘或具 3 个缺刻，光滑无毛，下面网脉明显。圆锥花序顶生或腋生，花杂性同株。蓇葖果 1～5 个，船形，长可达 24 cm，成熟前开裂，内含 1 颗种子。种子椭圆形或长圆形，有时为梭形，黑褐色或黄褐色，表面疏被粗皱纹，种脐位于腹面的下方而显歪斜。（《中华本草》）

·分布与产地

胖大海为进口南药，中国不产。分布于越南、印度、马来西亚、泰国、柬埔寨及印度尼西亚等国。我国广东湛江、海南、广东东兴、云南西双版纳已有引种。

· **传播路径与贸易状况**

胖大海中国不产，全部依赖进口。目前主要从柬埔寨、泰国、越南等地进口。

· **药用历史与文化记事**

胖大海出自《本草纲目拾遗》，用于"治火闭痘，并治一切热症劳伤吐衄下血，消毒去暑，时行赤眼，风火牙疼，虫积下食，痔疮漏管，干咳无痰，骨蒸内热，三焦火症"。

· **古籍记载**

《本草纲目拾遗》："胖大海，出安南大洞山，产至阴之地，其性纯阴，故能治六经之火。土人名曰安南子，又名大洞果。形似干青果，皮色黑黄，起皱纹，以水泡之，层层胀大，如浮藻然，中有软壳，核壳内有仁二瓣。"

· **功效主治**

清热，润肺，利咽，解毒。治干咳无痰，喉痛，音哑，骨蒸内热，吐衄下血，目赤，牙痛，痔疮漏管。

· **化学成分**

种子外层含西黄芪胶黏素（bassorin），果皮含半乳糖（galactose）15.06%，戊糖（pentaglucose）[主要是阿拉伯糖（arabinose）]24.7%。

· **药理和临床应用**

（1）缓泻作用：胖大海种子浸出液，对兔的肠管有缓和的泻下作用。其机制是胖大海内服后增加肠内容积（增加的容积为琼脂的1倍以上）而产生机械性刺激，引起反射性肠蠕动增加的结果。

（2）降压作用：胖大海仁（去脂干粉）制成25%溶液，静脉注射、肌内注射或口服均可使犬、猫血压明显下降，并认为降压原理与中枢有关。

附注：胖大海仁有一定毒性，不适合作为保健食品应用，应避免长期服用胖大海。

木 棉 花
mumianhua / GOSSAMPIM FLOS

木棉花原植物

木棉的花蕊

木棉花药材

· **别名**

攀枝花、斑枝花、琼枝、英雄树、吉贝、斑布、沙罗棉、娑罗末利（梵书）、红莫连花、若木、纳噶格萨（藏语）、郭牛修（西双版纳傣语）、埋溜（德宏傣语）。

· 外文名

Cotton tree（英语）、Salmali（梵语）、Semal（印地语）、Simul（孟加拉语）、Mullilavu（泰米尔语）、Sumbal（乌尔都语）、Katu imbul（僧伽罗语）、Resham（尼泊尔语）、Nagagesar（宗喀语）Gao Rùng（越南语）、Randu alas（印尼语）、Malabulak（菲律宾语）、Ngiu（泰语）、Lat-pan（缅语）。

· 基原考证

为锦葵科植物木棉的花。

木棉原属于木棉科，新版 APG IV 系统将木棉科并入锦葵科。

· 原植物

锦葵科植物木棉 *Bombax ceiba* L.

《中国药典》中木棉植物的拉丁名为 *Gossampinus malabarica*（DC.）Merr. 为其植物学异名。

落叶大乔木，高可达 25 m，树皮灰白色，幼树的树干通常有圆锥状的粗刺；分枝平展。掌状复叶，小叶 5～7 片，长圆形至长圆状披针形。花单生枝顶叶腋，通常红色，有时橙红色，直径约 10 cm，花瓣肉质，倒卵状长圆形，雄蕊管短，二轮，花丝较粗，基部粗，向上渐细，内轮部分花丝上部分 2 叉，中间 10 枚雄蕊较短，不分叉，外轮雄蕊多数，集成 5 束，每束花丝 10 枚以上。蒴果长圆形，钝，密被灰白色长柔毛和星状柔毛；种子多数，倒卵形，光滑。花期 3～4 月，果夏季成熟。（《中国植物志》）

· 分布与产地

产于云南、四川、贵州、广西、江西、广东、福建、台湾等地亚热带。生于海拔 1 400（～1 700）m 以下的干热河谷及稀树草原，也可生长在沟谷季雨林内，也有栽培作行道树的。分布于热带亚洲大部分地区，印度、斯里兰卡、中南半岛、马来西亚、印度尼西亚至菲律宾及澳大利亚北部都有分布。

· 传播路径与贸易状况

木棉为亚洲热带地区常见树种，用途多样，在原产地多有花销售用于食用或药用。

· 药用历史与文化记事

古书所载的木棉，常包括了本种和同科的棉属植物。《本草纲目》"木棉条"集解中即包括锦葵科棉属植物在内，而所述"交广木棉"应为本种。清代汪灏《广群芳谱》中对古人之"木棉"做了较为详细的考证，摘录如下："李时珍曰，木棉有草、木二种。交、广木棉，树大如抱，其枝似桐。叶大，如胡桃叶。入春开花，红如山茶，花蕊、花片极厚，为房甚繁，短侧相比。结实大如拳，实中白棉，棉中有子。今人谓之斑枝花，讹为攀枝花。南史所谓林邑国出吉贝花，中如鹅毳。吴录所谓永昌木棉，树高过屋，皆指似木之木棉也。江南、淮北所种木棉，四月下种，茎弱如蔓，高者四五尺。叶有三尖如枫叶。入秋开花黄色，如葵花而小，亦有红紫者。结实大如桃，中有白棉，棉中有子，大如梧子，亦有紫棉者，八月采，谓之绵花。《南史》所谓高昌国有草，实如茧，中丝为细纑，名曰白叠。南越志谓桂州出古终藤，结实如鹅毳，皆指似草之木棉也。此种出南番，宋末始入江南，今遍及江北与中州矣。"

古代粤人以木棉为棉絮，做棉衣、棉被、枕垫，唐代诗人李琼有"衣裁木上棉"之句。宋郑熊《番禺杂记》载："木棉树高二三丈，切类桐木，二三月花既谢，芯为绵。彼人织之为毯，洁白如雪，温暖无比。"最早称木棉为"英雄"的是清人陈恭尹，他在《木棉花歌》中形容木棉花"浓须大面好英雄，壮气高冠何落落"。相关文化考证发现，木棉可能为上古传说中的"三大神木"之"若木"的原型。

· 古籍记载

《南州异物志》："木棉，吉贝所生，熟时如鹅毳，细过丝绵，中有核如珠珣，用之则治，出其核，昔用辗轴，今用揽车尤便。其为布，曰斑布，繁缛多巧曰城，次粗者曰文缛，又次粗者曰乌骣。"

《蓝琉璃》："纳噶格萨叶和树干状如核桃树，

花序轴具刺。花蕾同向一侧，未开裂者干如铜壳称纳噶布西；花开后，花芯花丝如马尾，称纳噶格萨；中层即红色花瓣，称为白玛格萨。"

《西京杂记》载，西汉时，南越王赵佗向汉帝进贡木棉树，"高一丈二尺，一本三柯，至夜光景欲燃"。

· 功效主治

南药木棉花，清热，利湿，解毒，止血。主泄泻，痢疾，咳血，吐血，血崩，金疮出血，疮毒，湿疹。

藏药"纳噶格萨"，为木棉花蕊。性苦，凉。清心热、肝热、肺热。治疗心热病、肝热病、肺热病。

德宏傣药"埋溜"，味甘、淡，性凉。清火利水，消肿止痛，凉血止血，润肠通便，止咳化痰。

· 化学成分

木棉花萼含水分85.66%，蛋白质1.38%，碳水化合物11.95%，灰分1.09%，总醚抽出物0.44%，不挥发的醚抽出物0.18%。种子含蛋白质9.3%，其氨基酸组成主要有丙氨酸（alanine）、缬氨酸（valine）、异亮氨酸（isoleucine）、亮氨酸（leucine）、精氨酸（arginine）、甘氨酸（glycine）及天冬氨酸（aspartic acid）；种子油脂肪酸组成主要有肉豆蔻酸（myristic acid）13.44%，棕榈酸（palmitic acid）43.61%，花生酸（arachidic acid）2.32%，山萮酸（behenic acid）14.39%，亚油酸（linoleic acid）26.24%等；种子还含类胡萝卜素（carotenoid）、β-谷甾醇（β-sitosterol）、α-生育酚（α-tocopherol）、正-二十六烷醇（n-hexaconsanol）、棕榈酸十八烷醇酯（octadeccyl palmitate）、没食子酸（gallic acid）、1-没食子酰-β-葡萄糖（1-galloyl-β-glucose）、没食子酸乙酯（ethyl gallate）、鞣酸（tannic acid）、葡萄糖（glucose）、鼠李糖（rhamnose）、木糖（xylose）。

· 药理和临床应用

木棉花醇浸出液对离体蛙心有强心作用；对金黄色葡萄球菌有杀菌作用，对大肠埃希菌、铜绿假单胞菌有抑制作用。木棉花沸水提取物对四氯化碳引起的大鼠急性肝中毒有保护作用，能明显降低血清谷丙转氨酶及谷草转氨酶。病理学研究也表明它们对四氯化碳引起的肝脂肪变性及肝细胞坏死均呈明显的肝脏保护作用。

附注：木棉树皮也入药，称木棉皮，治慢性胃炎，胃溃疡，泄泻，痢疾，腰脚不遂，腿膝疼痛，疮肿，跌打损伤。西双版纳傣药"郭牛修"以木棉皮入药，味苦涩，性凉。入水塔。主治"拢胖腊里"（便秘）、"哈勒"（吐血）、"割鲁了勒多冒少"（产后恶露不尽）、"拢案答勒"（黄疸）、"先贺"（动物咬伤）、唉习火（咳嗽痰多）等症。

《中国药典》规定，木棉花照水溶性浸出物测定法（通则2201）项下的热浸法测定，不得少于15.0%。

沉　香

chenxiang / AQUILARIAE LIGNUM RESINATUM

沉香原植物1

沉香原植物2

·别名

蜜香、栈香、罗斛香、迦南香、阿伽嚕香、奇楠香、绿奇楠、白奇楠、女儿香、莞香、海南沉香、阿格鲁（藏语）、阿卡如（蒙语）。

·外文名

Chinese agarwood（英语）、Aguru（梵语）、Akil（泰米尔语）、Walla patta（僧伽罗语）、A-kyaw/Thit-mhwae（缅语）、Khloem chann（高棉语）、Mai krishna（泰语）、Trầm Hương（越南语）、伽羅（日语）、Oud（阿拉伯语）、Gaharu（马来语）、Ghara（巴布亚语）。

·基原考证

为瑞香科植物白木香的带树脂木材，又名国产沉香、海南沉香、莞香等。

·原植物

瑞香科植物白木香 *Aquilaria sinensis*（Loureiro）Spreng.

乔木，高 5～15 m，树皮暗灰色。叶革质，圆形、椭圆形至长圆形，有时近倒卵形，先端锐尖或急尖而具短尖头，基部宽楔形，上面暗绿色或紫绿色，光亮，下面淡绿色，两面均无毛。花芳香，黄绿色，多朵，组成伞形花序。蒴果果梗短，卵球形，幼时绿色，密被黄色短柔毛，种子褐色，卵球形，疏被柔毛，基部具有附属体。花期春夏，果期夏秋。

·分布与产地

白木香产于广东、广西、海南和云南。越南、泰国、老挝也有分布。

·传播路径与贸易状况

我国应用的沉香分为国产沉香和进口沉香两类，国产沉香通常来自于白木香树脂，根据产地分为土沉香（大陆区域产）和海南沉香（海南岛产）。

据考证，中国在汉朝时就在交趾郡，即今天的越南生产沉香，后延及马来半岛。商家从各地纷纷伐取沉香，并有各自的商品名，有些延续至今。进口沉香根据产地和来源地的贸易港口命名，如印度奇楠（印度产）、星洲沉（新加坡出港）、马来沉（马来半岛产）、会安沉（越南产）、达拉干沉香（婆罗洲产）、伊利安沉香（巴布亚产）、罗斛香（泰国产）等。又根据沉香的年代、成色、价值等命名，如红土沉、黄熟香、栈香、迦南香等。这些品类不只是名字和产地的不同，在香气、功效、成分等方面也颇有差异，值得深入研究。

目前许多沉香产地的资源已经接近枯竭，主要是需求旺盛和过度采伐造成。目前在我国华南和云南南部已经有大面积种植，但由于结香困难，难以满足市场需求。沉香在市场上价格昂贵，甚至可以和黄金比拟。沉香属植物已被国际贸易组织公约 CITIS 列为禁止贸易植物，因此近年来的部分进口沉香可能来源于非法贸易，需要引起重视。

·药用历史与文化记事

Agarwood 一词来源于梵语 Agaru，意思是"沉重，不浮在水面上"，汉语音译为阿伽罗或迦南、奇楠、茄楠等，意译为沉水香，简称沉香，雅称"沈香"，因其入词曲读起来音律优美。Agar 为沉香树在一定条件下分泌的树脂。

广东东莞一带土质和气候特别适宜沉香的种植，自明代开始，东莞出产的沉香就开始名闻天下并成为贡品，至今故宫仍然保藏着清代东莞进贡的沉香，因此便有"莞香"之名。《东莞县志》记载："莞香、先辨土宜，土宜正者。白石岭、鸡翅岭、百花洞、牛眠石诸处不失为正，若乌石坑、寮步则斯下矣。"

"香港"的名称源于沉香贸易。古代外销的莞香多数先在东莞寮步集中，再运到九龙的尖沙咀，通过专供运香的码头，用小船运往广州，远销当时的苏杭和京师一带，甚至远销到南洋及阿拉伯等国。久而久之，尖沙咀一带便成为了专门的以沉香贸易为名港口，"香港"一词便由此而来。

沉香树结香很难把握，东莞有"种香容易结

香难"的谚语。印度传统认为沉香来自于年代久远的受伤木材。《南方草木状》中记载沉香需"伐之经年"后取得。

・古籍记载

《南方草木状》："蜜香、沉香、鸡骨香、黄熟香、栈香、青桂香、马蹄香、鸡舌香，案此八物，同出于一树也。交趾有蜜香树，斡似柜柳，其花白而繁，其叶如橘。钦取香，伐之经年，其根斡枝节，各有别色也。木心与节坚黑，沉水者为沉香；与水面平者为鸡骨香；其根为黄熟香；其斡为栈香；细枝紧实未烂者，为青桂香；其根节轻而大者为马蹄香；其花不香，成实乃香，为鸡舌香。珍异之木也。"

・功效主治

行气止痛，温中止呕，纳气平喘。用于胸腹胀闷疼痛，胃寒呕吐呃逆，肾虚气逆喘急。

・化学成分

白木香含挥发油，其中倍半萜成分有沉香螺醇、白木香酸（baimuxinic acid）、白木香醛（baimuxinal）、白木香醇（baimuxinol）、去氢白木香醇（dehydrobaimuxinol）、白木香呋喃醛（sinenofuranal）、白木香呋喃醇（ainenofuranol）、β-沉香呋喃、二氢卡拉酮、异白木香醇（isobaimuxinol）。还含其他挥发成分如苄基丙酮、对甲氧基苄基丙酮、茴香酸（anisic acid）等。

・药理和临床应用

国产沉香煎剂对人型结核分枝杆菌有完全抑制作用；对伤寒志贺菌及福氏杆菌，亦有强烈的抗菌效能。本品挥发油成分有麻醉、止痛、肌松作用，还有镇静、止喘作用。沉香的水煮液和水煮醇沉液能抑制离体豚鼠回肠的自主收缩，对抗组胺、乙酰胆碱引起的豚鼠离体回肠痉挛性收缩。

附注：关于沉香的基原，一直有争论。我国古代记载沉香产自交趾郡，即现在的越南北部。进口沉香并不是所有的沉香都来自于 *Aquilaria*

malaccensis，《南方草木状》还记载了白木香，即 *Aquilaria sinensis*。根据目前对越南产"惠安沉"的基原植物研究，"惠安沉"来自于白木香。目前沉香除来自于以上两种外，还有柬埔寨沉香 *Aquilaria crassna*，已经资源枯竭，IUCN 濒危评定为"极危（CR）"等级，而白木香和沉香都为"VU（易危）"等级。

南药沉香来自于沉香属植物，《中华大典・植物大典》则把沉香分别记载为沉香和白木香两条，并引证古籍文献和附图、分布等，值得进一步考证。《中国药典》规定白木香为沉香正品基原。

2018 年底，笔者就沉香入药品种的问题咨询中医香药专家，知名香道师赵晓燕女士。赵女士从香药历史和中药药理等角度分析后认为，只有白木香才能作为中药沉香入药，常见品类有海南沉香和国产"绿奇楠"，偶尔也用越南产"白奇楠"。其他品种由于物种、生长环境等因素，药性和白木香有很大差异，有些还具有毒性，自古就不入药，只用来做熏香、把件等文化用品。

檀 香

tanxiang / SANTALI ALBI LIGNUM

檀香原植物 1

檀香原植物 2

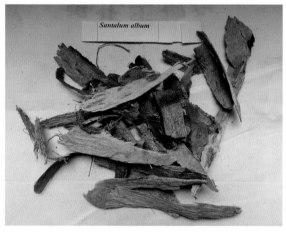

檀香药材

· **别名**

旃檀、真檀、玉檀、白檀香、黄檀香、旃檀噶保（藏语）、尖蒿（西双版纳傣语）、卯散库（德宏傣语）、赞丹-嘎日布（蒙语）、艾斯散代力（维语）。

· **外文名**

Sandalwood（英语）、Chandanam（梵语）、Nant-tha-hpyu（缅语）、Đàn Hương（越南语）、Cạnthnkhāw（泰语）。

· **基原考证**

为檀香科檀香属植物的木材和树脂，前者称檀香木，后者称旃檀。

按物种和来源分主要有 *Santalum album*（老山檀）和 *Santalum spicatum*（新山檀），按产地分则有印度老山檀、印尼地门香、澳大利亚雪梨香等。

· **原植物**

檀香科植物檀香 *Santalum album* L.

常绿小乔木，高约 10 m；枝圆柱状，带灰褐色，具条纹，有多数皮孔和半圆形的叶痕；小枝细长，淡绿色，节间稍肿大。叶椭圆状卵形，膜质，顶端锐尖，基部楔形或阔楔形，多少下延，边缘波状，稍外折，背面有白粉，中脉在背面凸起，侧脉约 10 对，网脉不明显；叶柄细长。三歧聚伞式圆锥花序腋生或顶生。核果外果皮肉质多汁，成熟时深紫红色至紫黑色，顶端稍平坦，花被残痕直径 5～6 mm，宿存花柱基多少隆起，内果皮具纵棱 3～4 条。花期 5～6 月，果期 7～9 月。（《中国植物志》）

· **分布与产地**

檀香为进口南药，原产于太平洋岛屿，现以印度栽培最多。我国广东、台湾有栽培。

· **传播路径与贸易状况**

焚香在中国传统文化中的历史可以追溯到夏商时代，檀香通过丝绸之路和海上贸易传入我国后，受到了极大的推崇。同时与檀香有关的知识和信仰也随之传入我国。檀香是中国佛教文化中最重要的香料。在泉州等地依然有当年阿拉伯穆斯林焚香祝祷的遗迹。明代的时候，随着海上贸易的繁荣，檀香贸易进入顶峰，大量的檀香从广州、泉州等港口进入我国，此时的檀香来自东南亚和南亚，甚至远至大洋洲和非洲。

太平洋夏威夷群岛盛产檀香木，尤其是瓦胡岛。18 世纪时，对瓦胡岛的檀香采伐达到鼎盛。瓦胡岛上的城市，即夏威夷州首府火奴鲁鲁因此得名"檀香山"。

现在我国用的檀香主要有两类，来自东南亚和南亚的檀香，称"老山檀"，以及来自澳大利亚的澳洲檀，称为"新山檀"。

· **药用历史与文化记事**

檀香油和檀香木供药用在印度、马来西亚和波利尼西亚地区已有悠久的历史。我国自南北朝梁代（公元 502～557）以后，历代本草均有记载。檀香在中国佛教中具有极高的地位,传说中世界上第一尊佛像就是用檀香木雕刻而成。北京雍和宫的弥勒菩萨立像为一根完整的 26 m 长白檀木雕刻而成,为世界上最大的独木雕像。中国佛教医学认为檀香有宁神静气的作用,有助于禅修。檀香油具有杀菌的作用,阿育吠陀医学中用檀香油治疗皮肤瘙痒和痈疮。

檀香也是伊斯兰教的礼仪植物之一,圣训《奴孜海图里麦札利思》中记载:"圣人登霄时,天使们拿着檀香木的香炉,点着冰片香、麝香迎接圣人。"穆斯林圣训中提道:"若有人赠香,当欣然接受,香来自天堂。"并且告诫穆斯林,"点香是贤行,只有驴子反对点香。驴子就是指那种没有智慧的人"(《麦卡雷麦里艾赫俩给》)。

· **古籍记载**

《本草拾遗》:"白檀,树如檀,出海南。"

《本草图经》:"檀香有数种,黄、白、紫之异,今人盛用。"

《本草纲目》:"檀香,今岭南诸地亦留有之。树叶留似荔枝,皮青色而滑泽。"

· **功效主治**

行气,散寒,止痛。主胸腹胀痛,霍乱吐泻,噎膈吐食,寒疝腹痛及肿毒。

· **化学成分**

心材含挥发油(白檀油)3%～5%。油含 α-檀香萜醇和 β-檀香萜醇 90% 以上,檀萜烯、α-檀香萜烯和 β-檀香萜烯、檀萜烯酮、檀萜烯酮醇及少量的檀香萜酸、檀油酸、紫檀萜醛。

· **药理和临床应用**

增强胃肠蠕动,促进消化液的分泌。檀香油之抗菌作用不强,对伤寒志贺菌之酚系数在 0.1 以下。能减轻无效的咳嗽,过量可引起胃、肾、皮肤刺激。用于小便困难,可改善症状。对大鼠饲喂 0.5～2 g/kg,数日后,可使尿路中金黄色葡萄球菌的生长减少 60%。檀香油的抑菌浓度为 1:64 000～1:128 000,对痢疾志贺菌亦有效;1:32 000 浓度对鸟型结核分枝杆菌有抑制作用,对大肠埃希菌无作用。檀香油尚有利尿作用,麻痹离体兔小肠,对兔耳皮肤有刺激作用。

附注:《中国药典》规定,本品含挥发油不得少于 3.0%(ml/g)。

零 陵 香
linglingxiang / LYSIMACHIA HERBA

零陵香原植物

零陵香药材

· **别名**

排草、香草、薰草、蕙草、蕙兰、满山香、黄莲花。

· **外文名**

Yellow loosestrife(英语)、Tagara(梵语)。

· **基原考证**

为报春花科植物灵香草的全草。

- **原植物**

报春花科植物灵香草 *Lysimachia foenum-graecum* Hance

草本,株高20～60 cm,干后有浓郁香气。越年老茎匍匐,发出多数纤细的须根,当年生茎部为老茎的单轴延伸,上升或近直立,草质,具棱,棱边有时呈狭翅状,绿色。叶互生,位于茎端的通常较下部的大1～2倍,叶片广卵形至椭圆形,先端锐尖或稍钝,具短骤尖头,基部渐狭或为阔楔形,边缘微皱呈波状,草质,干时两面密布极不明显的下陷小点和稀疏的褐色无柄腺体。花单出腋生;花冠黄色,分裂近达基部,裂片长圆形,先端圆钝。蒴果近球形,灰白色,不开裂或顶端浅裂。花期5月,果期8～9月。

- **分布与产地**

灵香草为本土南药。灵香草分布于我国南方地区,主产于云南南部、广西、湖南。

- **传播路径与贸易状况**

灵香草为我国本土南药,用作药用和香料,在云南南部和广西西南部有一定规模的人工栽培,供药用、香料和烟草调香使用。近年来也用来生产天然环保驱虫剂。

- **药用历史与文化记事**

零陵香也称"蕙草""蕙兰",因产自湖南零陵山谷而得名。我国古文化中的"蕙兰"指的是零陵香,而不是兰科植物。零陵香在传统文化中具有优雅高洁的文化含义,"蕙质兰心"一词出自宋词"有天然,蕙质兰心。美韶容,何啻值千金"(柳永《离别难》),常用来形容女子品质高雅。

珍珠菜属植物全球共有180余种,分布于热带和亚热带地区,我国共有120余种,主要分布于西南地区,该属植物中仅有少数几种具有香气,如小果香草 *Lysimachia microcarpa*,多分布于云南南部山地,用作香料香精原料。同属植物毛黄连花 *Lysimachia vulgaris*,原产欧洲,常见园艺植物,地上部分入药。普林尼《自然史》记载,毛黄连花在古代作为贡品献给西西里国王 Lysimachus 并发现该植物的药用价值。据说毛黄连花的香气具有阻止争斗的作用,尤其是动物之间的争斗。毛黄连花还具有驱虫能力,还可以止血。毛黄连花燃烧产生的烟气可以驱赶蛇和苍蝇。

- **古籍记载**

《海药本草》:"谨按《山海经》,生广南山谷。陈氏云:地名零陵,故以地为名。味辛,温,无毒。主风邪冲心,牙车肿痛,虚劳疳,凡是齿痛,煎含良。得升麻、细辛,善。不宜多服,令人气喘。"

- **功效主治**

祛风寒,辟秽浊。治伤寒、感冒头痛,胸腹胀满,下利,遗精,鼻塞,牙痛。

- **化学成分**

灵香草全草含挥发油、有机酸、烷烃、萜类、酚类等。主要成分有二十九烷(nonacosane)、三十一烷(hentriacontane)、豆甾醇(stigmasterol)、豆甾醇-3-O-β-D-葡萄糖苷(stigmasterol-3-O-β-D-glucoside)、α-菠菜醇(α-spinasterol)、12-甲基十三烷酸(12-methyl tridecoic acid)、二十二烷酸(docosanoic acid)、16-甲基十七烷酸甲酯(16-methyl heptadecanoic acid methyl ester)、十六酸(hexadecanoic acid)、十七酸(heptadecanoic acid)和六氢金合欢烯酰丙酮(hexahydrofarnesylacetone)。

- **药理和临床应用**

(1)抗病毒作用:本品水煎剂(75%)在鸡胚内有抑制及灭活流感病毒的作用。

(2)抗生殖作用:本品的乙醇浸出物有抑制大鼠和家兔的排卵作用。小鼠服本品后取其卵巢,切片染色,可观察到黄体显著减少或消失及成熟卵的减少现象。经初步实验,本品的总苷可能有抑制小鼠受精卵着床作用。

附注:灵香草出油率为0.21%,灵香草油为名贵香料。灵香草浸膏和精油用于烟草工业调香剂。民间具有相同用途的近缘植物还有思茅

香草 *Lysimachia englerii*、南香草 *Lysimachia garrettii*、小果香草 *Lysimachia microcarpa* 等，这些种类都具有香气，芳香油成分相近。

安 息 香
anxixiang / BENZOINUM

安息香原植物

安息香药材

· 别名

苏门答腊安息香、金颜香、白花树、拙贝罗香、白花椰、越南安息香、滇桂野茉莉。

· 外文名

Sumatra benzoin、Gum benjamin tree（英语）、Loban（阿拉伯语）、Kemenyan（马来语）、Ketku-gamyin（缅语）、Kamyan（泰语）、Guggula（梵语）。

· 基原考证

为安息香科植物安息香树（进口）或白花树

（国产）树干分泌的树脂。

唐代及宋代文献把东南亚产的安息香称为"金颜香"，出自罗斛国（泰国南部）、三佛齐国（马来半岛）等地，"金颜"（中古汉语发音：Kim-ngaen）一词可能是东南亚产地的语言音译，接近泰语 Kamyan、孟语 Gamyin 或马来语 Kemenyan 的发音。

我国产白花树 *Styrax tonkinensis*（Pierre）Craib ex Hart. 为国产安息香来源，又名越南安息香。

白花树又名越南安息香，又名东京安息香。"东京"指越南北部古称。

· 原植物

安息香科植物安息香树 *Styrax benzoin* Dryand.（进口安息香）

乔木，高 10～20 m。树皮绿棕色，嫩枝被棕色星状毛。叶互生，长卵形，叶缘具不规则齿牙，上面稍有光泽，下面密被白色短星状毛。总状或圆锥花序腋生及顶生，被毡毛；花萼短钟形，5 浅齿；花冠 5 深裂，裂片披针形；花萼及花瓣外面被银白色丝状毛，内面棕红色；果实扁球形，灰棕色。种子坚果状，红棕色，具 6 浅色纵纹。（《中华本草》）

白花树 *Styrax tonkinensis*（Pierre）Craib ex Hart.（国产安息香）

乔木，高 6～30 m，树皮暗灰色或灰褐色，有不规则纵裂纹；枝稍扁，被褐色绒毛，成长后变为无毛，近圆柱形，暗褐色。叶互生，纸质至薄革质，椭圆形、椭圆状卵形至卵形，顶端短渐尖，基部圆形或楔形，边近全缘，嫩叶有时具 2～3 个齿裂。圆锥花序，或渐缩小成总状花序；花白色；花萼杯状，顶端截形或有 5 齿，萼齿三角形；种子卵形，栗褐色，密被小瘤状突起和星状毛。花期 4～6 月，果熟期 8～10 月。（《中国植物志》）

· 分布与产地

进口安息香来自安息香树。安息香树产于非洲西海岸至印度尼西亚海岛，模式标本产自苏门答腊岛。在印度尼西亚的苏门答腊及爪哇常栽培于稻田边。

国产安息香来自白花树。白花树产我国华南、热带东南亚、南亚、西南亚，中南半岛至东南亚有分布，模式标本产自越南北部。

· **传播路径与贸易状况**

安息香由丝绸之路和海上贸易传入我国，可追溯至东汉时期，是重要的南药和香料。我国近代发现国产白花树同样可用于收获安息香，然而并未形成规模化种植。现代我国所用安息香大多进口自东南亚国家。苏门答腊安息香来源于安息香树，和国产安息香为同科同属的不同物种，国产安息香来自于白花树。越南产安息香和我国的白花树为同一物种。越南自二十世纪六七十年代开始在北部小规模种植白花树，5～6年就可采收树脂。

· **药用历史与文化记事**

西方传统医药以安息香酊剂治疗感冒和痤疮。安息香传入我国的时间很早，在汉代就有安息香的记载。《后汉书·西域传》记载："安息国去洛阳二万五千里北至康居。其香乃树皮胶，烧之通神明辟众恶。"唐代《酉阳杂俎》记载："安息香，出波斯国。其树呼为辟邪树。长三丈许，皮色黄黑，叶有四角，经冬不凋。二月开花，黄色，心微碧，不结实。刻皮出胶如饴，名安息香。"《海药本草》记载："生南海波斯国，树中脂也，状若桃胶，以秋月采之。又方，云：妇人夜梦鬼交，以臭黄合为丸，烧熏丹穴，永断。又主男子遗精，暖肾，辟恶气。"

安息香在宗教文化中有崇高的地位。佛教《金光明最胜王经》记载安息香作为香浴方成分之一。《宝楼阁经》载："以安息香，白芥子和酥。一咒一投火中。烧之满八千遍，一切鬼神欲来恼者。头自裂破。一切病患速得除愈。"安息香是伊斯兰教中重要的熏香，穆斯林圣训记载香来自天国，点香是贤明的行为。

· **古籍记载**

《本草纲目》："叶廷珪《香谱》云，此乃树脂，形色类胡桃瓤，不宜于烧，而能发众香。汪机曰，或言烧之能集鼠者为真。"

· **功效主治**

开窍醒神，豁痰辟秽，行气活血，止痛。主中风痰厥，惊痫昏迷，产后血晕，心腹疼痛，风痹肢节痛。

· **化学成分**

安息香主含树脂约90%，其成分有3-桂皮酰苏门树脂酸酯（3-cinnamoyl sumaresinolic acid），松柏醇桂皮酸酯（coniferyl cinnamate），苏合香素（styracin cinnamoylcin-namate）2%～3%，香草醛（vanillin）1%，桂皮酸苯丙醇酯（phenylpropyl cinnamate）1%及游离苯甲酸和硅皮酸（cinnamic acid）等。总苯甲酸含量10%～20%，总桂皮酸含量10%～30%。

国产安息香（白花树）含树脂70%～80%，其成分有3-苯甲酰泰国树脂酸酯（3-benzoylsiaresinolic acid），松柏醇苯甲酸酯（coniferyl benzoate），游离苯甲酸20%，香草醛0.15%～2.3%，不含桂皮酸。

· **药理和临床应用**

安息香可刺激呼吸道黏膜，使其分泌增加，稀释痰液，促进痰液的排出，具有祛痰作用。安息香具有较强的抗菌作用，可外用防伤口感染。

附注：国产安息香来源于白花树，和越南产安息香为同一物种。木材为散孔材，树干通直，结构致密，材质松软，可作家具及板材，亦可造纸；种子油称"白花油"，可供药用，治疗疮；树脂称"安息香"，含有较多香脂酸，是贵重药材，并可制造高级香料。白花树为热带亚热带地区阳性速生树种，5～6年就可以采集树脂，是值得在华南地区推广的造林树种。

吐 根

tugen / CARAPICHEA RADIX

吐根原植物 1

吐根原植物 2

·外文名

Ipecac（英语）、Raicilla（西班牙语）、Ipecacuanha（葡萄牙语）、Ipécacuanha（法语）、Brechwurzel（德语）、Pokok ipecacuanha（马来语）。

·基原考证

为茜草科植物吐根的干燥根及根茎。

传统上吐根的来源为渐尖叶吐根 *Cephaelis acuminata* H. Karst 和巴西吐根 *Cephaelis ipecacuanha*（Brot.）A. Rich.，最新茜草科分类系统把这两种归并入吐根 *Carapichea ipecacuanha*（Brot.）L. Andersson，作为异名处理。

·原植物

茜草科植物吐根 *Carapichea ipecacuanha*（Brot.）L. Andersson

草本，高约 10～20 cm。茎被短硬毛。叶对生，纸质，长圆形或卵状椭圆形，长 3.5～7.5 cm，宽 2～3 cm，先端短尖，基部楔形，叶面粗糙，疏被短糙硬毛，背面密被短柔毛，中脉和侧脉在叶两面稍明显，侧脉 6～7 对，斜上升；叶柄长 4～7 mm，被短柔毛；托叶生叶柄间，基部阔，上部分裂成多条长短不等的针状裂片，长约 7 mm，宽约 3.5 mm，外面被短柔毛。头状花序顶生，外面围以总苞片，总苞片无柄。花期 8～10 月。（《中华本草》）

·分布与产地

吐根为进口南药。原产于南美热带雨林，我国华南云南热带地区有引种。

·传播路径与贸易状况

吐根原产南美洲西北部的玻利维亚和巴西等地，我国华南和西南热带地区有引种。

·药用历史与文化记事

葡萄牙的早期移民发现吐根被巴西和秘鲁的当地人用来作为催吐药。在巴西呆过几年的阿姆斯特丹医生比索（W. Piso）在他所著的《巴西自然史》（1684）中对吐根有所描述。他说吐根是医治痢疾的特效药，在西班牙和葡萄牙也曾被作为催吐药使用，但由于毒性太大而不受欢迎。有一位进口吐根的巴黎商人送给他的医生艾福蒂（Afforty）一些吐根样品，以此来对他所给予的治疗表示感谢。艾福蒂对此没有多注意，但却引起了他的助手海尔维蒂乌斯（J. A. Helvetius）的兴趣。海尔维蒂乌斯得吐根,证明其是治疗痢疾的特效药。他被召见去治疗法国皇太子和几个大臣的痢疾,结果证明很有效,作为酬劳海尔维蒂乌斯得到一千金路易(当时的法国货币)。从此,市场对吐根的需求量持续不断上升。1817年法国高等药科学校的普拉蒂尔(J. Pelletier)和生理学家曼吉尼蒂(F. Magendie)合作,从吐根中分离出催吐成分,发现这是一种生物碱,命名吐根碱。

· **药理和临床应用**

(1)抗阿米巴:吐根碱盐酸盐能直接杀灭阿米巴滋养体,但一般治疗量对阿米巴囊胞无杀伤作用。临床适用于急性阿米巴痢疾和肠外阿米巴病,能迅速控制临床症状,但达不到根治的目的。本品对肝吸虫病和肺吸虫病亦有一定疗效。本品是原浆毒,排泄缓慢,有蓄积作用。常见胃肠刺激症状如恶心、呕吐、腹痛、腹泻,减量或停药后可缓解。严重的是对心肌的损害,表现为血压下降、心前区疼痛、脉细弱、心律失常,甚至突然心力衰竭而发生危险。

(2)抗肿瘤:吐根碱对艾氏腹水癌(Eac)细胞的蛋白质合成的抑制率为30%。对小鼠淋巴细胞白血病P388(PS)和小鼠淋巴样白血病L1210(LE)亦显示抑制活性。临床用于治疗支气管、乳腺、妇科等多种肿瘤,未见效果;在大剂量时,对个别肺癌、支气管和甲状腺癌有效。

· **化学成分**

含有吐根碱(emetine,TG-1)、6′-甲氧基吐根微碱(O-methylpsychotrine,TG-2)、熊果酸(ursolic acid,TG-3)、1,6-脱水-β-D-吡喃葡萄糖(1,6-anhydro-β-D-Glucose,TG-4)、吐根微碱(psychotrine,TG-5)、β-谷甾醇(β-sitosterol,TG-6)、β-胡萝卜苷(β-daucosterol,TG-7)、吐根酚碱(cephaeline,TG-8)等。

附注:《美国药典》收录吐根糖浆,规定每100 ml吐根糖浆中,醚溶性总生物碱的量不应少于123 mg,不多于157 mg。吐根碱($C_{29}H_{40}N_2O_4$)

和吐根酚碱($C_{28}H_{38}N_2O_4$)的总量不应少于醚溶性总生物碱量的90.0%,吐根酚碱的量应为吐根碱量的1~2.5倍。

金 鸡 纳
jinjina / QUININE

金鸡纳原植物1

金鸡纳原植物2

· **别名**

奎宁树。

· **外文名**

Quinine、Jesuit's bark、Cinchona bark（英语）、Quino（西班牙语）、Quina-amarela（葡萄牙语）、Canh Ki Na（越南语）、Sinakōnā（印地语）、Cain-koe-nar-pain（缅语）。

· **基原考证**

为茜草科植物金鸡纳的树皮。

· **原植物**

茜草科植物金鸡纳 *Cinchona calisaya* Wedd.

乔木，高可达 25 m；树皮灰褐色，较薄，裂纹多而浅；嫩枝具 4 棱，被褐色短柔毛。叶纸质或薄革质，长圆状披针形、椭圆状长圆形或披针形，顶端钝或稀短尖，基部渐狭或短尖，两面无毛或有时在下面有疏短柔毛。花序被淡黄色柔毛；花芳香，花冠白色或浅黄白色。蒴果近圆筒形或圆锥形，被短柔毛，顶冠以宿存萼檐，果梗纤细；种子长圆形，周围具翅。花、果期 6 月至翌年 2 月。（《中华本草》）

· **分布与产地**

金鸡纳（奎宁）为进口南药，原产于玻利维亚和秘鲁等地。印度、斯里兰卡、菲律宾、印度尼西亚、非洲等地亦有种植。我国云南南部和台湾有种植。

· **传播路径与贸易状况**

从印度传入我国，现种植于云南南部和海南热带区域。金鸡纳树传入我国后，曾种植于云南南部和海南。20 世纪 50 年代，我国著名植物学家秦仁昌带领云南大学团队在云南河口种植成功。中国科学院西双版纳热带植物园在橡胶林下种植金鸡纳树成功，并在关坪镇一带热带山地种植取得成功。

· **药用历史与文化记事**

早期南美洲印第安人已经用金鸡纳树皮治疗疾病。最早的记载可追溯至 1630 年，印第安人用金鸡纳树皮治疗发热。1638 年西方人发现金鸡纳树皮治疗疟疾有效。1677 年，《伦敦药典》首次以"Cotex Peruanus"为名载入，记载金鸡纳树皮水煎剂用于治疗发热、抗流感、助消化等。

据我国清代史料，康熙三十二年（1693 年）5 月，时在京城宫中的康熙皇帝疟疾发作，系间日疟，隔一日发作一次，寒热交错，苦楚万分，冷时如入冰窖，热时似进烤炉。康熙颁旨，谕在广东传教的洪若翰等两位神父星夜携带从法国寄来的整整 1 斤（500 g）金鸡纳霜返京。金鸡纳霜是用产于南美洲秘鲁的金鸡纳树的树皮研磨而成的。因为是被传教的耶稣会士发现，也叫"耶稣树皮（Jesuit's bark）"，它是疟疾治疗的特效药。康熙服用后果然很快痊愈了。

英国博物学家 Carolyn Fry 在其著作《植物大发现》中，记载了南美洲药用植物金鸡纳的传奇故事。据记载，英国占领南亚地区后，建立英属印度政府，并大肆开发和掠夺南亚地区的热带植物资源。在这段时间，大批英国商人前往隶属于英属印度的斯里兰卡岛开辟种植园，种植咖啡、橡胶、茶叶等经济作物。然而南亚地区气候炎热潮湿，疟疾肆掠，英国人难以生存。1857 年英国人把金鸡纳树引入英属印度。1861—1881 年间，英国人在英属印度地区大量种植金鸡纳树。当时隶属英属印度的斯里兰卡岛哈伽罗山区种植的金鸡纳园曾一度达 6.4 万英亩约合 25 899.88 万米^2。据记载，1887 年间该地收获金鸡纳树皮 800 万千克，并运送至英国本土用于生产奎宁。现在，斯里兰卡哈伽罗植物园（海拔 1 850 m）仍保留有当时种植的百年古树。这些金鸡纳古树成为这段历史的见证者。

英国人在印度、斯里兰卡并大规模种植金鸡纳树，遍及印度东北部和斯里兰卡山区，对英国在印度加强殖民统治和把殖民地向非洲拓展起到了推动作用。非洲位于热带，疟疾肆掠，被称为"白人的坟墓"。由于金鸡纳树皮生产出大量的奎宁，英国商人得以深入到非洲腹地掠取资源。

· **功效主治**

茎皮和根皮为提制奎宁（quinine）的主要原料，用于治疗疟疾，并有镇痛解热及局部麻醉的功用；奎宁还能增强子宫收缩，常用来引产；对于治疗疮疖、皮炎、皮癣都具有较好的疗效。另从茎皮和根皮中提制的生物碱奎尼丁可用于心房颤动阵发性心动过速和心房扑动等病症。茎皮和根皮的制剂又是苦味健胃剂和强壮药。枝、叶煎水服可退热。本种含奎宁量较高。

· **化学成分**

茎皮和根皮为提制奎宁（quinine）的主要原料。

· **药理和临床应用**

奎宁对恶性疟原虫有抑制其繁殖或将其杀灭的作用，是一种重要的抗疟药。奎宁还有抑制心肌收缩力及增加子宫节律性收缩的作用。奎宁是喹啉类衍生物，对各种疟原虫的红细胞内期裂殖体均有较强的杀灭作用。奎宁能与疟原虫的 DNA 结合，形成复合物，抑制 DNA 的复制和 RNA 的转录，从而抑制原虫的蛋白合成，但作用较氯喹为弱。奎宁也能降低疟原虫氧耗量，抑制疟原虫内的磷酸化酶而干扰其糖代谢。奎宁还引起疟色素凝集，但发展缓慢，很少形成大团块。在血液中，一定浓度的奎宁可导致被寄生红细胞早熟破裂，从而阻止裂殖体成熟。奎宁对红外期无效，不能根治良性疟。长疗程可根治恶性疟，但对恶性疟的配子体亦无直接作用，故不能中断传播。此外，奎宁对心肌有抑制作用，可延长不应期，减慢传导，并减弱其收缩力。对妊娠子宫有微弱的兴奋作用。

附注：金鸡纳作为进口药材是作为奎宁的制药原料。《印度药典》1966 年版规定总生物碱不得少于 6%。《欧洲药典》2002 年版规定总生物碱不得低于 6.5%，其中奎宁类生物碱不得少于 30%，也不得多于 60%。

钩 藤

gōuténg / UNCARIAE RAMULUS CUM UNCIS

钩藤原植物

· **别名**

钓藤、吊藤、钩藤钩子、钓钩藤、莺爪风、嫩钩钩、金钩藤、挂钩藤、钩丁、倒挂金钩、钩耳、双钩藤、鹰爪风、倒挂刺、穷代尔（藏语）、怀兔王（西双版纳傣语）、难旧告（德宏傣语）、嘎日迪音-浩木斯（蒙语）。

· **外文名**

Fish hook vine（英语）、Kyettet-nwe（缅语）、Câu Đằng（越南语）、Gambir（印尼语）。

· **基原考证**

为茜草科植物钩藤的带钩茎段。

钩藤属多种植物常用作钩藤药材来源，如华钩藤 *Uncaria sinensis*、白钩藤 *Uncaria sessilifructus*、平滑钩藤 *Uncaria laevigata*、攀茎钩藤 *Uncaria scandens*、毛钩藤 *Uncaria hirsuta* 和大叶钩藤 *Uncaria macrophylla* 等。

·原植物

茜草科植物钩藤 Uncaria rhynchophylla（Miq.）Miq. ex Havil.

藤本；嫩枝较纤细，方柱形或略有4棱角，无毛。叶纸质，椭圆形或椭圆状长圆形，顶端短尖或骤尖，基部楔形至截形，有时稍下延；托叶狭三角形，深2裂达全长2/3，外面无毛，里面无毛或基部具黏液毛，裂片线形至三角状披针形。头状花序单生叶腋。小蒴果被短柔毛，宿存萼裂片近三角形，星状辐射。花、果期5～12月。（《中国植物志》）

·分布与产地

钩藤为国产南药，产于广东、广西、云南、贵州、福建、湖南、湖北及江西；常生于山谷溪边的疏林或灌丛中。国外分布于日本。

·传播路径与贸易状况

钩藤目前在各地都是随采随用，药材市场常有销售。目前钩藤药材原植物逐渐减少，建议人工栽培以满足市场需要，保护野生种群。

·药用历史与文化记事

钩藤出自《本草原始》，《本草乘雅半谒》载："出建平、秦中、湖南、湖北、江南、江西山中皆有之。状似葡萄，藤长八九尺，或一二丈，大如拇指而中空，折致酒瓮中，以气吸之，涓涓不断。茎间有刺，宛如钓钩。"

·古籍记载

《本草纲目》："钩藤，状如葡萄藤而有钩，紫色。古方多用皮，后世多用钩，取其力锐尔。"

·功效主治

南药钩藤，清热平肝，息风定惊。用于头痛眩晕，感冒夹惊，惊痫抽搐，妊娠子痫，高血压。

藏药"穷代尔"，味苦，性寒。用于中毒症。

蒙药"嘎日迪音-浩木斯"，味苦，性凉。效钝、轻。主治毒热。

傣药"怀兔王"，清火解毒，消肿止痛，除风通血。治疗风湿病肢体关节炎红肿热痛或酸痛，风火气血不和所致的头目胀痛。

·化学成分

钩藤的钩茎、叶含：2-氧代吲哚类生物碱，如异去氢钩藤碱（isocorynoxeine）、异钩藤碱退职为异钩藤酸甲酯（isorhynehophylline, isorhynchophyllic acid methylester）、去氢钩藤碱（corynoxeine）、钩藤碱即为钩藤酸甲酯（rhynchophylline, rhynchophyllic acid methylester）；吲哚类生物碱，如去氢硬毛钩藤碱（hirsuteine）、硬毛钩藤碱（hirsutine）、柯楠因碱（corynantheine）、二氢柯楠因碱（dihydrocorynantheine）及痕量阿枯米京碱（akuam-migine）。叶还含：吲哚类生物碱葡萄糖苷，如6'-阿魏酰基长春花苷内酰胺（rhynchophine）、长春花苷内酰胺（vincoside lactam）、异长春花苷内酰胺（strictosamide, isovincoside lactam）；吲哚类生物碱，如瓦来西亚朝它胺（vallesiachotamine）；酚性化合物，如左旋-表儿茶酚（epicatechin）、金丝桃苷（hyperin）、三叶豆苷（trifolin）。此外还含地榆素（sanguiin）、甲基6-O-没食子酰原矢车菊素（3-O-galloyl procyanidin）、糖脂（glycolipid）、己糖胺（hexosamine）、脂肪酸、草酸钙（calcium oxalate）、β-（yohimbine）及缝籽木萦甲醚（geissoschizine methylether）。

·药理和临床应用

（1）降血压作用：钩藤煎剂、乙醇提取物、钩藤总碱和钩藤碱，无论对麻醉动物或不麻醉动物，正常动物或高血压动物，也不论静脉注射或灌胃给药均有降压作用。

（2）镇静和抗惊厥作用：钩藤煎剂或醇提物0.1 g/kg腹腔注射，能抑制小鼠自发活动，维持3～4 h，并能对抗咖啡因所致动物自发活动增强，但即使剂量加大至2.5 g/kg也不能增强戊巴妥钠所致催眠作用，却能延迟大剂量戊巴妥钠引起的动物死亡时间。

附注：钩藤属植物有菲律宾产儿茶钩藤 Uncaria gambir，为"黑儿茶"的来源植物，含有儿茶素，为儿茶代用品，也含有降压成分。维药"卡提印地"，即儿茶膏，有一部分来源就是黑儿茶，为巴基斯坦进口药材。另有绒毛钩藤 *Uncaria tomentosa*，产南美洲亚马孙河流域，为当地民族民间药用植物，用于治疗胃溃疡、胃肠功能紊乱、避孕、癌症等。

巴 戟 天
bajitian / MORINDAE OFFICINALIS RADIX

巴戟天原植物（巴戟天）

巴戟天原植物（海巴戟）

巴戟天药材（海巴戟）

· **别名**

鸡肠风、鸡眼藤、黑藤钻、兔仔肠、三角藤、糠藤、巴戟、巴吉天、戟天、巴戟肉、猫肠筋、兔儿肠、沙腊(西双版纳傣语)、赫勒埃斯图-温都苏(蒙语)。

· **外文名**

Medicinal indian mulberry（英语）、Ye-yoe（缅语）。

· **基原考证**

为茜草科植物巴戟天 *Morinda officinalis* 的干燥根。

傣药沙腊为同属植物黄木巴戟 *Morinda angustifolia* 的干燥根，巴戟天为其代用品。

同属植物海滨木巴戟 *Morinda citrifolia* 根亦作巴戟天使用，称为"海巴戟（Noni）"，产于东南亚及太平洋热带岛屿，为进口南药品种，我国南海热带海岛有野生居群分布。

· **原植物**

茜草科植物巴戟天 *Morinda officinalis* F. C. How

藤本；肉质根不定位肠状缢缩，根肉略紫红色，干后紫蓝色。叶薄或稍厚，纸质，干后棕色，长圆形，卵状长圆形或倒卵状长圆形，顶端急尖或具小短尖。花序 3～7 伞形排列于枝顶；头状花序具花 4～10 朵；花冠白色，近钟状，稍肉质。聚花核果由多花或单花发育而成，熟时红色，扁球形或近球形。花期 5～7 月，果熟期 10～11 月。（《中国植物志》）

· **分布与产地**

巴戟天为国产南药，产于福建、广东、海南、广西等地的热带和亚热带地区。生于山地疏、密林下和灌丛中，常攀于灌木或树干上，亦有引作家种。中南半岛也有分布。模式标本采自广东罗浮山。

· **传播路径与贸易状况**

巴戟天为我国华南特产南药，在广东、广西、海南、云南等地有种植，目前已经形成大规模 GAP 种植基地。另有进口巴戟天，产于东南亚和太平洋热带岛屿，为同属植物海滨木巴戟的根，称为"海巴戟",其果实为著名热带水果"诺丽"。近年来,在海南三沙市的热带岛屿发现海滨木巴戟的野生种群。

· 药用历史与文化记事

巴戟天在中国传统医药中自古就是扶正荡邪,补益长寿的良药。《神农本草经》载:"巴戟天味辛微温。主大风邪气,阴痿不起,强筋骨,安五脏,补中,增志,益气。生山谷。名医曰:生巴郡及下邳,二月八月,采根,阴干。"宋代《证类本草》云巴戟天可"强筋骨,安五脏,补中,增志,益气"。明代《本草蒙筌》载,巴戟天"安五脏健胃强筋,安心气利水消肿。益精增志,惟利男人"。清代的乾隆皇帝25岁登基,在位60年,禅位后又任3年零4个月太上皇,实际掌握最高权力长达63年零4个月,是中国历史上在位时间第2长、年寿最高的皇帝。据说乾隆皇帝长期服用太医院配置的保健药方,是乾隆皇帝日夜操劳仍然能够健康长寿的秘密,其中巴戟天是重要的成分之一。

· 古籍记载

《证类本草》:"味辛、甘、微温,无毒。主大风邪气,阴痿不起,强筋骨,安五脏,补中,增志,益气,疗头面游风,小腹及阴中相引痛,下气,补五劳,益精,利男子。生巴郡及下邳山谷。二月、八月采根,阴干。"

· 功效主治

南药巴戟天,补肾阳,强筋骨,祛风湿。用于阳痿遗精,宫冷不孕,月经不调,少腹冷痛,风湿痹痛,筋骨痿软。

蒙药"赫勒埃斯图-温都苏",治疗腰膝酸软,关节痛,遗精,风寒湿痹。

傣药"沙腊",治疗黄疸性肝炎,胆结石,外用治痈疮肿毒等。

· 化学成分

根含蒽醌类成分:甲基异茜草素(rubiadin)、甲基异茜草素-1-甲醚(rubiadin-1-methyl ether)、大黄素甲醚(physcion)、2-羟基羟甲基蒽醌(2-hydroxy-3-hydrox-ymethylanthraquinone)、1-羟基蒽醌(1-hydroxyanthraquinone)、1-羟基-2-甲基蒽醌(1-hydroxy-2-methyl anthraquinone)、1,6-二羟基-2,4-二甲氧基蒽醌(1,6-dihydroxy-2,4-dimethoxyan-thraquinone)、1,6-二羟基-2-甲氧基蒽醌(1,6-dihydroxy-2-methoxyanthraqui-none)、2-甲基蒽醌(2-methylanthraqui-none),还含环烯醚萜成分,水晶兰苷(monoTCMLIBopein)、四乙酰车叶草苷(asperuloside teTCMLIBaacetate)。又含葡萄糖、甘露糖、β-谷甾醇(β-sitosterol)、棕榈酸(palmitic acid)、维生素C、十九烷(nonadecane)、24-乙基胆甾醇(24-ethyl cholesterol)。根皮含锌、锰、铁、铬等23种元素。

· 药理和临床应用

有增强抗疲劳能力、抗炎、升高血中白细胞、增加体重、增强免疫、降压、促进皮质酮分泌等作用。

附注:《中国药典》2010年版规定,巴戟天按干燥品计算,含有效成分耐斯糖($C_{24}H_{42}O_{21}$)不得少于2.0%。

育 亨 宾
yuhengbin / YOHIMBE

育亨宾药材

· 外文名

Yohimbe(英语)、Idagbon(非洲约鲁巴语)。

· **基原考证**

为茜草科植物育亨宾树的叶和树皮。

· **原植物**

茜草科植物育亨宾树 *Pausinystalia johimbe* (K. Schum.) Pierre ex Beille (＝*Corynanthe johimbe* K. Schum.)

常绿乔木,高达 30 m,直径可达 50～60 cm,树干通直。树皮从灰色到红褐色,有纵向裂隙,易剥落。树皮有苦味,内皮粉红色,纤维状。边材白色,心材赭黄色。三叶轮生,叶柄约 2 cm。叶片呈椭圆形,长 11～47 cm,宽 5～17 cm。花小,黄色,簇生。

· **分布与产地**

育亨宾为进口南药,产于非洲西部和中部(尼日利亚、卡宾达、喀麦隆、刚果-布拉柴维尔、加蓬、赤道几内亚)。

· **传播途径与贸易状况**

育亨宾传入我国和现代体育文化交流有关。育亨宾最早是以提取物的形式,作为运动补剂为专业运动员使用。作为选择性肾上腺素 α_2 受体阻断剂,育亨宾具有兴奋神经,调节激素水平,增加瘦体重等效用,受到体育界欢迎,随后又传入民间运动爱好者群体。目前育亨宾在我国市场上主要以膳食补充剂的形式出售,多从欧美进口。

· **药用历史与文化记事**

育亨宾是西非约鲁巴族的传统草药,约鲁巴语名 Idagbon。育亨宾树皮在非洲西部传统医学中用作催情剂和补剂,也被用于治疗发热、麻风病和咳嗽。1900 年,育亨宾在德国引起了科学界的兴趣,当时的一份初始研究报告声称育亨宾对动物和人类都有很强的催情作用。现代植物化学研究在育亨宾树皮中提取中有效成分主要为育亨宾及其异构体等,为吲哚类生物碱。

· **功效主治**

西非传统医学中用作滋补剂。

· **化学成分**

主要含有育亨宾碱及其异构体,为吲哚类生物碱。

· **药理和临床应用**

育亨宾生物碱选择性阻断神经细胞突触前 α_2 受体,促进去甲肾上腺素的释放。根据剂量的不同,育亨宾可以升高或降低血压。高剂量的口服育亨宾可能产生许多副作用,如心率过快、过度刺激、血压异常、冷汗和失眠。和其他种类的肾上腺素能阻断药一样,育亨宾对抗血循环中肾上腺素能介质比对抗交感神经冲动的效力强得多。又和妥拉苏林(苯甲唑啉,tolazoline)一样,对抗眼平滑肌的肾上腺素能反应仅有微效。此药不阻断肾上腺素对哺乳类心脏的频率性和肌力性作用。育亨宾对平滑肌的直接作用很小,其对中枢神经系统的作用远不及麦角生物碱显著,表现为先兴奋后麻痹。此药产生利尿作用,可能是由于兴奋下丘脑引起垂体后叶激素的释放。此外,尚具有显著的局部麻醉作用。

育亨宾的催情作用可能是其肾上腺素 α 受体受抑制所导致,通过促进交感神经兴奋和阴茎血流量实现,但目前缺乏人体试验的有力证据。

附注:同属植物卡宾达树 *Pausinystalia macroceras* (K. Schum.) Pierre,原产于非洲西部安哥拉卡宾达地区,传统用药和育亨宾相似,植物化学研究发现含有柯楠碱、柯楠因碱、阿玛碱、育亨宾、柯楠辛碱、β-育亨宾、α-育亨宾、β-谷甾醇和熊果酸、齐墩果酸等。

云南西双版纳传统傣药"麻三端",即云南萝芙木 *Rauvolfia verticillata* (Lour.) Baill. 也含有育亨宾生物碱,可作为国产"育亨宾"来源。此外,育亨宾还从夹竹桃科其他植物属中发现,包括罗布麻属(*Catharanthus*)、萝芙木属(*Rauvolfia*)、水甘草属(*Amsonia*)、瓦莱西亚属(*Vallesia*)和蔓长春花属(*Vinca*)等,以及马钱科(马钱子属)和大戟科(*Alchornea* 属)中也发现育亨宾生物碱。

育亨宾生物碱有一定的毒性。高剂量的口服育亨宾可能产生许多不良反应,如心率加快、过度刺激、血压异常、冷汗、胃溃疡和失眠等。孕妇禁用。因此育亨宾不适合作为膳食补充剂使用。

马 钱 子

maqianzi / STRYCHNI SEMEN

马钱子原植物

马钱子药材

· 别名

番木鳖、苦实把豆儿、火失刻把都、苦实、马前、马前子、牛银、大方八、敦母达合（藏语）、库其拉（维语）、都木达克（蒙语）。

· 外文名

Strychnine tree（英语）、Karaskara（梵语）、Kachila（乌尔都语、旁遮普语、孟加拉语）、Kajra（印地语）、Kagodi（泰米尔语）、Kabaung（缅语）、Mã Tiền（越南语）。

· 基原考证

为马钱科植物马钱子的干燥成熟种子。

· 原植物

马钱科植物马钱子 *Strychnos nux-vomica* L.

乔木。枝条幼时被微毛，老枝被毛脱落。叶片纸质，近圆形、宽椭圆形至卵形，顶端短渐尖或急尖，基部圆形，有时浅心形，上面无毛。圆锥状聚伞花序腋生；花冠绿白色，后变白色。浆果圆球状，直径 2～4 cm，成熟时桔黄色，内有种子 1～4 颗；种子扁圆盘状，宽 2～4 cm，表面灰黄色，密被银色绒毛。花期春夏两季，果期 8 月至翌年 1月。（《中国植物志》）

· 分布与产地

马钱子为进口南药，产于印度、斯里兰卡、缅甸、泰国、越南、老挝、柬埔寨、马来西亚、印度尼西亚和菲律宾等。生深山老林中，喜热带湿润性气候，怕霜冻，而以石灰质壤土或微酸性黏壤土生长较好。我国台湾、福建、广东、海南、广西和云南南部等地有栽培。模式标本采自斯里兰卡科伦坡。

· 传播路径与贸易状况

马钱子为进口南药。1970 年代，中国科学院西双版热带植物园的科研人员在云南南部热带雨林区发现方茎马钱 *Strychnos wallichiana* 和滇南马钱 *Strychnos nitida*，经测定种子也含番木鳖碱。云南民族民间亦有应用，功效和马钱子类似，均为毒性药材。维药"库其拉"由巴基斯坦进口，"库其拉"一名即来自乌尔都语"Kachila"。笔者在新疆和田访谈得知，新疆药材市场和维药制药厂有大量的进口南药来自巴基斯坦，除马钱子外，还有肉豆蔻、锡兰肉桂、小豆蔻等。

· 药用历史与文化记事

马钱子从丝绸之路由阿拉伯商人传入我国，《本草原始》记载："生回回国，今西土邛州诸处亦有之。蔓生，夏开花。七八月结实如栝蒌，生青熟赤，亦如木鳖，而核小色白。彼人言能治一百二十种病，每症各有汤引。或云以豆腐制过，用之良。"维药"库其拉"为巴基斯坦进口药材，"库其拉"一名显然是来自乌尔都语 Kachila。

马钱子于 15 世纪传入欧洲,用于狩猎用箭毒和毒鼠药。16 世纪时,欧洲开始用马钱子作为兴奋剂。19 世纪欧洲人从马钱子中分离出有效成分"士的宁",20 世纪又分离出马钱子碱。

马钱子有大毒,在印度阿育吠陀医学中,马钱子需要在牛尿中浸泡 7 d 去毒后方可使用,在此期间需要每天更换新鲜的牛尿。我国传统医药中,也有用"童子尿"浸泡马钱子去毒的记载。在传统缅甸医学中,马钱子是重要毒性药材,多产自掸邦高原热带丛林,缅甸药材市场有大量交易。

· **古籍记载**

《本草纲目》:"番木鳖,蔓生,夏开黄花,七八月结实如栝楼,生青熟赤,亦如木鳖,其核小于木鳖而色白。"

· **功效主治**

南药马钱子,通络,强筋,散结,止痛,消肿,解毒。主风湿痹痛,肌肤麻木,肢体瘫痪,跌打损伤,骨折肿痛,痈疽疮毒,喉痹,牙痛,疬风,顽癣,恶性肿瘤。

蒙药"都木达克",味苦,性凉。效轻、钝。有大毒。主治脚背刺痛,胸闷气喘,狂犬病,咽喉肿痛,炭疽。

藏药"敦母达合",味苦,性凉、糙。治血龙上亢,胃肠绞痛,中毒症。

维药"库其拉",三级干热,除寒燥湿,强筋健肌,散气止痛,固精壮阳,收敛固涩。主治湿寒性或黏液质性疾病,如瘫痪、面瘫、半身不遂、肌肉松弛、四肢麻木、腰膝酸软、关节炎、遗精、阳痿、子宫下垂、遗尿及皮肤瘙痒、痤疮、某些痈肿等皮肤疾病。

· **化学成分**

含番木鳖碱(strychnine)、马钱子碱(brucine)、α-及 β-可鲁勃(α-,β-colubrine)、番木鳖次碱(vomicine)、马钱子新碱(novacine)、依卡精(icajine)、番木鳖苷(loganin)等。

· **药理和临床应用**

本品所含的番木鳖碱对整个中枢神经系统都有兴奋作用,首先兴奋脊髓的反射功能,其次兴奋延髓的呼吸中枢及血管运动中枢,并能提高大脑皮质的感觉中枢功能。番木鳖碱能提高血管运动中枢的兴奋性,增进血液循环。番木鳖碱还具有兴奋迷走神经中枢作用,可出现心动徐缓。番木鳖碱亦能提高呼吸中枢的兴奋性,使呼吸加深加快,特别是在上述中枢被抑制时这些作用更加明显。此外,它还可以兴奋咳嗽中枢。

马钱子具有强烈毒性。毒性试验表明,马钱子仁对小鼠的 LD_{50},灌服为 235 mg/kg,腹腔注射为 77.8 mg/kg;番木鳖碱及马钱子碱给小鼠灌胃,LD_{50} 分别为 0.027 mg/kg 和 2 323 mg/kg,腹腔注射,LD_{50} 分别为 1.53 mg/kg 和 69 mg/kg。成人一次服番木鳖碱 5～10 mg 可致中毒,30 mg 可致死亡。并有服马钱子 7 粒中毒致死的报道。

附注:《中国药典》规定,本品按干燥品计算,含士的宁($C_{21}H_{22}N_2O_2$)应为 1.20%～2.20%,马钱子碱($C_{23}H_{26}N_2O_4$)不得少于 0.80%。

蛇根木

shegenmu / RAUVOLFIAE RADIX

· **别名**

蛇草根、蛇根、印度蛇木、印度蛇根草、印度萝芙木。

蛇根木原植物

蛇根木药材

外文名

Indian snakeroot（英语）、Sarpagandha（梵语）、Chandra（印地语、孟加拉语）、Chivan amelpodi（泰米尔语）、Sin-bonma-yaza（缅语）、Pule pandak（印尼语）、Ba Gạc Hoa Đỏ（越南语）。

基原考证

为夹竹桃科植物蛇根木的根。

原植物

夹竹桃科植物蛇根木 *Rauvolfia serpentina* (L.) Benth. ex Kurz

灌木。除花冠筒内上部被长柔毛外，其余皆无毛。叶集生于枝的上部，对生，或 3 叶、4 叶轮生，稀为互生；叶片椭圆状披针形或倒卵形，先端短渐尖或急尖，基部狭楔形或渐尖。伞形或伞房状的聚伞花序；总花梗、花梗、花萼及花冠筒均红色；花冠高脚碟状；花冠筒中部膨大，裂片白色。核果成对，红色，近球形，合生至中部。花期第 1 次 2～5 月，第 2 次 6～10 月；果期第 1 次 5～8 月，第 2 次 10 月至翌年春季。

分布与产地

蛇根木为进口南药，原产于印度次大陆至南洋群岛。我国云南南部、广东、海南、广西等地有引种栽培。

传播路径与贸易状况

蛇根木为进口南药。蛇根木早期作为民间草药在印度使用。自从发现了利血平之后，声名鹊起，传播到世界各地适宜区种植，蛇根木提取物和利血平称为重要的商品。经过研究，含有利血平的植物还有同属植物萝芙木和非洲萝芙木等。我国在云南发现同属植物云南萝芙木也含有利血平碱。

药用历史与文化记事

蛇根木的应用可追溯至公元前 700 年前，古印度阿育吠陀医学《耆婆书》《妙闻集》等古籍中有记载，用于治疗精神病和失眠，具有镇静麻醉作用。此外，其茎皮、根、叶等还被用作退热、抗癫痫、治疗蛇虫咬伤等。故名"snake wood"。二十世纪六七十年代，发现其中含有活性成分利血平碱，具有很好的降血压活性，是从民间草药中发现的"奇迹药品"之一。

功效主治

清风热，降肝火，消肿毒。治感冒发热，咽喉肿痛，高血压头痛眩晕，痧症腹痛吐泻，风痒疮疥。

化学成分

蛇根木含多种生物碱，如利血平（reserpine）、四氢蛇根碱（ajmalicine）、萝芙木碱（ajmaline）、蛇根亭碱（serpentinine）、育亨宾（yohimbine）、利血胺（rescinnamine）、蛇根碱（serpentine）、去甲氧基利血平（deserpidine，11-desmethoxy re-serpine）、利血平酸甲酯（methyl reserpate）、柯楠碱（rauhimhine，corvllanthine）等。根、茎、叶中均含有芸香苷（rutin），芸香苷含量根为 8.3％，茎皮为 2.8％，叶为 1.5％。种子油中主要含有棕榈酸（palmitic acid）、油酸（oleic acid）、亚油酸（linoleic acid）及少量硬脂酸（stearic acid）、亚麻酸（linolenic acid）、花生酸（arachidic acld）、肉豆蔻酸（myristicacid）、山箭酸（behenic acid）等脂肪酸。

药理和临床应用

（1）降血压作用：利血平是蛇根木根中主要的生物碱，能降低血压和减慢心率，其作用非常缓慢、温和而持久。

（2）安定作用：利血平对中枢神经系统的作用与氯丙嗪相似，能使人镇静，易于入睡，但睡后易被唤醒,对动物行为的影响也较明显,给猴静注后,能使其驯服,并对环境刺激不起反应。

(3) α₂ 肾上腺素受体阻断作用:育亨宾可阻滞 α₂ 受体,增加去甲肾上腺素释放,且使 α₁ 受体功能占优势,因而对某些器官产生拟交感作用;由于阻滞血管突触后阿 α₂ 受体,对另一些器官阻断交感神经效应,因而育亨宾的综合效应是复杂的。通常以血管扩张、血压降低占优势,由于其血管扩张作用,曾以为可用作壮阳药,但并未用于治疗。现主要用于 α 受体亚型的实验分析。

(4) 抗心律失常作用:正常大鼠静注蛇根本总碱对心电图无影响,但可抑制乌头碱或氯化钙诱发的心律失常。该总碱能防止乌头碱产生的蛙横纹肌钾离子释放增加。阿马林对冠脉结扎、毒毛花苷和肾上腺素诱发的大室性心律失常有抑制作用,对乌头碱中毒大鼠有抗心律失常作用,并能提高猫室颤阈值。

胡 黄 连
huhuanglian / PICRORHIZAE RHIZOMA

胡黄连原植物

胡黄连药材

· **别名**

西藏胡黄连、西藏黄连、洪连窍(藏语)、宝日-洪连(蒙语)、布日布哈日(维语)、蒂达(陈塘夏尔巴语)。

· **外文名**

Picrorhiza(英语)、Kutki(梵语)、Katuka(印地语、孟加拉语)、Katukarogini(泰米尔语)、Kharabake(阿拉伯语、波斯语)、Saung-may-ga(缅语)、Kot-hkan-phraw(泰语)。

· **基原考证**

为车前科植物胡黄连的根茎,由我国著名植物学家洪德元院士于 1984 年发表于 *Opera Botanica a Societate Botanica Lundensi* 上。胡黄连基原异名为 *Picrorhiza scrophulariiflora* Pennell。*Neopicrorhiza* 原为玄参科婆婆那族下的属,但基于分子生物学的现代系统发育研究发现传统玄参科和车前科的分类存在差异,其中婆婆那族应属于车前科而不是玄参科,因此新版的 APG IV 分类系统将原归属于玄参科的婆婆那族移入车前科。

另有印度胡黄连 *Picrorhiza kurrooa* Royle,尚未见分类修订,产于克什米尔地区至印度锡金邦一带的喜马拉雅高海拔山区,我国不产,进口作胡黄连使用。

目前大部分中医药书中把胡黄连称为"西藏胡黄连",而印度胡黄连称为"胡黄连"。

· 原植物

车前科植物胡黄连 *Neopicrorhiza scrophulariiflora* (Pennell) D. Y. Hong

多年生草本,有毛。根茎圆柱形,稍带木质。叶近于根生;稍带革质,叶片匙形,先端尖,基部狭窄成有翅的具鞘叶柄,边缘有锯齿。花茎比叶长;穗状花序。蒴果长卵形,侧面略有槽,主要室间开裂;种子长圆形。(《中华本草》)

· 分布与产地

胡黄连(西藏胡黄连)为国产南药。分布于印度北方邦至中国西南的喜马拉雅-横断山区域高海拔(3 600～4 800 m)流石滩。产于印度、不丹、尼泊尔、缅甸和我国云南、四川、西藏等地。

· 传播路径与贸易状况

胡黄连产喜马拉雅山区,除了藏医外,我国其他传统医学中均为进口药材。在藏药中,最好的洪连窝为印度和尼泊尔的进口药,即印度胡黄连。后来在普兰和札达一带发现有印度胡黄连分布。

· 药用历史与文化记事

印度胡黄连为古老的阿育吠陀医学常用药物,用于治疗消化系统疾病。在尼泊尔也用作印度龙胆 *Gentiana kurroo* 的代用品,用于治疗各种类型的肝炎和肝损伤。现代药理学发现印度胡黄连提取物具有保肝、抗氧化和调节免疫等活性。

藏药"洪连"来自汉语"黄连"的音译,意思是黄连,因此又称"西藏黄连"。洪连按产地和效性等分数种,如"洪连门巴",为车前科植物兔耳草 *Lagotis minor* 或短管兔耳草 *Lagotis brevituba*,而本种名为"洪连窝",又称"甲洪连",意思是"最好的洪连"。另外,"雄洪连"为毛茛科黄连属植物,"雌洪连"为毛茛科唐松草属植物等。西藏日喀则陈塘镇夏尔巴人民间药中,把产于珠穆朗玛峰高山流石滩地带的胡黄连作为印度獐牙菜 *Swertia chirayita* 的代用品,也称为"蒂达"(印度獐牙菜的藏语名)。由此可见,"洪连"药材来源相当复杂,容易发生混淆,需要进行深入地本草考证和品种梳理。

维药"布日布哈日"为印度胡黄连,出自《药物之园》。维医认为印度胡黄连有毒,可以用来毒死豺狼虎豹等野兽,因此称为"哈提里-再衣比",意思是"毒死狼的药"。《拜地依药书》记载,胡黄连是其代用品。

· 古籍记载

《本草图经》:"胡黄连,生胡国,今南海及秦陇间亦有之。初生似芦,干似杨柳枯枝,心黑外黄,不拘时月收采。"

藏医《妙音本草》:"洪连生高石山,叶片如老人胸骨,果穗如老狼尾巴。"

· 功效主治

南药胡黄连,清湿热,除骨蒸,消疳热。用于湿热泻痢,黄疸,痔疾,骨蒸潮热,小儿疳热。

藏药"洪连窝",清热消炎,主治"培根木布"病、陈旧性疫病,止泻,以及高血压、肝热、肺热、血热等各种热病。

蒙药"宝日-洪连",味苦,性寒。效糙、轻。清热,解毒,祛瘀血,清骚热,愈伤。主治讧热,流感,伤风感冒,久咳不愈,热邪入血。

维药"布日布哈日",三级干寒,有毒。生干生寒,清热燥湿,增强消化,通气软便,利水退肿,消炎通淋,驱肠虫,清肝退黄,散气止痛。主治湿热性或血液质性疾病,如热性消化不良,纳差便秘,全身水肿,膀胱炎肿,尿路感染,肠内生虫,肝病黄疸,头痛,偏头痛,牙痛及皮肤疾病等。

· 化学成分

胡黄连根含胡黄连素(3.4%)、D-甘露醇(0.5%)、香荚兰酸(0.1%)、胡黄连醇、胡黄连甾醇(0.18%)及香荚兰乙酮等。又含桃叶珊瑚苷(aucubin)、木辛醇(catalpol)、盾叶夹竹桃苷

（androsin）、香草酸（vanilli acid）、桂皮酸（cinnamic acid）、阿魏酸（ferulic acid）、胡黄连苦苷Ⅱ及多种葫芦素类糖苷。胡黄连素并不是一个简单的化合物，而是胡黄连苦苷Ⅰ和胡黄连苷的稳定混晶。

· **药理和临床应用**

（1）利胆保肝作用：婆婆纳苷、米内苷、胡黄连苦苷Ⅰ和Ⅱ等对四氯化碳引起的小鼠肝损伤有保护作用，对大鼠有利胆作用。

（2）免疫调节作用：胡黄连根的水提取物补体激活的经典途径和旁路途径均有很强的抑制作用，对游走抑制因子（MIF）的产生则有明显的兴奋作用。

（3）抗真菌作用：胡黄连水浸液体外对英色毛癣菌等皮肤真菌有不同程度抑制作用。

角 胡 麻

jiaohuma / MARTYNIAE FRUCTUS

角胡麻药材

· **别名**

魔爪、蛇头、虎爪。

· **外文名**

Devil's-claw（英语）、Kakanasika（梵语）、Bichu（印地语）、Se-kalon（缅语）。

· **基原考证**

为角胡麻科植物角胡麻的果实。

· **原植物**

角胡麻科植物角胡麻 *Martynia annua* L.

直立草本。茎圆柱形，基部常木质化。叶对生，阔卵形至三角状卵形，顶端急尖，基部心形，边缘有浅波状齿。短总状花序顶生，有花10～20朵。花冠深红色，内面白色至粉红色，并有淡紫红斑点，檐部裂片5枚，不等大，半圆形，外面有紫色条纹，内面有黄色斑及紫色斑。果卵球形，背腹压扁，顶端有2枚长约5 mm的钩状突起，外果皮绿色，密生腺毛，沿缝线有短毛刺，内果皮骨质，坚硬，具雕纹。花期长，在热带几全年可开花。（《中国植物志》）

· **分布与产地**

角胡麻为进口南药，原产于墨西哥及中美洲。在斯里兰卡、巴基斯坦、印度、尼泊尔、缅甸、越南、老挝、柬埔寨均有逸生。我国云南南部（孟连、盈江、梁河、勐腊）有分布。生于荒坡丛林边、路旁地角，海拔500～7 500 m。

· **传播路径与贸易状况**

角胡麻原产地为南美洲，传播到中国的时间不详。传播路径很可能是由南亚经缅甸传入云南南部，种植后逸为野生。近年来由于生态环境变化，在云南南部已经很难见到角胡麻的踪迹。缅甸中部曼德勒市附近可见到角胡麻种植，偶见逸为野生，供药用见于当地药材市场。

· **药用历史与文化记事**

角胡麻在印度阿育吠陀医学和悉达医学中应用，有时作为马利筋 *Asclepias curassavica* 的替代品使用。

· **功效主治**

在阿育吠陀医学中，角胡麻有广泛的治疗用途。叶用作解毒剂和制作漱口水，也用于治疗癫痫和杀寄生虫。根用于避孕和作为镇静剂。果实具有消炎作用，用于治疗疗疮等。

· **化学成分**

从该植物中分离得到油酸、花生四烯酸、亚

油酸、棕榈酸、龙胆酸、硬脂酸、pelargonidin-3，5-二葡萄糖苷、氰-3-半乳糖苷、对羟基苯甲酸、芹菜素、芹菜素-7-oglucuronide 等多种化合物。

· **药理和临床应用**

角胡麻醇提取物具有驱虫、抗惊厥、解热镇痛、抗菌、抗氧化、抗生育等活性。

罗 勒
luole / *OCIMUM HERBA*

罗勒原植物

罗勒药材

· **别名**

九层塔、印尼九层塔、薰草、蕙草、燕草、兰香、西王母草、香草、芽广锅（西双版纳傣语）、帕引景（德宏傣语）、热依汗（维语）。

· **外文名**

Basil（英语）、Barbari（梵语）、Babauitulasi（印地语、乌尔都语、孟加拉语）、Tirunitturu（泰米尔语）、Basilic（法语）、Basilico（意大利语）、Albahaca（西班牙语）、Alfavaca（葡萄牙语）、Húng Qué（越南语）。

· **基原考证**

为唇形科植物罗勒的全草。

· **原植物**

唇形科植物罗勒 *Ocimum basilicum* Linn.

一年生草本，具圆锥形主根及自其上生出的密集须根。茎直立，钝四棱形，上部微具槽，基部无毛，上部被倒向微柔毛，绿色，常染有红色，多分枝。叶卵圆形至卵圆状长圆形，先端微钝或急尖，基部渐狭，边缘具不规则牙齿或近于全缘，两面近无毛，下面具腺点。总状花序顶生于茎、枝上，各部均被微柔毛，由多数具 6 花交互对生的轮伞花序组成，下部的轮伞花序远离，上部轮伞花序靠近。花萼钟形。花冠淡紫色，或上唇白色下唇紫红色，伸出花萼，外面在唇片上被微柔毛，内面无毛，冠筒内藏，常具波状皱曲，下唇长圆形，下倾，全缘，近扁平。小坚果卵珠形，黑褐色，有具腺的穴陷。花期通常 7～9 月，果期 9～12 月。

· **分布与产地**

罗勒为国产南药，原产于印度，目前广布热带亚热带地区多为栽培。在我国为归化植物，在南部各地区栽培或逸为野生。非洲至亚洲温暖地带也有。模式标本采自印度。从 GBIF（Global Biodiversity Information Facility）记录的标本采集数据看，罗勒产地集中于欧洲、中美洲、南美洲的巴西和阿根廷，以及我国的华南地区和中南半岛等东南亚地区。

· **传播路径与贸易状况**

罗勒是唇形科罗勒属（全球约有 150 种）之一种，现今广泛栽培于热带亚热带地区庭院、菜园和寺院神庙等处，有时逸为野生。据中国古代史籍记载，岭南地区有野生于山谷，产自湖南零陵地区故名零陵香。古希腊把罗勒称为"圣草"。现代植物学采集记录始于印度,故而印度为其模式产地,并不表明仅产于印度。

· **药用历史与文化记事**

罗勒是著名的西方草药和调味香草。罗勒的英文名 Basil 源自希腊语 Basilium,意为"帝王",又被称为"帝王之草"。古代希腊人认为罗勒是"植物之王",罗勒用来炼制"圣油"的原料之一。古希腊医书《药物学》记载非洲人用罗勒治疗和减轻蝎子咬伤后的疼痛。在中国,古代农书《齐民要术》记载:兰香者罗勒也。在本草典籍中,罗勒又常记为"零陵香","零陵香,生零陵山谷,今湖岭诸州皆有之。多生下湿地,叶如麻,两两相对;茎方,气如蘼芜,常以七月中旬开花,至香;古所谓熏草是也。或云蕙草,亦此也。又云其茎叶谓之蕙,其根谓之熏"。

在我国,罗勒在云南作为调味香草,特别是云南南部和西南部的傣族特色菜中必不可少。新疆维吾尔特色茶中常用"热依汗"做调香,称"热依汗茶"。

古罗马人用罗勒治疗胃肠嗳气、解毒、利尿与催乳。印度阿育吠陀医学中,罗勒也是重要的药材。古代欧洲人用罗勒治疗胸腔感染、消化系统疾病和黄疸。西方民间草药认为罗勒有壮阳和促进性欲的作用。

· **古籍记载**

《嘉祐本草》:"罗勒,按《邺中记》云,石虎讳言勒,改罗勒为香菜。此有三种:一种堪作生菜;一种叶大,二十步内闻香;一种似紫苏叶。"

· **功效主治**

南药罗勒,疏风行气,化湿消食,活血,解毒。治外感头痛,食胀气滞,脘痛,泄泻,月经不调,跌打损伤,蛇虫咬伤,皮肤湿疮,瘾疹瘙痒。

西双版纳傣药"芽广锅",味辣,气香,性温。入风塔。解毒透疹,除风利湿,散瘀止痛。主治"鲁旺洞亮冒沙么"(小儿麻疹透发不畅),"害埋,唉"(高热,咳嗽),"割鲁了多温多约"(产后体弱

多病),"阻伤"(跌打损伤),"拢梦曼"(荨麻疹),"接崩短嘎"(脘腹胀痛)。

德宏傣药"帕引景",用于治疗消化不良,嗝逆,胃痛,腹泻。

维药"热依汗",生干生热,调节异常黏液质,开通阻滞,芳香开窍,安神强心,祛寒止痛,止泻止痢。主治湿热性或黏液质性疾病,如肝脏阻滞,吸收不佳,心悸抑郁,心神不定,瘫痪,面瘫,关节疼痛,腹泻痢疾。

· **化学成分**

含挥发油 $0.02\% \sim 0.04\%$,主要成分为罗勒烯、α-蒎烯、1,8-枝叶素、芳樟醇、牻牛儿醇、柠檬烯,莒烯-3-甲基胡椒酚、丁香油酚、丁香油酚甲醚、茴香醚、桂皮酸甲酯、己烯-8-醇-1、辛酮-3 及糠醛等。

· **药理和临床应用**

罗勒叶水提取物、甲醇提取物、水/甲醇提取物、黄酮苷类化合物分别以相当于 4-(生药)/kg 剂量口服对阿司匹林诱导的溃疡大鼠有显著降低其溃疡指数的作用;对束缚应激性溃疡大鼠的溃疡指数无影响。水提取物、水/甲醇提取物对醋酸诱导的大鼠的溃疡指数也有显著降低作用。各种物质对正常大鼠的胃酸、胃蛋白酶均无影响,只有水提物可显著增加正常大鼠己糖胺含量。甲醇提取物、黄酮苷可显著降低阿司匹林模型大鼠胃酸度和胃蛋白酶含量,水/甲醇提取物、水提物和黄酮苷均可增加阿司匹林模型大鼠的己糖胺含量。各种提黄酮苷均可增加束缚应激溃疡大鼠己糖胺含量。按发油对应激性溃疡没有作用。

广藿香

guanghuoxiang / POGOSTEMONIS HERBA

· **别名**

印度薄荷、沙勐香(西双版纳傣语)、品乃(维语)。

广藿香药材

· 外文名

Patchouli（英语）、Quảng Hoắc Hương（越南语）、Phim-sen（泰语）、thanat-pyit-see（缅语）、Pacholi（印地语）、Pachapat（孟加拉语）、Kadir pachai（泰米尔语）、Patschulistrauch（德语）、Cablan（西班牙语）。

· 基原考证

为唇形科植物广藿香的全草。

· 原植物

唇形科植物广藿香 *Pogostemon cablin* (Blanco) Benth.

多年生草本或灌木，高 30～100 cm，揉之有香气。茎直立，上部多分枝，老枝粗壮，近圆形；幼枝方形，密被灰黄色柔毛。叶对生，圆形至宽卵形，长 2～10 cm，宽 2.5～7 cm，先端短尖或钝，基部楔形或心形，边缘有粗钝齿或有时分裂，两面均被毛，脉上尤多；叶柄长 1～6 cm，有毛。轮伞花序密集成假穗状花序，密被短柔毛；花萼筒状，5 齿；花冠紫色，4 裂，前裂片向前伸；雄蕊 4，花丝中部有长须毛，花药 1 室。小坚果近球形，稍压扁。我国栽培的稀见开花。（《中国植物志》）

· 分布与产地

广藿香为本土南药，产于华南和东南亚，原产于菲律宾、印尼、马来半岛等地，我国华南和西南有引种栽培。

· 传播路径与贸易状况

广藿香来源于丝绸之路和海上贸易，主要是南亚东南亚一带。《通典》记载顿逊国（今缅甸勃固省至德林达依省一带）出藿香，插枝便生，叶如都梁，以寰衣。我国药材市场广藿香传统上主要来源于广东肇庆，又名"肇香"，以及石牌（牌香）、湛江（湛香）和海南岛（南香）。广藿香的适生地还有云南南部，目前有引种栽培，需扩大生产。

维药"品乃"（广藿香）在新疆和田地区等处大量种植，和田产"藿香茶"和"藿香酱"为新疆特色农产品。

· 药用历史与文化记事

广藿香以"藿香"之名始载于东汉杨孚的《异物志》，其后诸家本草多有记载，到了明清时代部分著作才出现"广藿香"的记载。据文献记载，从宋代以后，广藿香在我国岭南一带已普遍种植。

英文 Patchouli 一词来源于印度，广藿香在印度、马来西亚、中国和日本有悠久的应用历史，用于治疗蛇虫咬伤。近代广藿香用于提取精油。

· 古籍记载

《药性切用》："藿香辛温芳香，入手足阳明、太阴二经。力能醒脾，祛暑快胃，辟秽，为吐泻腹痛专药主和胃化气，而少温散之力。土藿香：但能温胃，殊欠芳香之用。鲜藿滴露：气味清能达邪，暑症寒热最宜。"

· 功效主治

芳香化浊，开胃止呕，发表解暑。用于湿浊中阻，脘痞呕吐，暑湿倦怠，胸闷不舒，寒湿闭暑，腹痛吐泻，鼻渊头痛。

维药"品乃"，生干生热，降压强心，安神补脑，健胃开胃，行气止痛。主治湿寒性或黏液质性疾病，如寒性心脏虚弱，慢性血压偏高，神经衰弱，湿寒性肠胃疾病，胃纳不佳，腹痛腹胀，风寒头痛、耳痛、牙痛、疮疡。

· **化学成分**

地上部分(枝叶)含挥发油,油中主成分为广藿香醇(patchoulo alcohol),并有 α-、β-和 γ-藿香萜烯(α-、β-、γ-patchoulene)、α-愈创烯(α-guaiene)、α-布藜烯(α-bulnesene)、广藿香酮(pogostone)、丁香烯、丁香酚及广藿香吡啶碱(patchoulipyridine)等。

· **药理和临床应用**

(1) 抑菌作用:广藿香酮体久对白色念珠菌、新型隐球菌、黑根霉等真菌有显著的抑制作用,对甲型溶血性链球菌等细菌也有一定的抑制作用。广藿香叶鲜汁对金黄色葡萄球菌、白色葡萄球菌及枯草杆菌的生长也有一定的抑制作用。其鲜汁滴耳(4 滴/次,每日 3 次)能治疗金黄色葡萄球菌所致的急性实验性豚鼠外耳道炎。广藿香酮能抑制青霉菌等霉菌的生长,可用于口服液的防腐。

(2) 钙拮抗作用:广藿香水提物对高钾引起的离体豚鼠结肠带收缩有明显抑制,表明其有钙拮抗作用,浓度为 $3×10^4$ g/ml 时抑制率为 17%,$30×10^4$ g/ml 时抑制率达 91%。有效成分为广藿香醇,其钙拮抗作用的拮抗参数(pA2)值为 5.95,IC_{50} 为 $4.7×10^5$ mol/L。广藿香醇对 Ca^{2+} 引起的大鼠主动脉条的收缩,也与维拉帕米相同,具有剂量赖性拮抗作用。

附注:《中国药典》规定,本品照醇溶性浸出物测定法(通则 2201)项下的冷浸法测定,用乙醇作溶剂,不得少于 2.5%。本品按干燥品计算,含百秋李醇($C_{15}H_{26}O$)不得少于 0.10%。

迷 迭 香
midiexiang / ROSMARINUI HERBA

· **别名**

海洋之露、安托斯、罗斯玛丽。

迷迭香原植物

· **外文名**

Rosemary(英语)、anthos(希腊语)。

· **基原考证**

为唇形科植物迷迭香的全草。

· **原植物**

唇形科植物迷迭香 *Rosmarinus officinalis* L.

灌木,高达 2 m。茎及老枝圆柱形,皮层暗灰色,不规则的纵裂,块状剥落,幼枝四棱形,密被白色星状细绒毛。叶常常在枝上丛生,具极短的柄或无柄,叶片线形,先端钝,基部渐狭,全缘,向背面卷曲,革质,上面稍具光泽,近无毛,下面密被白色的星状绒毛。花近无梗,对生,少数聚集在短枝的顶端组成总状花序;苞片小,具柄。花萼卵状钟形,外面密被白色星状绒毛及腺体,内面无毛,11 脉,二唇形,上唇近圆形,全缘或具很短的 3 齿,下唇 2 齿,齿卵圆状三角形。花冠蓝紫色,外被疏短柔毛,内面无毛,冠筒稍外伸,冠檐二唇形,上唇直伸,2 浅裂,裂片卵圆形,下唇宽大,3 裂,中裂片最大,内凹,下倾,边缘为齿状,基部缢缩成柄,侧裂片长圆形。花期 11 月。(《中国植物志》)

· **分布与产地**

迷迭香为进口南药,原产于欧洲及北非地中海沿岸,曹魏时即曾引入我国,今我国园圃中偶有引种栽培,作为园林绿化植物。

·传播路径与贸易状况

迷迭香传入中国已经有一千多年的历史。迷迭香油常用作调香,存在于香水、香精、牙膏、护肤品等产品中。我国目前主要进口迷迭香精油用于日化工业。迷迭香药材属于冷背中药材,应用较少。近年来随着饮用代用茶风气的兴起,迷迭香叶常出现于各种茶店和花草茶配方中。

·药用历史与文化记事

迷迭香的应用可追溯至古埃及时代,考古学家在古埃及墓穴中就发现过迷迭香。迷迭香在古埃及、古罗马和古希腊用作香薰植物和药用植物,也用于祭祀神灵。古希腊人认为迷迭香有增强记忆力的作用,这个用途一直沿用至现代西方传统草药。

迷迭香是西方基督教文化植物,具有很深的文化内涵和虔敬的宗教色彩。英文名为"rosemary",意为"玛丽亚的玫瑰",传说圣母玛丽亚带着还是婴儿的耶稣逃难时,将耶稣的蓝色披风放在迷迭香上,白色的花朵就变成了蓝色,以示对圣母的敬意。迷迭香除了被赐予许多神奇的疗效,还承袭了几个与耶稣相关的特征:耶稣在被钉十字架的时候只有 33 岁,而迷迭香的寿命最多也不会超过 33 年;耶稣的身高差不多是 180 cm,因此迷迭香无论长得再好再高都不会超过 180 cm。就像端午节中国人会把艾草挂在门上以趋吉避凶一样,西方人在万圣节也会悬挂迷迭香,教徒将它视为神圣的供品。

迷迭香于三国时期传入我国,据说"迷迭香"一名为曹植所取。出自曹植作《迷迭香赋》:"迷迭香出西蜀,其生处土如渥丹。过严冬,花始盛开;开即谢,入土结成珠,颗颗如火齐,佩之香浸入肌体,闻者迷恋不能去,故曰迷迭香。"

·古籍记载

《证类本草》:"味辛,温,无毒。主恶气,令人衣香,烧之去鬼。《魏略》云出大秦国。《广志》云出西海。海药云味平,不治疾,烧之祛鬼气。合羌活为丸散,夜烧之,辟蚊蚋。此外别无用矣。"

·功效主治

发汗,健脾,安神,止痛。主各种头痛,防止早期脱发。

·化学成分

全草(叶及枝)含芹菜素-7-葡萄糖苷、木犀草素-7-葡萄糖苷、5-羟基-4′,7-二甲氧基黄酮、4′,5-二羟基-7-甲氧基黄酮、鼠尾草苦内酯、鼠尾草酸、迷迭香碱、异迷迭香碱、表-α-香树脂醇、α-香树脂醇、β-香树脂醇、白桦脂醇、熊果酸、19α-羟基熊果酸、2β-羟基齐墩果酸等以及β-谷甾醇。枝、叶中含有抗菌作用的挥发油$0.48\%\sim0.52\%$,其中含α-蒎烯、莰烯、1,8-桉叶素、龙脑、樟脑α-和β-松油醇、松油烯-4-醇、马鞭烯醇、乙酸龙脑酯等。此外,还发现有香叶木苷、迷迭香酸和唇形草鞣质酸。唇形草鞣质酸为咖啡酸与α-羟基氢化咖啡酸的缩酚羧酸,它和上述的鼠尾草酸均有抗氧化作用。

·药理和临床应用

迷迭香制剂在妇科中可用作催经药,对更年期的神经紊乱所引起的月经过少或停经,可用此加速月经来潮。有慢性胆囊瘘的狗以迷迭香碱$5\sim10$ mg/kg 体重静脉注射,能促进胆汁的排泄。迷迭香碱还能加强大脑皮层的抑制过程,有催眠、抗惊厥作用。$5\sim20$ mg/kg 体重可降低麻醉猫的血压,此乃由于对心脏的抑制及扩张血管所致。它还能防止大鼠的实验性胃溃疡,其毒性不大。迷迭香叶的挥发油对金黄色葡萄球菌、大肠埃希菌、霍乱弧菌等有肯定的抗菌作用,效力是中等度的。与蜀葵根作成的混合油剂可促进头发的生长。迷迭香中所含香叶木苷能降低兔毛细血管渗透性,作用比芦丁强。对毛细血管脆性增加的治疗效果比芦丁好,并且毒性低。迷迭香酸具有抑制黄嘌呤氧化酶活性,其活性和别嘌醇相当。

附注:据美国药局方,迷迭香油每次可用$0.2\sim0.4$ ml。《欧洲药典》规定,本品含挥发油不少于 12 ml/kg 干品,迷迭香酸不少于3%。

肾 茶

shencha / ORTHOSIPHONIS HERBA

肾茶原植物

- **别名**

猫须草、猫须公、爪哇茶、亚努妙（傣语）。

- **外文名**

Java tea（英语）、Misai kucing（马来语）、Kumis kucing（印尼语）、Yaa nuat maeo（泰语）、Hsee-cho（缅语）。

- **基原考证**

为唇形科植物肾茶的全草。

- **原植物**

唇形科植物肾茶 *Orthosiphon aristatus*（Blume）Miq.（= *Clerodendranthus spicatus*（Thunb.）C. Y. Wu ex H. W. Li）

多年生草本。茎直立，四棱形，具浅槽及细条纹，被倒向短柔毛。叶卵形、菱状卵形或卵状长圆形，先端急尖，基部宽楔形至截状楔形，边缘具粗牙齿或疏圆齿，齿端具小突尖，纸质，上面榄绿色，下面灰绿色，两面均被短柔毛及散布凹陷腺点。轮伞花序 6 花，在主茎及侧枝顶端组成具总梗长 8～12 cm 的总状花序。花冠二唇形，浅紫或白色，上唇大，外反，疏布锈色腺点，内面在冠筒下部疏被微柔毛，下唇直伸，长圆形，微凹。小坚果卵形，深褐色，具皱纹。花、果期 5～11 月。（《中国植物志》）

- **分布与产地**

肾茶为本土南药，分布于广东、海南、广西、云南南部、台湾及福建等地区；常生于林下潮湿处，一般为栽培，海拔上限可达 1 050 m。国外分布于东南亚各国，自印度、缅甸、泰国经印度尼西亚、菲律宾至澳大利亚及邻近岛屿也有。模式标本采自印度尼西亚的爪哇。

- **传播路径与贸易状况**

肾茶主要为本土国产南药。药材市场上的肾茶根据产地分为"广西肾茶"（产自广西）和"西双版纳肾茶"（产自西双版纳），二者饮片外观有明显差异，气味和水煎液味道也有差别，但尚未见相关化学成分差异的研究。从印尼进口的肾茶，称为"爪哇茶"，主要在香港、台湾的膳食补充剂商店出售。

- **药用历史与文化记事**

肾茶是著名的傣药"亚努妙"的原植物，在傣药中已经有很长的应用历史。肾茶以"猫须草"的名字长期应用于我国华南地区的民间草药。从目前收集到的资料看，肾茶在南亚和东南亚应用很有可能是起源于中国传统医药，然后再扩散到南亚和东南亚各地。泰语 Yaa Nuat Maeo 和傣语"亚努妙"应当是同一个词，显然和傣医药在中南半岛的传播有关。缅语"Hsee-cho"是汉语"肾茶"的音译，也是中医在东南亚传播的结果。在缅甸，肾茶被用作利尿剂，用于治疗水肿、泌尿系统结石、肾脏疾病、膀胱疾病、尿路感染，也用来治疗关节炎，和中医的应用一致。有报道称肾茶在印度的应用也是作为利尿剂，其对症疾病也和中医一致。印度尼西亚的 Java tea 为肾茶，也是用作利尿剂，治疗泌尿系统结石和肾炎等。肾茶在国际市场上还有一个商品名叫作"kidney tea"，为"肾茶"的英语直译。

- **功效主治**

南药肾茶，清热去湿，排石利水。用于治疗急慢性肾炎，膀胱炎，尿路结石，风湿性关节炎。

·化学成分

全草含三萜类、甾醇类、黄酮类、挥发油及其他成分。此外还含酒石酸（tartaric acid）、葡萄糖（glucose）、果糖（fructose）、戊糖（pentose）、葡萄糖醛酸（glucoronic acid）、羟基乙酸（glycolic acid）、皂苷（saponin）和无机盐等。

·药理和临床应用

抗肿瘤活性：肾茶中的橙黄酮、高山黄芩素四甲醚在体外试验中对艾氏腹水癌细胞生长有剂量依赖性抑制作用，IC_{50} 分别为 30 $\mu g/ml$、5 $\mu g/ml$。高山黄芩素四甲醚在体外对鼻咽癌（KB）也有细胞毒作用，ED_{50} 为 27 $\mu g/ml$，但体内试验没有抗癌活性。

肾茶中的迷迭香酸是黄嘌呤氧化酶的抑制剂，其活性和别嘌醇相当，可以用来作为开发治疗高尿酸血症的潜在药物。

西 洋 参

xiyangshen / *PANACIS QUINQUEFOLII RADIX*

·别名

花旗参、北美人参。

西洋参原植物

西洋参药材

·外文名

American ginseng（英语）、Ginseng américain（法语）、Sâm My（越南语）、Som-hme-ri-kan（泰语）。

·基原考证

为五加科植物西洋参的根。

·原植物

五加科植物西洋参 *Panax quinquefolium* L.

多年生草本。根肉质，纺锤形，时有分枝。茎圆柱形，具纵条纹。掌状复叶，通常 3～4 枚轮生茎顶。伞形花序单一顶生，有 20～80 多朵小花集成圆球形，花冠绿白色。核果状浆果，扁球形，多数，含集成头状，成熟时鲜红色。花期 5～6 月，果期 6～9 月。

·古籍记载

《本草纲目拾遗》："西洋参，若对半擘开者，名片参，不佳。反藜芦。入药选皮细洁，切开中心不黑，紧实而大者良。近日有嫌其性寒，饭锅上蒸数十次而用者，或用桂圆肉拌蒸而用者。"

·分布与产地

西洋参原为进口药材，原产于北美。分布于美国和加拿大落基山脉山区。我国引种栽培于东北、华北和西南等地，现主要为国产。

·传播路径与贸易状况

西洋参早期一直只是北美印第安人的一种草药，传入中国后，身价倍增。传统中药中，人参属以人参、三七和西洋参入药,用法和功效各不相同,但都是极重要的药用植物资源。我国西洋参供应既来自于进口,也来自于本土种植,如云南丽江玉龙县引种栽培西洋参于高海拔山区,产量大,质量上乘。

· **药用历史与文化记事**

原产地的印第安人很早就使用西洋参治疗疾病,印第安人认为西洋参有增强妇女生育能力的作用。欧洲移民进入北美洲后,一直不承认西洋参是一种药物,而是将其纳入食品的范畴,直到近代才开始使用西洋参制造保健品。18 世纪以后西洋参出口到东亚,在中国等地拥有很大的消费市场。美国和加拿大开始种植西洋参大量出口到中国。目前野生居群已经近乎绝迹,仅在美国弗吉尼亚阿帕拉琴山区的森林地带偶有发现野生植株。笔者于 1992 年在该地考察时见过。

西洋参在中国被认为是五加科三种"人参",即人参、西洋参、三七之一,被用作和人参类似的用途,如补药等。

· **功效主治**

补气养阴,清热生津。用于气虚阴亏,内热,咳喘痰血,虚热烦倦,消渴,口燥咽干。

· **化学成分**

西洋参根茎含苷类,主要是人参皂苷(panaquilon);又含挥发油、树脂等。含总皂苷 6.4%~7.3%,水解主要得到人参二醇;另含人参三醇和齐墩果酸。此外,还含胡萝卜苷(daucosterin)、齐墩果酸、豆甾烯醇(stigmast-5-en-3ol)、豆甾-3,5-二烯-7-酮(stigmast-3,5-diene-7-one)。栽培品尚含挥发油、油脂、氨基酸和多种微量元素。挥发油中已鉴定出 32 种成分,其中 β-金合欢烯含量最高为 26.05%,其次为十六烷 8.9% 和 β-古芸烯 7.89%。氨基酸有 17 种以上,其中人体必需氨基酸有苏氨酸、缬氨酸、蛋氨酸、异亮氨酸、亮氨酸、赖氨酸和苯丙氨酸;另有组氨酸和精氨酸等。含有人体必需的微量元素有铁、铬、铜、硼、锰、锶和锌,另含钙、钾、镁、磷几种人体宏量元素。有报道自西洋参根中可得到假人参皂苷-F11(pseudoginsenoside-F11)。

· **药理和临床应用**

(1)抗疲劳:西洋参皂苷 60 mg/kg 腹腔注射,有抗疲劳作用,可延长小鼠游泳时间。

(2)抗利尿:西洋参皂苷 60 mg/kg 腹腔注射,对大鼠有抗利尿作用。

(3)耐缺氧:西洋参皂苷 60 mg/kg 腹腔注射,可延长缺氧小鼠的存活时间。

(4)抗惊厥:西洋参皂苷 60 mg/kg 腹腔注射,对戊四唑惊厥及士的宁惊厥死亡率均有降低。

(5)其他:西洋参水提物(2 g/ml)0.5 ml/只灌胃,对小鼠切尾取血毛细管法试验有促进凝血作用。西洋参皂苷 60 mg/kg 灌胃,对实验性瘀血大鼠,可降低血浆比黏度,增加红细胞膜流动性。西洋参总皂苷能抑制胶原诱导的大鼠血小板聚集,IC_{50} 为 1.012 mg/ml。

附注:《中国药典》和《韩国药典》规定本品含人参皂苷 Rb_1($C_{54}H_{92}O_{23}$)不得少于 1.0%。《美国药典》规定本品含人参皂苷 Rg_1、Re、Rb_1、Rc、Rb_2 和 Rd 等总和不少于 4.0%。

阿米芹
amiqin / KHELLA

阿米芹原植物

- **别名**

香旱芹、凯林。

- **外文名**

Khella(英语、法语)、Bischofskraut(德语)、Bisnaga(葡萄牙语)。

- **基原考证**

为伞形科植物阿米芹的果实。

- **原植物**

伞形科植物阿米芹 *Ammi visnaga* (L.) Lam.

二年生草本。茎直立,圆形,有条纹和分枝,高达 1 m。基生叶羽状分裂,茎上部叶 2～3 回羽状分裂,末回裂片纤细、线形、全缘,叉开,顶端呈刚毛状。伞形花序有长梗;总苞片多数,1～2 回羽状分裂,与伞辐等长或较长;伞辐多数,60～100(150),纤细,不等长;花瓣白色;心皮柄不裂。花期 6 月,果期 7～8 月。

- **分布与产地**

阿米芹为进口南药。分布欧亚各地,生于碱土草原与干旱坡地。我国近年引种于植物园。模式标本产于欧洲南部。

- **传播途径与贸易状况**

阿米芹原为欧洲民间药用植物,后来在其中发现了有效成分凯林(khellin)。凯林用于治疗冠心病,因此需求量增加。阿米芹野生于欧亚半荒漠地区,目前我国已经引种成功。

- **药用历史与文化记事**

阿米芹的利用可以追溯至古埃及《埃伯斯纸草卷》,古埃及人把阿米芹用作食品和药品。阿米芹果实具有芳香气味,还被用作香料。

- **功效主治**

用于咳喘。

- **化学成分**

果实含有呋喃色原酮、凯林、香豆素、黄酮类、植物甾醇类等。种子含二氮沙米定、凯林、沙米定、阿米茴醇、阿米茴定等成分。

- **药理和临床应用**

果实中含凯林(khellin)成分,用于治疗冠状动脉性疾病,如狭心症、冠状血栓症等。欧洲民间用本植物医治尿泌系统疾患和通经。

果实含有卵磷脂,有抑制胆固醇的作用。阿米茴醇有类似罂粟碱的作用,阿米茴定有保护心脏、缓解心绞痛作用。

附注:同属植物大阿米芹 *Ammi majus* L.,种子入药,含有大量的呋喃香豆素(furanocoumarin)、花椒毒素(xanthotoxin)、佛手内酯(bergapten)成分,呋喃香豆素可引起植物光皮炎(phytophotodermatitis)和色素沉着过度(hyperpigmentation),可用于治疗白癜风(vitiligo)和牛皮癣(psoriasi)等皮肤疾病。

大阿米芹是著名的园艺花卉,商品名"蕾丝花",因其花序在盛花时形似蕾丝而得名。大阿米芹也是外来入侵植物,被列入我国禁止入境的有害生物名录。

孜 然
ziran / CUMIN

孜然药材

- **别名**

孜然茴香、枯茗、安息茴香、小茴香、姬茴香、孜热(维语)、斯热尕布(藏语)。

- **外文名**

Cumin(英语)、Cumino(意大利语)、Comino (西班牙语)、Cumin de malte(法语)、Jiira(梵语)、Zira(乌尔都语)、Jira（印地语,旁遮普语)、Kamoun(阿拉伯语)、Kimyon(土耳其语)、Thì Là Ai Cập(越南语)、zi-yar(缅语)。

- **基原考证**

为伞形科植物孜然芹的干燥果实。

- **原植物**

伞形科植物孜然茴香 *Cuminum cyminum* L.

一年生或二年生草本,高 20～40 cm,全株(除果实外)光滑无毛。叶柄有狭披针形的鞘;叶片三出式 2 回羽状全裂,末回裂片狭线形。复伞形花序多数,多呈二歧式分枝;总苞片 3～6,线形或线状披针形,边缘膜质,白色,顶端有长芒状的刺,有时 3 深裂,不等长,反折;伞辐 3～5,不等长;小伞形花序通常有 7 花,小总苞片 3～5,与总苞片相似,顶端针芒状,反折,较小;花瓣粉红或白色,长圆形,顶端微缺,有内折的小舌片;萼齿钻形,长超过花柱;花柱基圆锥状,花柱短,叉开,柱头头状,分生果长圆形,两端狭窄,密被白色刚毛;每棱槽内油管 1,合生面油管 2,胚乳腹面微凹。花期 4 月,果期 5 月。

- **分布与产地**

孜然为进口南药,原产于北非、中亚、西亚等地。我国新疆有栽培。俄罗斯南部、地中海地区、伊朗、印度及北美洲也有栽培。

- **传播路径与贸易状况**

孜然是原产于西亚和北非的香料和药物,随着丝绸之路和海上贸易传入我国,在新疆等地有种植。目前我国所用孜然除栽培外,还从缅甸、印度、尼泊尔、巴基斯坦、哈萨克斯坦等地经口岸进口。

- **药用历史与文化记事**

孜然的历史可以追溯至石器时代。孜然是古埃及重要的香料和草药,和杜松子配成乳膏治疗头痛。在基督教《旧约》中也有记载,被视为上帝赐予的珍贵植物,有助消化的作用。古罗马人常在制作面包时加入孜然。中世纪时,孜然在欧洲广泛用于调味,法式肉汁小土豆就是用的孜然调味。

孜然随着丝绸之路传入我国,在西北一带成为重要的调味品和药材。孜然在新疆地方特色饮食中是不可缺少的调味品,不仅用来烹制肉类,还用来调制茶饮。和田地区的群众喜欢用孜然、玫瑰花、小豆蔻和肉桂等香料,调入湖南产的安化黑茶,制成"土茶",佐以餐食。

- **古籍记载**

维药《药物之园》:"孜然,是一种草的种子。果实比小茴香小,颜色墨绿色,气味芳香,是一种很好的调味品。原植物比小茴香的植物小一些。"

- **功效主治**

中药孜然,散寒止痛,理气调中。主脘腹冷痛,消化不良,寒疝附痛,月经不调。

维药"孜热",生干生热,温热开胃,通气止痛,燥湿止泻,通经利尿。

- **化学成分**

果实中含芹菜素-5-*O*-吡喃葡萄糖苷 (apigenin-5-*O*-glucopyranoside)、芹菜素-7-*O*-吡喃葡萄糖苷(apigenin-7-*O*-glucopyranoside)、木犀草素-7-*O*-吡喃葡萄糖苷(teolin-7-*O*-glucopyranoside)等。果实中还含挥发油 2％～5％,主要为 α-,β-蒎烯(α-,β-pinene)、枯醇 (cuminalcohol)、枯醛(cuminaldehyde)、α-,β-水芹烯(α-,β-phellandrene)、紫苏醛(perillaldehyde)、α-松油醇(α-terpineol)、丁香酚(syringol)、月桂烯(myrcene)、柠檬烯(limonene)、桉叶素 (cineole)、香叶醛(geranial)、水芹醛(phellanral)、丁香烯(caryophyllene)、β-金合欢烯(β-farnesene)、β-甜没药烯(β-bisabo-lene)等。种子脂类成分含中性脂类(neutral lipids)84.8％,糖脂(gly-colipds)10.1％,磷脂(phospholipids)5.1％。孜然芹子尚含有多种无机元素如钾、钠、

氯、铁、锰、铬、铷、溴，铜、镍、钴，铝、钡、锂、硅、钛等。此外，孜然芹还含胆碱（choline）。

· **药理和临床应用**

果实及挥发油有驱风、兴奋神经和健胃作用，其挥发油对革兰细菌和真菌均有较强的抑制作用。

附注：孜然以干燥种子入药，或提取挥发油外用。孜然广泛用于食品和化妆品调香。孜然提取物有抗炎、保湿、抗氧化及美白作用，可用于护肤品。

阿 魏
awei / FERULAE RESINA

阿魏药材

· **别名**

形虞、阿虞、薰渠、兴渠、魏去疾、哈昔泥、五彩魏、臭阿魏、分因（傣语）、吾莫黑-达布日海（蒙语）、英依力蜜（维语）、兴滚（藏语）。

· **外文名**

Asafoetida（英语）、Devil's dung（英语）、Hinggu（梵语）、Shein-ngo-bin（缅语）。

· **基原考证**

为伞形科植物阿魏根部分泌的树脂。

· **原植物**

伞形科植物阿魏 *Ferula assafoetida* L.

多年生草本，一次性结果或多次性结果，植物体高大或矮小。根颈部常有越年褐色叶鞘纤维，根通常粗大，圆柱形、纺锤形或圆锥形。茎直立、粗壮或稍细，多分枝，下部枝条互生，上部枝条常为轮生。基生叶多数丛生，具柄，叶柄基部扩大成鞘；叶片多回三出全裂或羽状分裂至全裂；茎生叶向上逐渐变小而简化，叶鞘渐扩大，纸质或革质。顶生中央复伞形花序常短小，为两性花，侧生花序位于中央花序的下部，其长度往往超过中央花序。分生果椭圆形、长圆形或倒卵状长圆形，背腹扁压，果棱线形，明显突起，稀为龙骨状，侧棱翅状。

· **分布与产地**

阿魏为本土南药，主产于新疆。国外主要分布于欧洲南部地中海地区和非洲北部，还有伊朗、阿富汗、中亚和西伯利亚地区以及印度、巴基斯坦等国。

· **传播路径与贸易状况**

古书记载生于西蕃及昆仑。西蕃就是现在的西藏，昆仑就是现在的下缅甸德林达依地区。可能是当时阿魏是从丝绸之路中线（中亚——克什米尔——阿里——拉萨——内地）或者海上贸易由昆仑国商人带入。

阿魏在欧洲的应用历史悠久，在古罗马时期就是受欢迎的香料之一。阿魏有类似大蒜的气味，被用作辣酱的调味。我国新疆民间调味香茶中，用极少量阿魏调香。

· **药用历史与文化记事**

《证类本草》载："阿魏出波斯国。波斯呼为阿虞。载树长八九尺，皮色青黄。三月生叶，叶形似鼠耳。无花实。断其枝，汁出如饴，久乃坚凝，名阿魏。拂林国僧弯所说同。摩伽陀僧提婆言：取其汁和米、豆屑合成阿魏。日华子云：阿魏，热。治传尸，破症癖冷气，辟温治疟，兼主霍乱，心腹痛，肾气，温瘴，御一切蕈菜毒。"《酉阳杂俎》载："阿魏出伽罗国，即北天竺也。"

俗话说"黄芩无假，阿魏无真"，此话原出自

《本草纲目》。黄芩为本土药材,非常常见,因此不容易掺假。阿魏为远道而来的罕见物品,各种记载对其来历语焉不详,充满了各式各样的神秘传说和谣言,几乎没有人见过原产阿魏的样子。因此,李时珍才发出"黄芩无假,阿魏无真"的感慨。在中国传统文化中,有关阿魏的传说也充满了神秘色彩。

当代研究发现阿魏基原植物实为伞形科草本植物。随着对阿魏的深入研究,其中的秘密将逐渐揭晓。

· 古籍记载

《海药本草》:"谨按《广志》,阿魏生石昆仑。是木津液,如桃胶状,其色黑者不堪,其状黄散者为上。云南长河中亦有阿魏,与舶上来者,滋味相似一般,只无黄色。"

· 功效主治

南药阿魏,化癥消积,杀虫,截疟。主癥瘕痞块,虫积,食积,胸腹胀满,冷痛,疟疾,痢疾。

维药"英依力蜜",清除多余黏液质,祛风止痛,活血祛瘀,强筋健肌,消食健胃,退伤寒热。主治湿寒性或黏液质性疾病,如湿寒偏盛,关节疼痛,手指震颤,跌打损伤,瘫痪,面瘫,胃虚纳差,胃痛腹胀,伤寒低热。

傣药"分因",气恶臭,性平。入土、风塔。清火解毒,开窍醒神,解癍止痛,消积杀虫。主治"害埋拢很"(高热惊厥),"接崩"(胃脘痛),"多短"(肠道寄生虫)。

蒙药"吾莫黑-达布日海",抑赫依,祛巴达干,调胃火,消食开胃,杀虫,止痛。主治赫依引起的呵欠频作,寒栗,腰膝关节疼痛,游走性疼痛,干呕,心悸,心慌意乱,头晕耳鸣,失眠,心脏赫依病,肝脏赫依病,头赫依病,头虫病等。

藏药"兴滚",主治肉积,虫积腹痛,痞块,疟疾,心腹冷痛,龙病,培根病引起的心病。

· 化学成分

含挥发油 20.74%,主成分为(R)-仲丁基 1-丙烯基二硫醚[(R)-2-butyl-1-propenyldisulfide]、(1-甲硫基丙基)1-丙烯基二硫醚[1(1-methylthiopropyl)1-propenyl disulfide]、仲丁基 3-甲硫基烯丙基二硫醚(2-butyl 3-methylthioallyldisulfide)、二甲基三硫醚(dimethyl trisulfide)等,这类硫醚化合物为本品具特殊臭味的来源,还含 α-蒎烯(α-pinene)、水芹烯(phelladrene)及十一烷基磺酰己酸(undecylsulfonyl acetic acid)等,以及香豆精类、多胶阿魏素(gummosin)、阿魏种素(assafoetidin)、圆锥茎阿魏星(ferococlicin)、阿魏酸酯(ferulic acid ester)和阿魏酸(ferulic acid)。

· 药理和临床应用

阿魏煎剂在体外对人型结核杆菌有抑制作用,与硫黄、槟榔及肉桂合用,作成煎剂预先给小鼠灌胃,可减少小鼠感染血吸虫尾蚴后之成虫发育率。

附注:据记载有多种阿魏属植物都用作阿魏来源,如新疆阿魏 *Ferula sinkiangensis* K. M. Shen 或阜康阿魏 *Ferula fukanensis* K. M. Shen 等。《中国药典》规定,本品含挥发油不得少于 10.0%。

南药植物编目
Inventory of Nan-Yao Plants in this Book

序号	中文名	学名	英文名	APG IV 科名
1	荜茇 biba	*Piper longum* L.	Long pepper	胡椒科
2	胡椒 hujiao	*Piper nigrum* L.	Black pepper	胡椒科
3	蒌叶 louye	*Piper betle* L.	Betel	胡椒科
4	肉豆蔻 roudoukou	*Myristica fragrans* Houtt.	Nutmeg	肉豆蔻科
5	肉桂 rougui	*Cinnamomum cassia*（L.）C. Presl	Camphor	樟科
6	荜澄茄 bichengqie	*Litsea cubeba*（Lour.）Pers.	Fragrant litsea	樟科
7	千年健 qiannianjian	*Homalomena occulta*（Lour.）Schott	Homalomena	天南星科
8	金刚刺 jingangci	*Smilax china* L.	China root	拔葜科
9	石斛 shihu	*Dendrobium catenatum* Lindley（＝*Dendrobium officinale* Kimura & Migo）	Official dendrobe	兰科
10	番红花 fanhonghua	*Crocus sativus* L.	Saffron	鸢尾科
11	芦荟 luhui	*Aloe vera*（L.）Burm. f.	Aloe	阿福花科
12	龙血竭 longxuejie	*Dracaena cambodiana* Pierre ex Gagnep.	Dragon dracaena	天门冬科
13	槟榔 binglang	*Areca catechu* L.	Betel nut	棕榈科
14	血竭 xuejie	*Daemonorops draco* Blume	Dragon blood palm	棕榈科
15	糖棕 tangzong	*Borassus flabellifer* L.	Sugar palm	棕榈科
16	无漏子 wulouzi	*Phoenix dactylifera* L.	Date palm	棕榈科
17	爪哇白豆蔻 zhaowa bai-doukou	*Amomum compactum* Sol. ex Maton	Java cardamom	姜科
18	白豆蔻 baidoukou	*Amomum kravanh* Pierre ex Gagnep.	White fruit amomun	姜科
19	草果 caoguo	*Amomum tsao-ko* Crevost & Lemarié	Tsao-ko	姜科
20	砂仁 sharen	*Amomum villosum* Lour.	Cardamon	姜科

序号	中文名	学名	英文名	APG IV 科名
21	缩砂密 sushami	*Amomum villosum* var. *xanthioides* (Wall. ex Baker) T. L. Wu & S. J. Chen	Xanthoid cardamon	姜科
22	紫色姜 zisejiang	*Zingiber cassumunar* Roxb.（= *Zingiber montanum* (J. Koenig) Link ex A. Dietr.）	Cassumunar ginger	姜科
23	姜黄 jianghuang	*Curcuma longa* L.	Turmeric	姜科
24	山柰 shannai	*Kaempferia galanga* L.	Aromatic ginger	姜科
25	益智 yizhi	*Alpinia oxyphylla* Miquel	Sharp-leaf galangal	姜科
26	亚呼奴 yahunu	*Cissampelos pareira* var. *hirsuta* (Buchanan-Hamilton ex Candolle) Forman	Velvet leaf	防己科
27	黑种草 heizhongcao	*Nigella sativa* L.	Nigella	毛茛科
28	石莲子 shilianzi	*Nelumbo nucifera* Gaertn.	Sacred lotus	莲科
29	苏合香 suhexiang	*Liquidambar orientalis* Mill.	Oriental sweetgum	阿丁枫科
30	儿茶 ercha	*Acacia catechu* (L. f.) Willd.	Khair gum	豆科
31	缅茄 mianqie	*Afzelia xylocarpa* (Kurz) Craib	Makha tree	豆科
32	紫铆 zimao	*Butea monosperma* (Lam.) Taub.	Bastard teak	豆科
33	苏木 sumu	*Caesalpinia sappan* L.	Sappan wood	豆科
34	番泻叶 fanxieye	*Senna alexandrina* Mill.	Alexandrian senna	豆科
35	腊肠树 lachangshu	*Cassia fistula* L.	Golden shower tree	豆科
36	降香 jiangxiang	*Dalbergia odorifera* T. C. Chen	Fragrant rosewood	豆科
37	榼藤子 ketengzi	*Entada phaseoloides* (L.) Merr.	Box bean	豆科
38	藤黄 tenghuang	*Garcinia hanburyi* Hook. f.	Gamboge	藤黄科
39	铁力木 tielimu	*Mesua ferrea* L.	Mesua	藤黄科
40	大风子 dafengzi	*Hydnocarpus anthelminthicus* Pierre	Siamese chaulmoogra tree	钟花科
41	余甘子 yuganzi	*Phyllanthus emblica* L.	Emblic myrobalan	叶下珠科
42	使君子 shijunzi	*Combretum indicum* (L.) DeFilipps（= *Quisqualis indica* L.）	Rangoon creeper	使君子科
43	毗黎勒 pilile	*Terminalia bellirica* (Gaertner) Roxburgh	Belleric myrobalan	使君子科
44	诃子 hezi	*Terminalia chebula* Retz.	Chebulic myrobalan	使君子科
45	丁香 dingxiang	*Syzygium aromaticum* (L.) Merr. & L. M. Perry	Clove	桃金娘科
46	乳香 ruxiang	*Boswellia sacra* Flueck.	Frankincense	橄榄科
47	没药 moyao	*Commiphora myrrha* Engl.	Myrrh	橄榄科
48	木苹果 mupingguo	*Aegle marmelos* (L.) Corrêa	Bael tree	芸香科

续表

序号	中文名	学名	英文名	APG IV 科名
49	鸦胆子 yadanzi	*Brucea javanica*（L.）Merr.	Java brucea	苦木科
50	东革阿里 donggeali	*Eurycoma longifolia* Jack	Malaysian ginseng	苦木科
51	胖大海 pangdahai	*Scaphium affine*（Mast.）Pierre	Malva nut	锦葵科
52	木棉花 mumianhua	*Bombax ceiba* L.	Cotton tree	锦葵科
53	沉香 chenxiang	*Aquilaria sinensis*（Loureiro）Spreng.	Chinese agarwood	瑞香科
54	檀香 tanxiang	*Santalum album* L.	Sandalwood	檀香科
55	零陵香 linglingxiang	*Lysimachia foenum-graecum* Hance	Yellow loosestrife	报春花科
56	安息香 anxixiang	*Styrax benzoin* Dryand.	Sumatra benzoin	安息香科
57	吐根 tugen	*Carapichea ipecacuanha*（Brot.）L. Andersson	Ipecac	茜草科
58	金鸡纳 jinjina	*Cinchona calisaya* Wedd.	Quinine	茜草科
59	钩藤 gouteng	*Uncaria rhynchophylla*（Miq.）Miq. ex Havil.	Fish hook vine	茜草科
60	巴戟天 bajitian	*Morinda officinalis* F. C. How	Medicinal indian mulberry	茜草科
61	育亨宾 yuhengbin	*Pausinystalia johimbe*（K. Schum.）Pierre ex Beille	Yohimbe	茜草科
62	马钱子 maqianzi	*Strychnos nux-vomica* L.	Strychnine tree	马钱科
63	蛇根木 shegenmu	*Rauvolfia serpentina*（L.）Benth. ex Kurz	Indian snakeroot	夹竹桃科
64	胡黄连 huhuanglian	*Neopicrorhiza scrophulariiflora*（Pennell）D. Y. Hong	Picrorhiza	车前科
65	角胡麻 jiaohuma	*Martynia annua* L.	Devil's-claw	角胡麻科
66	罗勒 luole	*Ocimum basilicum* Linn.	Basil	唇形科
67	广藿香 guanghuoxiang	*Pogostemon cablin*（Blanco）Benth.	Patchouli	唇形科
68	迷迭香 midiexiang	*Rosmarinus officinalis* L.	Rosemary	唇形科
69	肾茶 shencha	*Clerodendranthus spicatus*（Thunb.）C. Y. Wu ex H. W. Li	Java tea	唇形科
70	西洋参 xiyangshen	*Panax quinquefolium* L.	American ginseng	五加科
71	阿米芹 amiqin	*Ammi visnaga*（L.）Lam.	Khella	伞形科
72	孜然 ziran	*Cuminum cyminum* L.	Cumin	伞形科
73	阿魏 awei	*Ferula assafoetida* L.	Asafoetida	伞形科

索 引
Index

药材名称笔画索引
Index of Chinese Name

植物拉丁名索引
Index of Scientific Name

药材英文名索引
Index of English Name

参考文献

References

［1］ 蔡少青,秦路平. 生药学［M］. 北京:人民卫生出版社,2016.

［2］ 广州白云山和记黄埔中药有限公司. 神农草堂［M］. 广州:南方日报出版社,2015.

［3］ 中国科学院昆明植物研究所. 南方草木状考补［M］. 昆明:云南民族出版社,1991.

［4］ 联合国环境规划署. 国际生物多样性公约［A/OL］. (1992)［2014］. http://www. cbd. int/doc/legal/cbd-zh. pdf.

［5］ 裴盛基,淮虎银. 民族植物学［M］. 上海:上海科学技术出版社,2007.

［6］ 中华人民共和国环境保护部. 生物多样性相关传统知识分类、调查与编目技术规定(试行):公告［2014］39 号［A/OL］. (2014 - 05 - 30)［2019 - 05 - 30］. http://www. mee. gov. cn/ywgz/fgbz/bz/bzwb/stzl/201406/W020140606633811757400. pdf

［7］ Cotton C. M.,Ethnobotany:Principle and Application,Chichester:John Wiley & Sons, 1996.

［8］ 王雨华,王趁. 民族植物学常用研究方法［M］. 杭州:浙江教育出版社,2017.

［9］ Conklin H. C.,The Relation of Hanunoo Culture to Plant World (Yale University PhD, 1955),University of Microfilm Ltd,High Wycombe,1974.

［10］ 许再富,岩罕单,段其武,等. 植物傣名及其释义［M］. 北京:科学出版社,2015.

［11］ 徐增莱,汪琼,吕春潮,等. 中国生物学古籍题录［M］. 昆明:云南教育出版社,2013.

［12］ 陈重明,黄胜白. 本草学［M］. 南京:东南大学出版社,2005.

［13］ 云南省热带植物研究所. 国产血竭的发现［J］. 热带植物研究. 1972.

［14］ 裴盛基. 裴盛基文集［M］. 昆明:云南科技出版社,2018.

［15］ 萧元丁.《沉香谱》:神秘的物质与能量［M］. 太原:三晋出版社,2004.

［16］ 陈明. 印度梵文医典《医理精华》研究［M］. 北京:中华书局,2002.

［17］ 张卫民,袁昌奇,肖正春,等. 一带一路经济植物［M］. 南京:东南大学出版社,2017.

［18］ 国家中医药管理局《中华本草》编委会. 中华本草［M］. 上海:上海科学技术出版社,2009.

［19］ 国家中医药管理局《中华本草》编委会. 中华本草:傣药卷［M］. 上海:上海科学技术出版社,2005.

［20］ 国家中医药管理局《中华本草》编委会. 中华本草:蒙药卷［M］. 上海:上海科学技术出版社,2004.

［21］ 国家中医药管理局《中华本草》编委会. 中华本草:藏药卷［M］. 上海:上海科学技术出版社,2002.

［22］ 国家中医药管理局中华本草编委会. 中华本草:维吾尔药卷［M］. 上海:上海科学技术出版社,2005.

［23］ 袁昌齐,肖正春. 世界植物药［M］. 南京:东南大学出版社,2013.

［24］ 朱华. 云南西双版纳野生种子植物［M］. 北京:科学出版社,2012.

［25］ 吴征镒. 中华大典・生物学典・植物分典［M］. 云南教育出版社,2018.

［26］ 唐慎微. 证类本草［M］. 北京:中国医药科技出版社,2011.

［27］ 穆祥桐. 晚清时期肉桂生产发展［J］. 中国农史,1987(2):101 - 104.

［28］ 西双版纳傣族自治州民族医药调研办公室.西双版纳傣药志［M］.［出版者不详］,1981.

［29］ 嵇含.南方草木状［M］.北京:商务印书馆出版社,1955.

［30］ 张卫,张瑞贤,李健,等.药用血竭品种新考［J］.中国中药杂志,2016,41(7):50.

［31］ 缪剑华,彭勇,肖培根.南药与大南药［M］.北京:中国医药科技出版社,2014.

［32］ 萧步丹.岭南采药录［M］.广州:广东科技出版社,2009.

［33］ 朱孟震.西南夷风土记［M］.北京:商务印书馆,1936.

［34］ 钱超尘.金陵本《本草纲目》新校正［M］.上海:上海科学技术出版社,2008.

［35］ 温翠芳.中古中国外来香药研究［M］.北京:科学出版社,2016.

［36］ 周达观.真腊风土记［M］.北京:商务印书馆,2016.

［37］ the World Flora Online (WFO). The Plant List Version 1. 1 ［EB/OL］. (2013－09)［2019－05］. http://www. theplantlist. org/.

［38］ 希瓦措.度母本草［M］.西宁:青海人民出版社,2016.

［39］ 王兴伊,史红.《海药本草》中所载西域药物初探［J］.中国民族民间医药,2003,(1):8－9.

［40］ 彭霞,黄敏.傣药紫色姜挥发油的化学成分分析［J］.云南中医中药杂志,2007,28(9):35－35.

［41］ 赵应红,彭霞.傣药补累两种药材来源的比较研究［J］.云南中医中药杂志,2003,24(3):39－40.

［42］ Defilipps R A, Krupnick G A. The medicinal plants of Myanmar ［J］. Phytokeys, 2018,(102):1－341.

［43］ 刘广威,张小梨.山奈及其伪品苦山奈的鉴别［J］.中药材,1992,(10):25－27.

［44］ 温翠芳.中古中国外来香药研究［M］.北京:科学出版社,2016.

［45］ 周嘉胄.香乘［M］.北京:九州出版社,2015.

［46］ 宇妥·元丹衮波.医学四续［M］.毛继祖,马世林,罗尚达,等译.上海:上海科学技术出版社,2012.

［47］ 吴菲,张雪,李菁博,等.菩提子植物探究［C］//2015年中国植物园学术年会.

［48］ 贾敏如.中国民族药辞典［M］.北京:中国医药科技出版社,2016.

［49］ Soe K, Ngwe T M, Shaung H. Medicinal plants of Myanmar:identification and uses of some 100 commonly used species ［M］. Forest Resource Environment Development & Conservation Association, Pyi Zone Pub. House ［distributer］, 2004.

［50］ 王国强.全国中草药汇编［M］.3版.北京:人民卫生出版社,2014.

［51］ 国家药典委员会.中华人民共和国药典［M］.北京:中国医药科技出版社,2015.

［52］ 林国网.国标红木包括哪些主要木材［J］.林业与生态,2010,(3):20.

［53］ 让穹多吉.药名之海［M］.西宁:青海人民出版社,2016.

［54］ 帝玛尔·丹增彭措.晶珠本草［M］.毛继祖,等译.上海:上海科学技术出版社,2012.

［55］ 李时珍.本草纲目［M］.人民卫生出版社,1977.

［56］ 艾力克木·吐尔逊,热娜·卡斯木,王金辉,等.维药铁力木的生药学特征及其不同萃取部位抗血小板聚集作用研究［J］.新疆医科大学学报,2014,(6):678－681.

［57］ 马俊鹏,王新玲,李芸,等.维吾尔药铁力木不同极性部位体外抗氧化作用的研究［J］.安徽医药,2016,20(3):421－424.

［58］ 张宇,杨雪飞,裴盛基.南药"龙花"的本草考证［J］.中国民族民间医药,2019,28(03):42－46.

［59］ 郭泽平.重造白云山诃子林探索［J］.广东园林,2014(3):46－47.

［60］ 温翠芳.中古中国外来香药研究［M］.科学出版社,2016.

［61］ 弗雷泽.金枝［M］.新世界出版社,2006.

［62］ 贾良智,周俊.中国油脂植物［M］.北京:科学出版社,1987.

［63］ 韩凌飞,耿剑亮,孟大利,等.东革阿里化学成分的分离与鉴定［J］.沈阳药科大学学报,2011(7):28.

［64］ 梅全喜,林焕泽,李红念.沉香的药用历史、品种、产地研究应用浅述［J］.中国中医药现代远程教育,2013,11(8):85－88.

［65］ 大丹曾.中国藏药材大全［M］.北京:中国藏学出版社,2016.

［66］ 仁增.阿育吠陀梵文医典《妙闻集》研究［D］.北京中医药大学,2018.

［67］ 义净.金光明最胜王经［M］.福智之声出版社,1993.

［68］ 席先蓉.分析化学［M］.北京：中国中医药出版社，2006.

［69］ 王万朋，李瑶函，宫明华，等.非洲传统药用植物卡宾达树皮化学成分研究［J］.中国药学杂志，2016，51（14）：1183－1185.

［70］ 钱子刚，梁晓原，侯安国，等.傣药麻三端的育亨宾植物资源研究［J］.中国民族医药杂志，2002，8（4）：25－26.

［71］ Dhingra，Ashwani & Chopra，Bhawna & K Mittal，Sanjeev. Martynia annua L.：A Review on Its Ethnobotany，Phytochemical and Pharmacological Profile. Journal of Pharmacognosy and Phytochemistry. 1. 2013：135－140.

［72］ 李永国，王峥涛.人参、西洋参质量标准研究进展［J］.中国药品标准，2005，6，（5）：10－14.